煤炭行业特有工种职业技能鉴定培训教材

矿 井 维 修 钳 工

（初级、中级、高级）

·第 3 版·

煤炭工业职业技能鉴定指导中心　组织编写

应 急 管 理 出 版 社

·北　京·

内 容 提 要

　　本书以采掘电钳工国家职业标准为依据，分别介绍了初级、中级、高级矿井维修钳工职业技能考核鉴定的知识和技能方面的要求。

　　本书是初级、中级、高级矿井维修钳工职业技能考核鉴定前的培训和自学教材，也可作为各级各类技术学校相关专业师生的参考用书。

本书编审人员

主　编　江建筑

副主编　李双六

编　写　江建筑　　李双六　　夏多淮　　徐孝富　　杨　贵

主　审　高志华

审　稿　徐少青　　王智萍　　杨焕平

修　订　侯军奇

PREFACE 前言

为了进一步提高煤炭行业职工队伍素质,加快煤炭行业高技能人才队伍建设步伐,实现煤炭行业职业技能鉴定工作的标准化、规范化,促进其健康发展,根据国家的有关规定和要求,从 2004 年开始,煤炭工业职业技能鉴定指导中心陆续组织有关专家、工程技术人员和职业培训教学管理人员编写了《煤炭行业特有工种职业技能鉴定培训教材》,作为国家职业技能鉴定考试的推荐用书。

本套教材以相应工种的职业标准为依据,内容上力求体现"以职业活动为导向,以职业技能为核心"的指导思想,突出职业技能培训特色。在结构上,针对各工种职业活动领域,按照模块化的方式,分初级工、中级工、高级工、技师、高级技师 5 个等级进行编写。每个工种的培训教材分为两册出版,其中初级工、中级工、高级工为一册,技师、高级技师为一册。

本套教材自 2005 年陆续出版以来,一直备受煤炭企业的欢迎,现已有近 50 个工种的初级工、中级工、高级工教材和近 30 个工种的技师、高级技师教材,涵盖了煤炭行业的主体工种,较好地满足了煤炭行业高技能人才队伍建设和职业技能鉴定工作的需要。

当前,煤炭科技迅猛发展,新法律法规、新标准、新规程、新技术、新工艺、新设备、新材料不断涌现,特别是我国煤矿安全的主体部门规章——《煤矿安全规程》已于 2022 年全面修订并颁布实施,原教材有些内容已显陈旧,不能满足当前职业技能水平评价工作的需要,因此我们决定再次对教材进行修订。

本次修订出版的第 3 版教材继承前两版教材的框架结构,对已不适应当前要求的技术方法、装备设备、法律法规、标准规范等内容进行了修改完善。

编写技能鉴定培训教材是一项探索性工作,有相当的难度,加之时间仓促,不足之处在所难免,恳请各使用单位和个人提出宝贵意见和建议。意见建议反馈电话:010 - 84657932。

煤炭工业职业技能鉴定指导中心

2023 年 12 月

CONTENTS 目 录

第六部分　高级矿井维修钳工技能要求

职 业 道 德

第一节 职业道德的基本知识

一、道德

道德是一种普遍的社会现象。没有一定的道德规范，人类社会既不能生存，也无法发展。什么是道德、道德具有什么特点、什么是职业道德、职业道德具有什么特点和社会作用等，在我们学习职业（岗位、工种）基本知识和操作技能之前，应当对这些问题有个基本了解。

1. 道德的含义

在日常生活和工作实践中，我们经常会用到"道德"这个词。我们或用它来评价社会上的人和事，或用它来反省自己的言谈举止。

道德是一个历史范畴，随着人类社会的产生而产生，同时也随着人类社会的发展而发展。道德又是一个阶级范畴，不同阶级的人对它的理解也不同，甚至互相对立。在我国古代，"道"和"德"原本是两个概念。"道"的原意是道路，"德"的原意是正道而行，后来把这两个词合起来用，引申为调整人们之间关系和行为的准则。在西方，一些思想家也对道德作过多种多样的解释，但只有用马克思主义观点来认识道德的含义和本质才是唯一的正确途径。

马克思主义认为，道德是人类社会特有的现象。在人类社会的长期发展过程中，为了维护社会生活的正常秩序，就需要调节人们之间的关系，要求人们对自己的行为进行约束，于是就形成了一些行为规范和准则。一般来说，所谓道德，就是调整人和人之间关系的一种特殊的行为规范的总和。它依靠内心信念、传统习惯和社会舆论的力量，以善和恶、正义和非正义、公正和偏私、诚实和虚伪、权利和义务等道德观念来评价每个人的行为，从而调整人们之间的关系。

2. 道德的基本特征

（1）道德具有特殊的规范性。道德在表现形式上是一种规范体系。虽然在人类社会生活中，以行为规范方式存在的社会意识形态还有法律、政治等，但道德具有不同于这些行为规范的显著特征：①它具有利他性。它同法律、政治一样，也是社会用来调整个人同他人、个人同社会的利害关系的手段。但它同法律、政治的不同之处在于，在调整这些关系时，追求的不是个人利益，而是他人利益、社会利益，即追求利他。②道德这种行为规范是依靠人们的内心信念来维系的。当然，道德也需要靠社会舆论、传统习俗来维系，这些也是具有外在性、强制性的力量。但如果社会舆论和传统习俗与个人的内心信念不一致，就起不到约束作用。因此，道德具有自觉性的特点。③道德的这种规范作用表现为对人们的行为进行劝阻与示范的统一。道德依据一定的善恶标准来对人们的行为进行评价，对恶行给予谴责、抑制，对善行给予表扬、示范，这同法律规范以明确的命令或禁止的方式来发生作用是不同的。

（2）道德具有广泛的渗透性。道德广泛地渗透到社会生活的各个领域和一切发展阶段。横向地看，道德渗透于社会生活的各个领域，无论是经济领域还是政治领域，也无论是个人生活、集体生活还是整个社会生活，时时处处都有各种社会关系，都需要道德来调节。纵向地看，道德又是最久远地贯穿于人类社会发展的一切阶段，可以说，道德与人类始终共存亡；只要有人，有人生活，就一定会有道德存在并起着作用。

（3）道德具有较强的稳定性。道德在反映社会经济关系时，常以各种规范、戒律、格言、理想等形式去约束和引导人们的行为与心理。而这些格言、戒律等又以人们喜闻乐见的形式出现，它们很容易被因袭下来，与社会风尚习俗、民族传统结合起来，而内化为人们心理结构的特殊情感。心理结构是相当稳定的东西，一经形成就不易改变。因此，当某种道德赖以存在的社会经济关系变更以后，这种道德不会马上消失，它还会作为一种旧意识被保留下来，影响（促进或阻碍）社会的发展。如在我们国家，社会主义制度已经建立起来了，但封建主义、资本主义的道德残余依然存在，就是这个原因。

（4）道德具有显著的实践性。所谓实践性，是指道德必须实现向行为的实际转化，从意识形态进入人们的心理结构与现实活动。我们判断一个人的道德面貌，不能根据他能背诵多少道德的戒律和格言，也不能根据他自诩怀抱多么纯正高尚的道德动机，而只能根据他的实际行为。道德如果不能指导人们的道德实践活动，不能表现为人们的具体行为，其自身也就失去了存在的意义。

二、职业道德

1. 职业道德的含义

在人类社会生活中，除了公共生活、家庭生活，还有丰富多彩的职业生活。与此相适应，用以指导和调节人与社会之间关系的道德体系，也可以划分为三个部分，即社会道德、婚姻家庭道德和职业道德。职业道德是道德体系的重要组成部分，有其特殊的重要地位。

在人类社会生活中，几乎所有成年的社会成员都要从事一定的职业。职业是人们在社会生活中对社会承担的一定职责和从事的专门业务。职业作为一种社会现象并非从来就有，而是社会分工及其发展的结果。每个人一旦步入职业生活，加入一定的职业团体，就必然会在职业活动的基础上形成人们之间的职业关系。在论述人类的道德关系时，恩格斯曾经指出："每一个阶级，甚至每一个行业，都各有各的道德。"这里说的每一个行业的道德，就是职业道德。

所谓职业道德，就是从事一定职业的人们，在履行本职工作职责的过程中，应当遵循的具有自身职业特征的道德准则和规范。它是职业范围内的特殊道德要求，是一般社会道德和阶级道德在职业生活中的具体体现。每一个行业都有自己的职业道德。职业道德，一方面体现了一般社会道德对职业活动的基本要求，另一方面又带有鲜明的行业特色。例如，热爱本职、忠于职守、为人民服务、对人民负责，是各行各业职业道德的基本规范。但是每一种具体的职业，又都有独特的不同于其他职业道德的内涵，如党政机关、新闻出版单位、公检法部门、科研机构等都有自己的职业道德。

2. 职业道德的特征

各种职业道德反映着由于职业不同而形成的不同的职业心理、职业习惯、职业传统和职业理想，反映着由于职业的不同所带来的道德意识和道德行为上的一定差别。职业道德作为一种特殊的行为调节方式，有其固有的特征。概括起来主要有以下四个方面：

（1）内容的鲜明性。无论是何种职业道德，在内容方面，总是要鲜明地表达职业义务和职业责任，以及职业行为上的道德特点。从职业道德的历史发展可以看出，职业道德不是一般地反映阶级道德或社会道德的要求，而是着重反映本职业的特殊利益和要求。因而，它往往表现为某职业特有的道德传统和道德习惯。俗话说"隔行如隔山"，它说明职业之间有着很大的差别，人们往往可以从一个人的言谈举止上大致判断出他的职业。不同的职业都有其自身的特点，有各自的业务内容、具体利益和应当履行的义务，这使各种职业道德具有鲜明的职业特色。如执法部门道德主要是秉公执法，而商业道德则是买卖公平，等等。

（2）表达形式的灵活性和多样性。这主要是指职业道德在行为准则的表达形式方面，比较具体、灵活、多样。各种职业集体对从业人员的道德要求，总是要适应本职业的具体条件和人们的接受能力，因而，它往往不仅仅只是原则性的规定，而是很具体的。在表达上，它往往用体现各职业特征的"行话"，以言简意明的形式（如章程、守则、公约、须知、誓词、保证、条例等）表达职业道德的要求。这样做，有利于从业人员遵守和践行，有助于从业人员养成本职业所要求的道德习惯。

（3）调节范围的确定性。职业道德在调节范围上，主要用来约束从事本职业的人员。一般来说，职业道德主要是调整两个方面的关系：一是从事同一职业人们的内部关系，二是同所接触的对象之间的关系。例如，一个医生，不但要热爱本职工作，尊重同行业人员，而且要发扬救死扶伤的精神，尽自己最大努力为患者解除痛苦。由此可见，职业道德主要是用来约束从事本职业的人员的，对于不属于本职业的人，或职业人员在该职业之外的行为活动，它往往起不到约束作用。

（4）规范的稳定性和连续性。无论何种职业，都是在历史上逐渐形成的，都有漫长的发展过程。农业、手工业、商业、教育等古老的职业，都有几千年的历史。而伴随现代工业产生的系列新型职业也有几十年或几百年的历史。虽然每种职业在不同的历史时期有不同的特点，但是，无论在哪个时代，每种职业所要调整的基本道德关系都是大致相同的。如医生在历朝历代主要是协调医患关系。正因为如此，基于调整道德关系而产生的职业道德规范，就具有历史的连续性和较大的稳定性。例如，从古希腊奴隶制社会的著名医生希波克拉底，到我国封建时代的唐代名医孙思邈，再到现代世界医协大会所制定的《日内瓦宣言》，都主张医生要救死扶伤，对患者一视同仁。医生职业道德规范的基本内容鲜明地体现着历史的连续性和稳定性。

3. 职业道德的社会作用

职业道德是调整职业内部、职业与职业、职业与社会之间的各种关系的行为准则。因此，职业道德的社会作用主要是：

（1）调整职业工作与服务对象的关系，实际上也就是职业与社会的关系。这要求从业人员从本职业的性质和特点出发，为社会服务，并在这种服务中求得自身与本职业的生存和发展。教师道德涉及教师和学生的关系，医生道德涉及医生和患者的关系，司法道德涉及司法人员与当事人的关系。哪种职业为社会服务得好，哪种职业就会受到社会的赞许，否则就会受到社会舆论的谴责。

（2）调整职业内部关系。包括调整领导者与被领导者之间、职业各部门之间、同事之间的关系。这诸种关系之间都要保持和谐共进、相互信任、相互支持、相互合作，避免互相拆台、互相掣肘，从而实现社会关系的协调统一。

（3）调整职业之间的关系。通过职业道德的调整，使各行业之间的行为协调统一。社会主义社会各种职业的目的都是为实现全社会的共同利益服务的。各行业之间的分工合作、协调一致，是社会主义职业道德的基本要求。除此之外，职业道德在促进职业成员成长的过程中也有重要作用。一个人有了职业，就意味着这个人已经踏入社会。在职业活动中，他势必要面对和处理个人与他人、个人与社会的关系问题，并接受职业道德的熏陶。由于职业道德与从业人员的切身利益息息相关，人们往往通过职业道德接受或深化一般社会道德，并形成一个人的道德素养。注重职业道德的建设和提高，不仅可以造就大批有强烈道德感、责任心的职业工作者，而且可以大大促进社会道德风尚的发展。

第二节 职 业 守 则

通常职业道德要求通过在职业活动中的职业守则来体现。广大煤矿职工的职业守则有以下几个方面：

1. 遵纪守法

煤炭生产有它的特殊性，从业人员除了遵守《煤炭法》《安全生产法》《煤矿安全生产条例》《煤矿安全规程》外，还要遵守煤炭行业制定的专门规章制度。只有遵法守纪，才能确保安全生产。作为一名合格的煤矿职工，应该遵守煤矿的各项规章制度，遵守煤矿劳动纪律，尤其是岗位责任制和操作规程、作业规程，处理好安全与生产的关系。

2. 爱岗敬业

热爱本职工作是一种职业情感。煤炭是我国当前的主要能源，在国民经济中占举足轻重的地位。作为一名煤矿职工，应该感到责任重大、使命光荣；应该树立热爱矿山、热爱本职工作的思想，认真工作，培养职业兴趣；干一行、爱一行、专一行，既爱岗又敬业，创造性地干好本职工作，为我国的煤矿安全生产多作贡献。

3. 安全生产

煤矿生产是人与自然的斗争，工作环境特殊，作业条件艰苦，情况复杂多变，危险有害因素多，稍有疏忽或违章，就可能导致事故发生，轻者影响生产，重则造成矿毁人亡。安全是煤矿工作的重中之重。没有安全，生产就无从谈起。作为一名煤矿职工，一定要按章作业，抵制"三违"，做到安全生产。

4. 钻研技能

职业技能，也可称为职业能力，是人们进行职业活动、完成职业责任的能力和手段。它包括实际操作能力、业务处理能力、技术能力以及相关理论知识水平等。

经过新中国成立以来几十年的发展，我国的煤炭生产也由原来的手工作业转变为综合机械化作业，正在向智能化开采迈进，大量高科技产品、科研成果被广泛应用于煤炭生产、安全监控之中，建成了许多世界一流的现代化矿井。所有这些都要求煤矿职工在工作和学习中刻苦钻研职业技能，提高技术能力，掌握扎实的科学知识，只有这样才能胜任自己的工作。

5. 团结协作

任何一个组织的发展都离不开团结协作。团结协作、互助友爱是处理组织内部人与人之间、组织与组织之间关系的道德规范，也是增强团队凝聚力、提高生产效率的重要法宝。

6. 文明作业

爱护材料、设备、工具、仪表，保持工作环境整洁有序；着装整齐，符合井下作业要求；行为举止大方得体。

第一部分
初级矿井维修钳工知识要求

第一章

钳 工 基 础 知 识

钳工是使用工具或设备，按技术要求对工件进行加工、修整、装配的工种。其特点是手工操作多，灵活性强，工作范围广，技术要求高，且操作者本身的技能水平直接影响加工质量。钳工基本操作技能包括划线、錾削、锯削、锉削、钻孔、扩孔、锪孔、铰孔、攻螺纹、套螺纹矫正与弯形、铆接、刮削、研磨、技术测量及简单的热处理，以及对部件、机器进行装配、调试、维修等。

一、常用工具、量具

钳工常用工具有划线用的划针、划针盘、划规、中心冲和平板，錾削用的手锤和各种錾子，锉削用的各种锉刀，锯割用的锯弓和锯条，孔加工用的麻花钻、各种锪钻和铰刀、攻丝、套丝用的各种丝锥、板牙和绞手，刮削用的平面刮刀和曲面刮刀，各种扳手和起子等。

钳工常用量具有钢尺、刀口直尺、内外卡钳、游标卡尺、千分尺、直角尺、量角器、厚薄规、百分表等。

二、常用量具的结构及使用方法

1. 游标卡尺的结构和使用方法

（1）结构。图 1－1 所示为三用游标卡尺，它由尺身、游标、内量爪、外量爪、深度尺和紧固螺钉等部分组成。

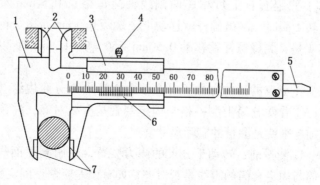

1—尺身；2—内量爪；3—尺框；4—紧固螺钉；5—深度尺；6—游标；7—外量爪

图 1－1 三用游标卡尺

（2）刻线原理。0.02 mm 游标卡尺划线原理是：尺身上每小格为 1 mm，当两量爪合并时，尺身上的 49 mm 刻度线正好对准游标上的第 50 格的刻度线，则尺身 1 格和游标 1 格长度之差为 1 − （49÷50）= 0.02 mm，所以它的精度为 0.02 mm。

（3）读数方法。用游标卡尺测量工件时，读数分 3 步：①读出游标上零线左面尺身的毫米整数；②找出游标上哪一条刻线与尺身刻线对齐，读出读数；③把尺身和游标上的尺寸加起来即为测量尺寸。

（4）使用方法：①测量前应将游标卡尺擦干净，量爪贴合后，游标的零线应和尺身的零线对齐；②测量时，所用的测力应使两量爪刚好接触零件表面为宜；③测量时，防止卡尺歪斜；④在游标上读数时，避免视线误差。

2. 千分尺的结构和使用方法

（1）结构。外径千分尺的结构如图 1 − 2 所示，它由尺架、测微螺杆、测力装置等组成。

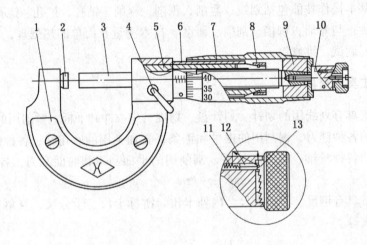

1—尺架；2—砧座；3—测微螺杆；4—锁紧手柄；5—螺纹套；6—固定套管；7—微分筒；
8—螺母；9—接头；10—测力装置；11—弹簧；12—棘轮爪；13—棘轮

图 1 − 2 外径千分尺结构

（2）刻线原理。固定套管上每相邻两刻线轴向每格长 0.5 mm。测微螺杆螺距为 0.5 mm。当微分筒转 1 圈时，测微螺杆就移动 1 个螺距 0.5 mm。微分筒圆锥面上共等分 50 格，微分筒每转 1 格，测微螺杆就移动 0.5 mm ÷ 50 = 0.01 mm，所以千分尺的测量精度为 0.01 mm。

（3）读数方法。千分尺的读数方法可分 3 步：①读出微分筒边缘在固定套管主尺的毫米数和半毫米数；②看微分筒上哪一格与固定套管基准线对齐，并读出不足半毫米的数；③把两个读数加起来就是测量的实际尺寸。

（4）使用方法：①测量前，转动千分尺的测力装置，使两测量面靠合，并检查是否密合，同时看微分筒与固定套筒的零线是否对齐，如有偏差应调整固定套筒对零；②测量时，用手转动测力装置、控制测力，不允许用冲力转动微分筒，千分尺测微螺杆轴线应与零件表面贴合垂直；③读数时，最好不取下千分尺进行读数，如果需要取下读数，应先锁紧测微螺杆，然后轻轻取下千分尺，防止尺寸变动，读数时要看清刻度，不要错读。

3. 百分表的结构和使用方法

（1）结构。如图1-3所示，百分表的传动系统由齿轮、齿条等组成。测量时，当带有齿条的测量杆上升，带动小齿轮3转，与小齿轮3同轴的大齿轮4及小指针也跟随着转动，而大齿轮4又带动小齿轮5及轴上的大指针偏转。

（2）刻线原理。测量杆移动1 mm时，大指针正好回转1圈。而在百分表的表盘上沿圆周刻有100等分格，则其刻度值为1/100＝0.01 mm。测量时当大指针转过1格刻度时，表示零件尺寸变化0.01 mm。该百分表的测量精度为0.01 mm。

（3）使用方法：①测量前，检查表盘和指针有无松动现象，检查指针的平稳性和稳定性；②测量时，测量杆应垂直零件表面。测量头与被测表面接触时，测量杆应预先有0.3～1 mm的压缩量，保持一定的初始测力，以免由于存在负值偏差而测不出值。

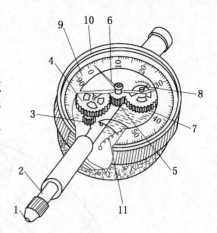

1—触头；2—量杆；3—小齿轮；4、7—大齿轮；5—中间小齿轮；6—长指针；8—短指针；9—表盘；10—表圈；11—拉簧

图1-3 百分表结构

4. 2′万能角度尺的结构和使用方法

（1）结构。图1-4所示是读数值为2′的万能角度尺。在它的扇形板上刻有间隙1°的刻线，游标固定在底板上，它可以沿着扇形板转动。用夹紧块可以把角尺5和直尺6固定在底板上，从而使可测量角度的范围为0°～320°。

（2）刻线原理及读数方法。扇形板上刻有120格刻线，间隔为1°，游标上刻有30格刻线，对应扇形板上的度数为29°。尺身1格和游标1格之差1°－（29÷30）＝2′，所以它的测量精度为2′。万能游标量角器的读数方法和游标卡尺相似，先从尺身上读出游标零线前的整度数，再从游标上读出角度"′"值，两者相加就是被测的角度数值。

（3）使用方法：①使用前，检查零位的准确性；②测量时，应使万能角度尺的两个测量面与被测件表面在全长上保持良好接触，然后拧紧制动器上的螺母进行读数；③测量范围在0°～50°内，应装上角尺和直尺；在50°～140°范围内，应装上直尺；在140°～230°范围内，应装上角尺；在230°～320°范围内，不装角尺和直尺。

5. 塞尺

塞尺是用来检验两个结合面之间间隙大小的片状量规。如图1-5所示，它有两个平行的测量平面，其长度有50 mm、100 mm、200 mm等多种。塞尺有若干个不同厚度的片，可叠合起来装在夹板里。

使用塞尺时，应根据间隙的大小选择塞尺的片数，可把一片或数片重叠在一起插入间隙内。厚度小的塞尺片很薄，容易弯曲和折断，插入时不宜用力太大。用后应将塞尺擦拭干净，并及时合到夹板中。

6. 量具的维护和保养

（1）测量前，应将量具的测量面和工件被测量面擦净，以免影响测量精度和加快量具磨损。

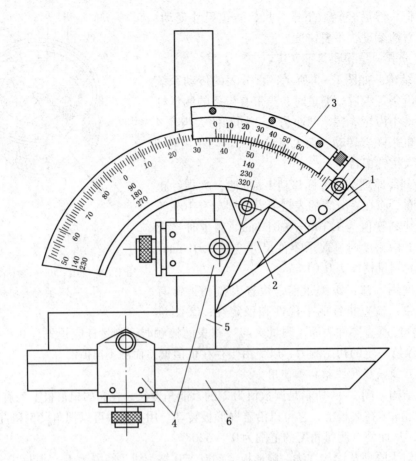

1—尺身；2—基尺；3—游标；4—卡块；5—直角尺；6—直尺

图1-4　2′万能角度尺

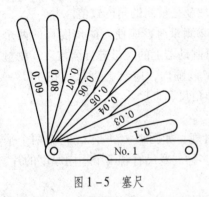

图1-5　塞尺

（2）量具在使用过程中，不要和工具、刀具放在一起，以免碰坏。

（3）机床开动时，不要用量具测量工件，否则会加快量具磨损，而且容易发生事故。

（4）温度对量具精度影响很大，因此，量具不应放在热源附近，以免受热变形。

（5）量具用完后，应及时擦净、涂油，放在专用盒中，保存在干燥处，以免生锈。

（6）精密量具应定期检查和保养，发现精密量具有不正常现象时，应及时送交计量室检修。

第二章

识图基础知识

第一节　正投影法的基本原理

一、三视图

将垫块由前向后向正立投影面（简称正面，用 V 表示）投射，在正面上得到一个视图，称为主视图（图 2-1a）；然后再加一个与正面垂直的水平投影面（简称水平面，用 H 表示），并由垫块的上方向下投射，在水平面上得到第二个视图，称为俯视图（图 2-1b）；再加一个与正面和水平面均垂直的侧立投影面（简称侧面，用 W 表示），从垫块的左方向右投射，在侧面上得到第三个视图，称为左视图（图 2-1c）。显然垫块的三个视图从三个不同方向反映了垫块的形状。

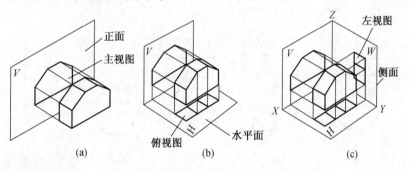

(a)　　　　　　　　(b)　　　　　　　　(c)

图 2-1　三视图的形成

二、三视图的投影关系

物体有长、宽、高三个方向的大小。通常规定：物体左右之间的距离为长，前后之间的距离为宽，上下之间的距离为高。从图 2-2 可以看出，一个视图只能反映物体两个方向的大小。如主视图反映垫块的长和高，俯视图反映垫块的长和宽，左视图反映垫块的宽和高。由上述三个投影面展开过程可知，俯视图在主视图的下方，对应的长度相等，且左右两端对正，即主、俯视图相应部分的连线为互相平行的竖直线。同

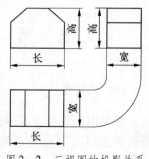

图 2-2　三视图的投影关系

理，左视图与主视图高度相等且对齐，即主、左视图相应部分在同一条水平线上。左视图与俯视图均反映垫块的宽度，所以俯、左视图对应部分的宽度相等。

根据上述三视图之间的投影关系，可归纳为以下 3 条投影规律：

（1）主、俯视图——长对正。

（2）主、左视图——高平齐。

（3）俯、左视图——宽相等。

第二节　基本体的尺寸注法

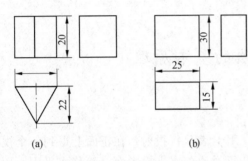

图 2-3　平面体的尺寸标注

一、平面体的尺寸注法

平面体一般应注出长、宽、高三个方向的尺寸，如图 2-3 所示。正方形的尺寸采用边长×边长的形式标注。

二、曲面体的尺寸注法

图 2-4 所示是各种曲面体的尺寸标注，其中，圆柱、圆锥、圆台必须注出底圆直径和高度尺寸；球只需注出球面的直径，并在直径尺寸数字前加注 "$S\phi$"，在半径尺寸数字前加注 "SR"。

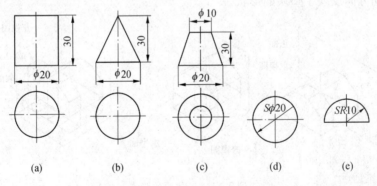

图 2-4　曲面体的尺寸标注

第三节　简单零件剖视、剖面的表达方法

一、剖视图

假想用剖切面剖开零件，将处在观察者和剖切面之间的部分移去，而将其余部分向投影面投射所得的图形称为剖视图，如图 2-5 所示。用剖视图可以表达零件的内部结构。

1. 全剖视图

用一个剖切平面将零件完全切开所得到的剖视图称全剖视图。如图 2 - 6 所示，一外形为长方体的零件，中间有一 T 形槽，用一水平面通过零件的水平槽将其完全切开，画出全剖视图，如图 2 - 6b 所示。

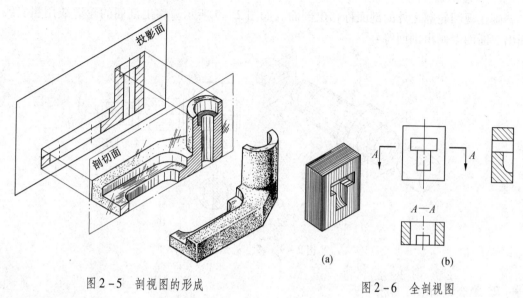

图 2 - 5 剖视图的形成

图 2 - 6 全剖视图

全剖视图的标注，一般应在全剖视图的上方用字母标出剖视图的名称 "× - ×"，在相应视图上用剖切符号表示剖切位置，用箭头表示投影方向，并注上同样的字母，如图 2 - 6b 所示。当剖切平面通过零件对称平面，且剖视图按投影关系配置，中间又无其他视图隔开时，可省略标注，如图 2 - 6b 中的左视图。

2. 半剖视图

以对称中心线为界，一半画成剖视，另一半画成视图，称为半剖视图，如图 2 - 7 所示。半剖视图的标注与全剖视图相同。

3. 局部剖视图

用剖切平面局部地剖开零件，所得的剖视图称为局部剖视图。如图 2 - 8 所示零件的主视图就采用了局部剖视图画法。

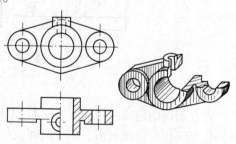

图 2 - 7 半剖视图

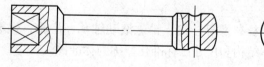

图 2 - 8 局部剖视图

局部剖视以波浪线为界，波浪线不应与轮廓线重合（或用轮廓线代替），也不能超出轮廓线之外。

二、剖面图

假想用剖切平面将零件的某处切断，仅画出断面的图形，称为剖面图。

1. 移出剖面

画在视图轮廓之外的剖面称移出剖面。如图 2 - 9 所示。移出剖面的轮廓线用粗实线画出，断面上画出剖面符号。

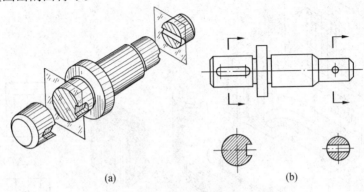

(a)   (b)

图 2 - 9 移出剖面图

2. 重合剖面

画在视图轮廓之内的剖面称重合剖面，如图 2 - 10 所示。

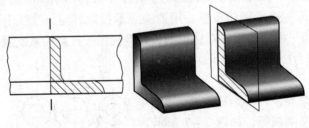

图 2 - 10 重合剖面

重合剖面的轮廓线用细实线绘制。当视图中的轮廓线与重合剖面的图形重叠时，视图中的轮廓线仍应连续画出，不可间断。

第四节 常用零件的规定画法及代号

在机器中广泛应用的螺栓、螺母、键、销、滚动轴承、齿轮、弹簧等零件称为常用件。其中有些常用件的整体结构和尺寸已标准化，称为标准件。

一、螺纹的规定画法

1. 外螺纹

外螺纹的牙顶（大径）及螺纹终止线用粗实线表示，牙底（小径）用细实线表示，并应画出螺杆的倒角或倒圆部分。在垂直于螺纹轴线方向的视图中，表示牙底的细实线圆只画约 3/4 圈，此时不画螺杆端面倒角圆，如图 2-11 所示。

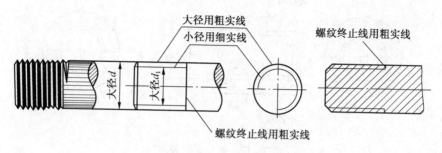

图 2-11　外螺纹画法

2. 内螺纹

如图 2-12 所示，在螺孔作剖视时，牙底（大径）为细实线，牙顶（小径）及螺纹终止线为粗实线。不作剖视时，牙底、牙顶和螺纹终止线皆为虚线。在垂直于螺纹轴线方向的视图中，牙底画成约 3/4 圈的细实线圆，不画螺纹孔口的倒角圆。

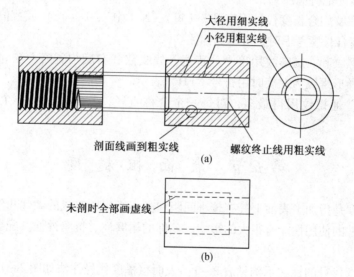

图 2-12　内螺纹画法

3. 内、外螺纹连接

国标规定，在剖视图中表示螺纹连接时，其旋合部分应按外螺纹的画法表示，其余部分仍按各自的画法表示，如图 2-13 所示。

二、螺纹标记

螺纹采用规定画法后，为区别螺纹的种类及参数，应在图样上按规定格式进行标记，以表示该螺纹的牙型、公称直径、螺距、公差带等。

一般完整的标记由螺纹代号、螺纹公差带代号和旋合长度代号组成，中间用"—"分开。例如 M10—5g6g—S。

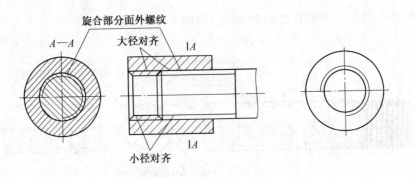

图 2 - 13　螺纹连接画法

M10——螺纹代号；5g6g——公差带代号（5g 为中径公差带，6g 为顶径公差带）；S——旋合长度代号。

Tr40 × 14（P7）LH—8e—L；

Tr40 × 14（P7）LH—螺纹代号；8e—公差带代号；L—旋合长度代号。

在标注螺纹标记时应注意：

（1）普通螺纹旋合长度代号用字母 S（短）、N（中）、L（长）或数值表示。一般情况下，按中等旋合长度考虑时，可不加标注。

（2）单线螺纹和右旋螺纹用得十分普遍，故线数和右旋均省略不注。左旋螺纹应标注"左"字，梯形螺纹为左旋时用符号"LH"表示。

（3）粗牙普通螺纹用得最多，对每一个公称直径，其螺距只有一个，故不必标注螺距。

第五节　表面粗糙度

表面粗糙度是指加工表面上具有较小间距和微小峰谷所组成的微观几何形状特性。表面粗糙度对零件的使用性能有很大的影响，零件的耐磨性、抗腐蚀性及配合质量都同表面粗糙度有关。

表面粗糙度代号的标注示例见表 2 - 1。表面粗糙度代号注法如图 2 - 14 所示。

表 2 - 1　表面粗糙度符号

符　号	意　义　及　说　明
∨	基本符号，表示表面可用任何方法获得。当不加注粗糙度参数值或有关说明（例如表面处理、局部热处理状况等）时，仅适用于简化代号标注
∨ （加一短划）	基本符号加一短划，表示表面是用去除材料的方法获得，例如车、铣、钻、磨、剪切、抛光、腐蚀、电火花加工、气割等
∨ （加一小圆）	基本符号加一小圆，表示表面是用不去除材料的方法获得，例如铸、锻、冲压变形、热轧、冷轧、粉末冶金等；或者是用于保持原供应状况的表面（包括保持上道工序的状况）

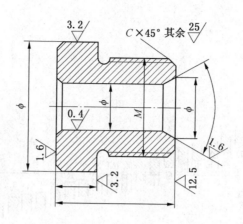

图 2 - 14 表面粗糙度代号注法

第六节 公差与配合

一、基本概念

1. 尺寸公差

尺寸公差是指允许尺寸的变动量,简称公差。

2. 标准公差与基本偏差

(1)标准公差。指用以确定公差带大小的任一公差。国标规定,对于一定的基本尺寸,其标准公差共有 20 个公差等级,即:IT01、IT0、IT1、IT2 至 IT18,"IT"表示标准公差,后面的数字是公差等级代号。IT01 为最高一级(即精度最高,公差值最小),IT18为最低一级(即精度最低,公差值最大)。

(2)基本偏差。指确定公差带相对于零线位置的上偏差或下偏差,一般为靠近零线的那个偏差。当公差带在零线的上方时,基本偏差为下偏差,反之则为上偏差。国家标准中,对孔和轴的每一基本尺寸段规定了 28 个基本偏差,并规定分别用大、小写拉丁字母作为孔和轴的基本偏差代号,如图 2 - 15 所示。

3. 配合与基准制

(1)配合。基本尺寸相同、相互结合的孔和轴公差带之间的关系称为配合。配合有 3 种类型,即间隙配合、过盈配合和过渡配合。

(2)基准制。国标对孔与轴公差带之间的互相关系,规定了两种制度,即基孔制与基轴制。

① 基孔制。基孔制中的孔称为基准孔,其基本偏差规定为 H,下偏差为零。轴的基本偏差在 a ~ h 之间为间隙配合;在 j ~ n 之间基本上为过渡配合;在 p ~ zc 之间基本上为过盈配合。

② 基轴制。基轴制中的轴称为基准轴,其基本偏差规定为 h,上偏差为零。孔的基本偏差在 A ~ H 之间为间隙配合;在 J ~ N 之间基本上为过渡配合;在 P ~ ZC 之间基本上为过盈配合。

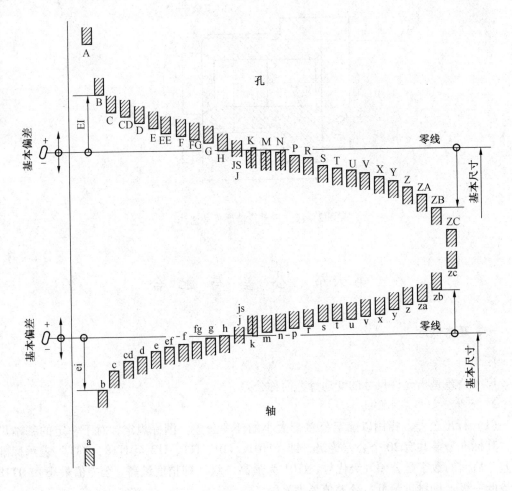

图 2-15 基本偏差系列

二、公差带代号识读

1. 孔、轴公差带代号

孔、轴公差带代号均由基本偏差代号与标准公差等级代号组成。如 $\phi12H8$ 表示基本尺寸为 $\phi12$ mm、公差等级为 8 级的基准孔，也可简读成基本尺寸 $\phi12$ H8 孔。$\phi2f7$ 表示基本尺寸为 $\phi12$ mm，公差等级为 7 级，基本偏差为 f 的轴，也可简读成基本尺寸 $\phi22$ f7 轴。

2. 配合代号

配合代号由孔与轴的公差带代号组合而成，并写成分数形式，分子代表孔的公差代号，分母代表轴的公差带代号。$\phi12\frac{H8}{f7}$ 表示孔、轴的基本尺寸为 $\phi12$ mm，孔公差等级为 8 级的基准孔，轴公差等级为 7 级，基本偏差为 f 的轴；属于基孔制间隙配合，也可简读成基本尺寸 $\phi12$，基孔制 H8 与 f7 轴的配合。

第七节 形状和位置公差

零件加工过程中，不仅尺寸公差需要得到保证，而且组成零件要素的形状和位置也应有一定的准确性，这样才能满足零件的使用和装配要求，保证互换性。因此，形状和位置公差（简称形位公差）同尺寸公差、表面粗糙度一样是评定零件质量的一项重要指标。

一、形位公差特征项目的符号

国家标准 GB/T 1182 规定形状和位置公差共有 14 个项目，各项目的名称及对应符号见表 2－2。

表2－2 公差特征项目的符号

公差	特征项目	符　号	有或无基准要求	公差	特征项目	符　号	有或无基准要求
形状	形状	直线度	—	无	位置	定向	平行度	//	有
		平面度	▱	无			垂直度	⊥	有
		圆度	○	无			倾斜度	∠	有
		圆柱度	⌀	无		定位	同轴（同心）度	◎	有
形状或位置	轮廓	线轮廓度	⌒	有或无			对称度	=	有
		面轮廓度	⌒	有或无			位置度	⊕	有或无
						跳动	圆跳动	↗	有
							全跳动	↗↗	有

二、公差框格和基准

公差要求在矩形方框中给出，方框用细实线绘制，框高为图纸中字体高的两倍，方框由 2 格或多格组成。框格中的内容从左到右按以下次序填写：公差特征符号；

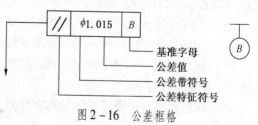

图 2－16 公差框格

公差值用线性值，若公差带是圆或圆柱形，则在公差值前加注"φ"；若是球形则加注"Sφ"；用一个或多个字母表示基准要素或基准体系。框格一端用带箭头的指引线与被测要素相连，如图 2－16 所示。基准符号由基准字母、圆圈、粗的短横线和连线组成。

三、形位公差在图上的标注

形位公差在图上的标注图例如图 2－17 所示。

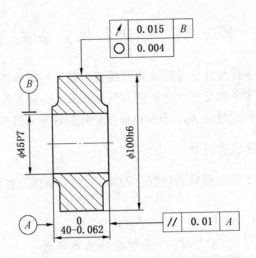

图 2-17 形位公差标注图例

图 2-17 中所注形位公差表示：

(1) ϕ100h6 外圆的圆度公差为 0.004。

(2) ϕ100h6 外圆对 ϕ45P7 孔的轴心线圆跳动公差为 0.015。

(3) 两端之间的平行度公差为 0.01。

第八节 零 件 图

一、零件图的内容和要求

机器和部件都是由零件组合而成的。用来表达单个零件的图样叫作零件图，它是生产中的重要技术文件，是制造和检验零件的依据。在生产过程中，先根据零件的材料和数量进行备料，然后按图纸所表达的零件形状、尺寸、技术要求进行加工，最后还要根据图纸上的全部要求进行检验。因此，零件图应包括 4 个方面内容：

(1) 一组视图（包括视图、剖视图、剖面等）——用以表达零件的形状。

(2) 完整的尺寸标注——用以确定零件各部分结构、形状大小和相对位置。

(3) 技术要求——说明零件在制造和检验时应达到的要求，例如表面粗糙度、公差与配合、热处理要求等。

(4) 标题栏——说明零件的名称、材料、数量以及必要的签署等。

二、看零件图的方法和步骤

(1) 看标题栏。了解零件的名称、材料、比例及编号等。

(2) 分析视图。了解每个视图的作用及所采用的表达方法。

(3) 分析投影。根据投影关系，用形体分析法想象零件的形状。

(4) 分析尺寸和技术要求。

第九节 装 配 图

部件或机器都是根据其使用目的，按照有关技术要求，由一定数量的零件装配而成的。表达这些部件或机器的图样称为装配图。

装配图是制订装配工艺规程，进行装配、检验、安装及维修的技术文件，要有如下的内容：

（1）一组视图。

（2）一组尺寸。

（3）技术要求。

（4）零件编号、明细表和标题栏。

装配图和零件图比较，在内容与要求上有下列异同：

（1）装配图和零件图一样，都有视图、尺寸、技术要求和标题栏4个方面的内容。但在装配图中还多了零件编号和明细表，以说明零件的编号、名称、材料和数量等情况。

（2）装配图的表达方法和零件图基本相同，都是采用各种视图、剖视、剖面等方法来表达，但装配图还有一些规定画法和特殊表示方法。

（3）装配图视图的表达要求与零件图不同。零件图需要把零件的各部分形状完全表达清楚，而装配图只要求把部件的功用、工作原理、零件之间的装配关系表达清楚，并不需要把每个零件的形状完全表达出来。

（4）装配图的尺寸要求与零件图不同。在零件图上要注出零件制造时所需要的全部尺寸，而在装配图上只注出与部件性能、装配、安装和体积等有关的尺寸。

第三章

金属材料

第一节 金属材料的性能

一、金属材料的物理性能

金属的物理性能是指金属固有的属性，包括密度、熔点、导热性、导电性、热膨胀性和磁性等。

1. 密度

某种物质单位体积的质量称为物质的密度。金属的密度即单位体积的金属质量。密度的计算公式为

$$\rho = m/V$$

式中　ρ——密度，kg/m^3；

　　　m——质量，kg；

　　　V——体积，m^3。

常用金属材料的密度见表 3-1。

表 3-1　常用金属材料的密度

材料名称	密度/($kg \cdot m^{-3}$)	材料名称	密度/($kg \cdot m^{-3}$)
铁	7.87×10^3	铅	11.3×10^3
铜	8.96×10^3	锡	7.3×10^3
铝	2.7×10^3	灰铸铁	$(6.8 \sim 7.4) \times 10^3$
镁	1.7×10^3	白口铁	$(7.2 \sim 7.5) \times 10^3$
锌	7.19×10^3	青铜	$(7.5 \sim 8.9) \times 10^3$
镍	8.9×10^3	黄铜	$(8.5 \sim 8.85) \times 10^3$

2. 熔点

金属和合金从固态向液态转变的温度称熔点。金属都有固定的熔点，常用金属熔点见表 3-2。

表3-2 常用金属材料的熔点

材 料 名 称	熔点/℃	材 料 名 称	熔点/℃
纯铁	1538	铬	1903
铜	1083	钒	1900
铝	660	锰	1244
钛	1677	镁	650
镍	1453	青铜	850~900

3. 导热性

金属材料传导热量的性能称为导热性。导热性的大小通常用热导率来衡量。热导率符号是 λ。热导率越大，金属的导热性越好。金属的导热能力以银为最好，铜、铝次之。

4. 导电性

金属材料传导电流的性能称为导电性。衡量金属材料导电性的指标是电阻率，电阻率越小，金属导电性越好。金属材料的导电能力以银为最好，铜、铝次之。合金的导电性比纯金属差。

5. 热膨胀性

金属材料随着温度变化而膨胀、收缩的特性称为热膨胀性。一般来说，金属受热时膨胀而体积增大，冷却时收缩而体积减小。

热膨胀性的大小用线膨胀系数 α_L 和体积膨胀系数 α_V 来表示。计算公式如下：

$$\alpha_L = (L_2 - L_1)/(L_1 \cdot \Delta t)$$

式中　α_L——线膨胀系数，$1/K$ 或 $1/℃$；

　　　L_1——膨胀前长度，m；

　　　L_2——膨胀后长度，m；

　　　Δt——温度变化量，$\Delta t = t_2 - t_1$，K 或℃。

6. 磁性

金属材料在磁场中受到磁化的性能称为磁性。根据金属材料在磁场中受到磁化的程度不同，可分为铁磁性材料（如铁、钴等）、顺磁性材料（如锰、铬等）、抗磁性材料（如铜、锌等）3 类。

二、金属材料的化学性能

1. 耐腐性

金属材料在常温下抵抗氧、水蒸气及其他化学介质腐蚀破坏作用的能力，称为耐腐蚀性。

2. 抗氧化性

金属材料在加热时抵抗氧化作用的能力，称为抗氧化性。

3. 化学稳定性

化学稳定性是金属材料的耐腐蚀性和抗氧化性的总称。金属材料在高温下的化学稳定性称为热稳定性。

第二节 常用金属材料的牌号、性能和用途

一、碳素钢

碳含量小于 2.11% 而不含合金元素的钢称为碳素钢，简称碳钢。

1. 碳素钢的分类

1）按钢的含碳量分类

（1）低碳钢，含碳量小于 0.25%。

（2）中碳钢，含碳量在 0.25%～0.6%。

（3）高碳钢，含碳量大于 0.6%。

2）按钢的质量分类

（1）普通质量钢，含硫量小于或等于 0.050%，含磷量小于或等于 0.045%。

（2）优质钢，含硫量小于或等于 0.035%，含磷量小于或等于 0.035%。

（3）高级优质钢，含硫量小于或等于 0.025%，含磷量小于或等于 0.025%。

（4）特级质量钢，含硫量小于 0.015%，含磷量小于 0.025%。

3）按钢的用途分类

（1）结构钢，主要用于制造各种机械和工程结构件，其含碳量一般小于 0.7%。

（2）工具钢，主要用于制造各种刀具、模具和量具，其含碳量一般都大于 0.7%。

2. 普通碳素结构钢牌号、化学成分、力学性能及用途

碳素结构钢的牌号是由代表屈服点的拼音字母"Q"、屈服点数值、质量等级符号和脱氧方法符号 4 个部分按顺序组成。如 Q235 - A.F 牌号中："Q"是钢材屈服点，"屈"字汉语拼音首位字母；"235"表示屈服点为 235 N/mm^2；"A"表示质量等级为 A 级；"F"表示沸腾钢。

3. 优质结构钢的牌号、化学成分、力学性能及用途

优质碳素结构钢用来制造重要的机械零件。其牌号用两位数字表示，这两位数字表示该钢的平均含碳量的万分之几。例如，30 表示钢中含碳为 0.30% 的优质碳素结构钢。

优质碳素结构钢按含锰量不同，分为普通含锰量钢（锰含量小于 0.80%）和较高含锰量钢（Mn 含量在 0.7%～1.2% 之间）两组。较高含锰量钢在牌号后面标出元素符号"Mn"或汉字"锰"。例如 50Mn（或 50 锰）。若为沸腾钢或为了适应各种专门用途的某些专用钢，则在牌号后面标出规定的符号。例如，10F 系平均含碳量为 0.10% 的沸腾钢。

4. 碳素工具钢牌号、化学成分、力学性能及用途

碳素工具钢是用于制造刀具、模具和量具的钢。由于大多数工具都要求高硬度和耐磨性，故工具钢含碳量都在 0.70% 以上，为优质钢和高级优质钢。

碳素工具钢的牌号以汉字"碳"或汉语拼音字母字头"T"后面标以阿拉伯数字表示，数字表示钢中平均含碳量的千分之几。例如，T8（或碳 8）表示含碳量为 0.8% 的碳素工具钢。高级优质碳素工具钢，则在牌号后面标以字母"A"。例如，T10 表示平均含碳量为 1.0% 的高级优质碳素工具钢。

5. 铸造碳钢

铸造碳钢的含碳量一般在 0.2% ~0.6% 之间。在重型机械中，不少零件是用铸造碳钢制成。

铸造碳钢的牌号是用铸钢两字的汉语拼音字母字头"ZG"后面加两组数字组成。第一组数字代表屈服强度值，第二组数字代表抗拉强度值。例如，ZG270—500 表示屈服强度为 270 N/mm² 、抗拉强度为 500 N/mm² 的铸造碳钢。

二、合金钢

合金钢是在碳钢中加入一些合金元素的钢。钢中常加入的元素有硅（Si）、锰（Mn）、铬（Cr）、镍（Ni）、钨（W）、钒（V）、钼（Mo）、钛（Ti）等。

1. 合金钢的分类

1）按用途分类

（1）合金结构钢：用于制造机械零件和工程结构的钢，如连杆、齿轮、轴、桥梁等。

（2）合金工具钢：用于制造各种加工工具的钢，如切削刀具、模具和量具。

（3）特殊性能钢：用于制造具有某种特殊性能的结构和零件，包括不锈钢、耐热钢、耐磨钢等。

2）按所含合金元素总量分类

（1）低合金钢：合金元素总含量小于 5%。

（2）中合金钢：合金元素总含量在 5% ~10% 之间。

（3）高合金钢：合金元素总含量大于 10%。

2. 合金钢的编号及用途

1）合金结构钢

合金结构钢的牌号用"两位数字 + 元素符号（或汉字）+ 数字"表示。前两位数字表示钢中含碳量的万分数，元素符号表示所含金属元素，后面的数字表示合金元素平均含量的百分数。当合金元素的平均含量小于 1.5% 时，只标明元素，不标明含量。

2）合金工具钢

合金工具钢的含碳量比较高（0.8% ~1.5%），钢中还加入 Cr、V、Mo、W 等合金元素。合金工具钢的牌号与合金结构钢大体相同，不同的是合金工具钢的含碳量大于 1.0% 时不标出，小于 1.0% 时以千分数表示。如 9Mn2V 表示平均含碳量为 0.9%，锰平均含量为 2%，钒含量小于 1.5%。

3）特殊性能钢

特殊性能钢的编号方法基本与合金工具钢相同。如 2Cr13 表示含碳量为 0.2%，含铬量为 13% 的不锈钢。为了表示钢的特殊用途，在钢号前面加特殊字母。如 GCr15 中"G"表示作滚动轴承用的钢。

三、铸铁

铸铁是含碳量大于 2.11% 的铁碳合金，并且还含有硅、锰、硫、磷等元素。铸铁和钢相比，具有优良的铸造性能和切削加工性能，生产成本低廉，并且具有耐压、耐磨和减振等性能，所以应用比较广泛。

1. 铸铁的分类

根据碳在铸铁中存在的形态不同，可以将铸铁分为以下几种：

（1）白口铸铁。这类铸铁断口呈银白色，性能既硬又脆，很难进行切削加工，主要用于炼钢或制造可锻铸铁的厚件。

（2）灰铸铁。断口呈灰色，是应用最为广泛的一类铸铁。

（3）球墨铸铁。这类铸铁强度高，韧性好。

（4）可锻铸铁。这类铸铁强度较高，韧性好。

2. 铸铁的牌号

灰铸铁的牌号用"HT"及后面的一组数字组成，数字表示其最低抗拉强度。

可锻铸铁由"KTH""KTB"或"KTZ"及两组数字组成，"KT"表示可锻铸铁，"H""B""Z"分别表示"黑心""白心"及"珠光体"，前后两组数字分别表示最低抗拉强度和伸长率。

球墨铸铁的牌号用"QT"和两组数字组成，其表示方法和可锻铸铁表示方法完全一致。

第四章

起重、搬运与管件

第一节 常用起重器具的使用与保养

一、卸扣

卸扣(又称马蹬、卡环等),它是起重作业中广泛使用的连接工具,主要用于起重滑车、吊环或绳索的连接等。例如,利用卸扣把钢丝绳与起重机的缆风盘连接在一起(图4-1a),把钢丝绳与钢丝绳连接在一起(图4-1b),把钢丝绳与滑车连接在一起(图4-1c)等。

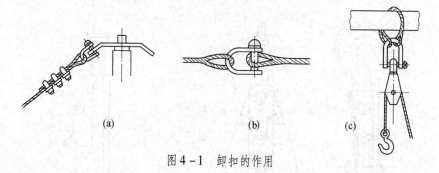

(a)　　　　　　　　　(b)　　　　　　　　　(c)

图4-1　卸扣的作用

卸扣的构造简单,由卸扣本体及横销两部分组成,如图4-2所示。其中螺旋式卸扣使用方便、迅速,在起重作业中使用较多。

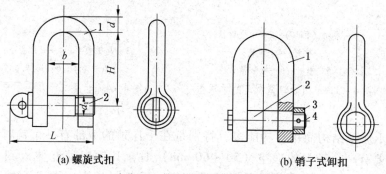

(a) 螺旋式扣　　　　　　　　　(b) 销子式卸扣

1—本体;2—横销;3—螺母;4—开口销

图4-2　卸扣的构造

二、滑车

滑车是起重运输作业中广泛使用的一种小型起重工具，用它与钢丝绳穿绕在一起，配以卷扬机，即可进行重物的起吊运输作业。一只滑车只能改变力的方向，并不能省力；如用两只滑车，并用钢丝绳把它们穿绕在一起组成滑车组，则不仅能改变力的方向，而且能省力。在起重运输作业中，单门滑车作为导向滑车使用，用滑车组配以卷扬机作起重用。单门开口型滑车如图4-3所示。

三、千斤顶

千斤顶是起重作业中常用的小型起重工具，它具有构造简单、使用轻便、工作平稳无冲击，且能保证把重物准确地停留在要求的高度上，举升重物时不需电源、绳索或链条等优点。千斤顶在起重作业中主要用于重物的短距离举升，或在设备安装维修中用于校正位置。

按工作原理及结构的不同，千斤顶可分为以下几种形式：

1. 齿条式千斤顶（又称起道机）

齿条式千斤顶主要有顶盖1、摇把2、起重扳手3、升降扳手4、壳体5和钩脚6等部分组成，如图4-4所示。

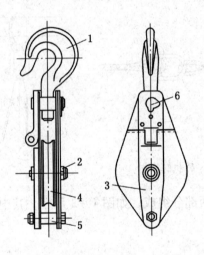

1—吊钩（吊环）；2—中央枢轴；
3—拉杆；4—滑轮；
5—横杆；6—桃形轴

图4-3 单门开口型滑车的示意图

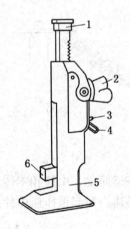

1—顶盖；2—摇把；
3—起重扳手；4—升降扳手；
5—壳体；6—钩脚

图4-4 齿条式千斤顶示意图

齿条式千斤顶结构简单，功能多，特别是在千斤顶的下部有一个钩脚在重物与地面之间，只要有一个较少的净空（50~60 mm）时，其钩脚就能伸入到重物的下底面，将重物抬起，而不需要像其他千斤顶那样，重物与地面间要有容纳千斤顶高度的空间。

2. 螺旋式千斤顶

螺旋式千斤顶是以转动螺杆使重物举升的一种起重工具。按其结构形式的不同可以分为以下几种形式：固定式顶托螺旋千斤顶、棘轮扳手式螺旋千斤顶、锥齿轮式螺旋千斤顶（图4-5）。

锥齿轮式螺旋千斤顶在起重作业中与其他两种螺旋千斤顶相比较，具有使用方便、操作省力和顶升速度快等优点，因此，它比其他两种螺旋千斤顶使用得更普遍。螺旋式千斤顶和齿条式千斤顶除垂直顶升外，还能在水平方向使用。

锥齿轮式螺旋千斤顶主要由螺母套筒、螺杆、锥齿轮传动机构等组成。它的螺杆与锥齿轮连成一体，锥齿轮的下部有一只平面轴承，用以减小转动时的摩擦力；另一只锥齿轮通过棘轮组与摇把连在一起，螺杆穿在套筒螺母内，只能动而不升降；套筒上嵌有定向键槽，因此套筒螺母只升降而不转动；顶头与套筒连在一起。

锥齿轮式螺旋千斤顶的起重量一般为3~50 t，顶升高度可达250~400 mm，其技术性能及规格见表4-1。

表4-1 锥齿轮式螺旋千斤顶的技术性能及规格

型号	起重量/t	高度/mm	起重高度/mm	手柄长度/mm	操作力/N	操作人数	自重/kg	外形尺寸/(mm×mm×mm)
Q—3	3	220	110	500	100	1	6	160×130×220
Q—5	5	250	130	600	160	1	7.5	178×149×250
Q—10	10	280	150	600	270	1	11	194×169×280
Q—16	16	320	180	1000	400	1	15	229×181×320
Q—32	32	395	200	1000	600	2	27	263×223×395
Q—50	50	452	250	1400	800	2	47	245×315×452
Q—100	100	452	200	1500	600	2	40	320×280×452

3. 油压千斤顶

油压千斤顶是起重作业中用得较多的一种小型起重设备，它顶升重物的重量比齿条式千斤顶或螺旋式千斤顶大得多，因此在起重作业中常用它来顶升较重的重物。油压千斤顶的顶升高度一般为100~250 mm，最大起重能力可达300 t以上。油压千斤顶规格较全，工作平稳无噪音，安全可靠，操作简单、省力。

油压千斤顶的外形如图4-6所示。油压千斤顶主要由工作油缸、起重活塞、柱塞泵、手柄、底盘等几部分组成。

四、滚杠

滚杠是起重中常用的搬运工具之一。在起重作业中，当没有机械化运输设备，或虽有机械化运输设备，但由于运输道路狭窄，机械化运输设备无法通过，或是由于被运输的重物重量过大，运输距离较短等情况下，常采用滚杠进行运输作业。利用滚杠进行运输作业成本较低，灵活简便，适用性广，但运输速度慢，效率较低。

滚杠规格与承载力的关系见表4-2。

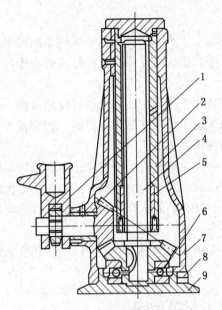

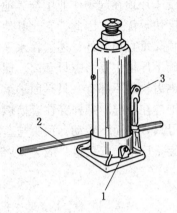

1—棘轮组；2—锥齿轮；3—升降套筒；
4—螺杆；5—套筒螺母；6—轴承；
7—壳体；8—紧固螺钉；9—底座

图4-5　锥齿轮式螺旋千斤顶

1—开关；2—手柄；3—掀手

图4-6　油压千斤顶的外形图

表4-2　滚杠规格与承载力的关系

滚杠规格/mm	每根滚杠承载力/kN	滚杠规格/mm	每根滚杠承载力/kN
$\phi89 \times 5$	20	$\phi114 \times 10$	109
$\phi108 \times 6$	40	$\phi114 \times 12$	160
$\phi114 \times 8$	65	$\phi114 \times 14$	250

五、撬棍

撬棍是起重作业中经常使用的工具之一，它是利用杠杆原理，用较小的力撬起较重的重物。在安装设备时，常用它来调整设备的位置；对于一些小型设备和一些重量不大的重物，常用它来撬起一定的高度，以便在设备或重物的下面摆放走板、滚杠或千斤顶等；有时也用它来推动小型设备或重物前进，另外，在

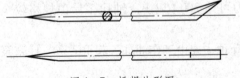

图4-7　撬棍外形图

使用起重机械时，也常用撬棍做一些辅助工作。撬棍外形如图4-7所示。

六、手动葫芦

手动葫芦又称手拉葫芦或千不拉，是一种结构简单、使用方便的起重设备。其特点是体积小、重量轻、携带方便、操作简单、使用安全、维护方便。它广泛用于小型设备和重物的短距离起吊和水平方向牵引。在小型设备安装或设备的维修中，常用它与桅杆配合使用，组成简易的起重机械。

环链式手动葫芦如图4-8所示。

七、卷扬机

按驱动方式不同，卷扬机可以分为手摇卷扬机和电动卷扬机。

手摇卷扬机是一种比较简单的牵引工具（图4-9），操作容易，便于搬运，一般用于设施条件较差和偏僻无电源的地方。电动卷扬机广泛地应用于建筑、安装和运输等工作中。在机械设备的吊装就位和搬运中，广泛使用可逆式电动卷扬机，其结构主要有机座、卷筒、电动机、控制器和齿轮减速器等。

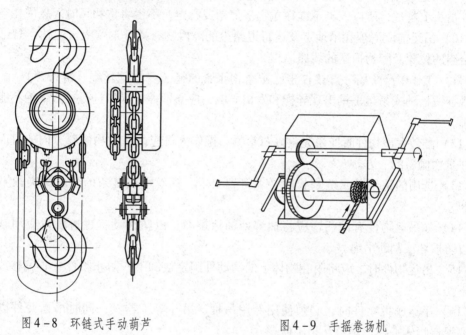

图4-8　环链式手动葫芦　　　　　　图4-9　手摇卷扬机

第二节　起重安全操作规范

为保证设备起重运输及吊装作业安全可靠地进行，确保无人身事故和设备事故，作业中必须严格按操作规程进行工作。有关安全操作规范如下：

（1）起重工必须经过有关部门考试合格后，发给特殊工种安全操作证，才能独立作业；未经考试合格的人员，不得单独进行起重作业；进入现场必须穿戴好安全防护用品。

（2）必须熟悉所用起重机械及工具的基本性能，作业前应认真检查使用的设备或工具是否良好，不完好的设备不能投入使用。

（3）严禁使用已报废的起重机具（起重器具及各种绳索）。

（4）根据物体的重量、体积、大小、形状及种类，采用适当的起重吊运方法。吊运时，必须保持物件重心平稳，严禁用人身重量来平衡吊运物件，或站在物体上起吊。搬运大型物体必须有明确标志（白天挂红旗，晚上悬红灯）。

（5）在起吊各种物件前应进行试吊，确认可靠后方可正式吊运。

（6）使用桅杆或三脚架起吊重物时，应绑扎牢固，杆脚固定牢靠。三脚架的杆距应基本相等，脚与地面的夹角不得小于60°，不得斜吊。

（7）使用千斤顶时，必须上下垫牢，随起随垫、随落随抽垫木。

（8）使用滚杠搬运物件时，滚杠两端不宜超出工件底面过长；摆放滚杠人员不准戴手套，大拇指应放在滚杠孔外，其他四指放入滚杠孔内，禁止满地抓，并应设监护人员；操作人员不准在重力倾斜方向一侧操作；钢丝绳穿过通道，应挂有明显标志；危险区域内禁止人员通过及停留。

（9）吊运重物时，尽可能不要使重物离地面太高；在任何情况下都禁止将吊运的重物从人员头上越过，所以人员不准在重物下停留或行走；不得将重物长时间悬吊在空中。

（10）吊运前应清理起吊地点及运行道路上的障碍物，招呼逗留人员避让，自己也应选择恰当的位置及随物护送的线路。

（11）工作中严禁用手直接校正已被重物张紧的绳子（如钢丝绳、链条等），吊运中如发现捆缚松动或吊运工具出现异样和发出异响，应立即停止操作进行检查，绝不能有侥幸心理。

（12）翻转大型物件时应事先放好衬垫物，操作人员应站在重物倾斜方向的对面，严禁站在重物倾斜的一方。

（13）选用的钢丝绳或链条长度必须符合要求，钢丝绳或链条的分股面夹角不得超过120°。

（14）如吊运物件有油污，应将捆绑处油污擦净，以防滑动；锐边棱角应用软物衬垫，以防损坏或割断吊绳。

（15）吊运物件时，应将附在物体上的活动件固定或卸下，防止物件重心偏移或活动件滑下伤人。

（16）吊运成批物件时，必须使用专用吊桶、吊斗等工器具；同时吊运两件以上重物，要保持物体平稳，避免互相碰撞。

（17）卸下吊运物件时，要垫好木枕；不规则物体要加支撑，保持平稳；不得将重物压在电气线路和管道上面，或堵塞通道；物体堆放应整齐平稳。

（18）吊运大型设备或物件时，必须由两人操作，并由一个负责指挥；在卸到运输车辆上时，要观察重心是否平稳，确认松绑后不致倾倒方可松绑卸物。

（19）利用两台或两台以上起重机械同时起吊一重物时，应在部门主要技术负责人领导下进行，起吊重量不得大于起重机允许总起重量的75%，重量的分布不得超过任何一台起重机的额定负荷，且要保证两台起重机之间有一定的距离，以免碰撞；操作时指挥要统一，动作要协调。

（20）如有其他人员协同挂钩工作时，应由起重挂钩工负责安全指挥和吊运，任何情况下都不得让他人代替挂钩重物。

（21）吊运开始前，必须招呼周围人员离开，挂钩工退到安全位置，然后发出起吊信号；物件起吊后，操作人员要集中注意力，随时注意周围情况，不可随意离开工作岗位。

（22）多人操作时，应由一人负责指挥：起重工应熟悉各种指挥信号，使用起重机械时应与司机密切配合，并严格执行起重作业"十不吊"的规定。

（23）在离地面 2 m 以上的高处作业时，应执行高空作业的安全操作规程。

（24）工作结束后，应清理作业场地，将所用器具擦拭干净，做好维护保养工作，并注意保管。

第三节 管子及连接

一、管子的类型

附属于机械的管子一般用金属管，只有接在做相对运动的两部分之间的管子才用可弯曲的软管。在煤矿设备中常用的管子有以下几种。

1. 有缝钢管

有缝钢管由钢板卷制而成，管的内壁留有一条轴向焊缝，故而得名。它适用于输送水、煤气、压缩空气、油和取暖蒸汽等较低压力的流体，俗称水管、煤气管等。有缝钢管按壁厚的不同分普通钢管和加厚钢管两种。按管端形式分为不带螺纹（光管）和带螺纹钢管。

管子的尺寸以实际外径为准，实际内径则随壁厚而变化。管子公称口径是接近于内径的参考尺寸，并不等于实际内径，其英寸数值与螺纹的尺寸代号一致，其毫米数值是与相应英寸值接近的毫米整数。

2. 无缝钢管

一般用途的无缝钢管分以下两种：

（1）热轧无缝钢管，通常长度为 3～12.5 m。

（2）冷拔无缝钢管，管壁厚小于或等于 1 mm 者长度为 1.5～7 m，管壁厚大于 1 mm 的为 1.5～9 m。

不锈钢无缝钢管长度：热轧钢管 1.5～10 m，热挤压钢管大于或等于 1 m；冷拔（轧）钢管壁厚 0.5～1 mm 者为 1～7 m，壁厚大于或等于 1 mm 者为 1.5～8 m。

3. 紫铜管

紫铜管又分为位制紫铜管和挤制紫铜管两种。紫铜管也是无缝管，其承压能力比钢管低，但易弯曲，所以常用在需多处弯曲的小口径管路中。

4. 软管

软管的规格是指管子内径（mm），按构造不同有以下 4 种：

（1）高压钢丝编织软管——管子口径 4～51 mm，钢丝层数 1～3 层，额定压力 5～40 MPa。钢丝层数越多、管径越小时额定压力越高。

（2）空气胶管——用于压缩空气，公称尺寸 3～152 mm，工作压力 0.6～1.5 MPa。

（3）输水胶管——公称尺寸 13～152 mm，工作压力 0.3～0.7 MPa。

（4）夹布输油软管——用于输送油类，公称尺寸 13～76 mm，工作压力 0.3～0.7 MPa。

二、金属管的连接

金属管一般都要通过一个或一组中间零件才能实现彼此之间或与机件之间的可拆卸连接。专门起这种连接作用的零部件都属于管路附件或管件，其中盘形的称为法兰盘，其余的称为管接头，如图 4-10 所示。

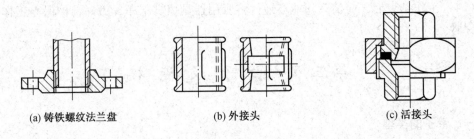

(a) 铸铁螺纹法兰盘   (b) 外接头   (c) 活接头

图 4 – 10 常用的连接管件

图 4 – 11 管子扳手

焊接管（低压流体输送用）与管件间大都用 55°管螺纹连接，有时与法兰盘焊接，如图 4 – 12b 所示。用螺纹连接时，管子要靠管子扳手（俗称牙钳）来扳动，如图 4 – 11 所示。

所有金属管与管件间的连接都可以焊接，如图 4 – 12a 和图 4 – 12b 所示。

低压润滑管中有时用卷边压接，如图 4 – 12c 所示。液压管路中，金属管与管件间除焊接外，还有扩口压接（图 4 – 13）和卡套连接，而且接头就以所用连接方式命名。

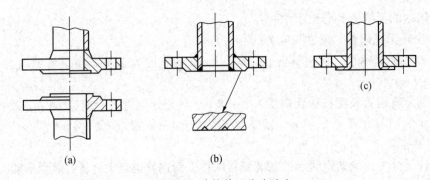

(a)   (b)   (c)

图 4 – 12 连接管子的法兰盘

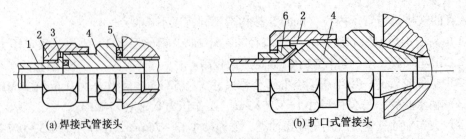

(a) 焊接式管接头   (b) 扩口式管接头

1—接管；2—螺母；3—O 形圈；4—接头体；5—组合垫圈；6—套管

图 4 – 13 液压管路用的管接头

法兰盘之间、法兰盘与机体之间要用螺栓来对接，并在法兰盘的密封面间夹以密封垫片。低压法兰盘凸出的密封面上应车出线 V 形槽（图 4 – 12b），以便将密封垫片可靠地压紧。高压法兰盘的密封面做成凹凸式（图4-12a，俗称止口），密封垫放入凹槽中，以防止在管内流体压力作用下被破坏。

成组的管接头本身都是靠螺母与接头体之间的螺纹连接把接管与接头体连成整体（图4-13）的。接头体与机体之间靠细牙螺纹或管螺纹连接。

三、软管的连接

井下用连接压缩空气管路与橡胶软管的接头如图4-14所示。带凸棱的连接管1装入胶管后用卡子5固定，利用螺母2与拧在钢管端部的接头4连接。

液压管路中的软管接头按其与胶管的连接方式分为扣压式与可拆式两类，每类中都有A、B、C3种型式。扣压式的外套3原来尺寸较大，把胶管装在接管1上以后，用专门的扣管机在多方面沿径向从外向内将胶管压紧（图4-14b、d）。这样连接的接头只有破坏时才能拆卸，一般装在胶管上以胶管部件形式供应。可拆式软管接头的装配过程是先把胶管端部连推带转装入外套3内并顶到台肩上，然后把接管1拧入外套6和胶管内（它的外螺纹与外套的内螺纹连接），将胶管紧压在外套壁上（图4-14c）。这种方式可拆卸，但比扣压式的压紧力小。A型管接头可与用O形圈密封的接头体连接；B型管接头相当于钢管，可与卡套式接头连接；C型管接头相当于扩口式接头中的套管，可与扩口式接头体连接。

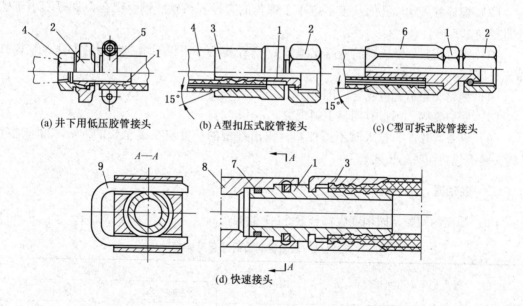

(a) 井下用低压胶管接头　　(b) A型扣压式胶管接头　　(c) C型可拆式胶管接头

(d) 快速接头

1—接管；2—螺母；3、6—外套；4、8—接头；5—卡子；7—O形圈；9—U形卡

图4-14 胶管接头

高压胶管的快速接头（图4-14d）拆装简便迅速，广泛用于综采工作面液压支架供液管路的连接。每根胶管的一端有一个外接头，另一端有接管，都用外套以扣压方式与胶管相连。两根软管的外接头与接管插接后，穿入有弹性的U形卡定位，密封面用O形密封圈密封。各接头在无压工况下应可以相对自由旋转。

第五章

煤矿固定设备完好标准

第一节 通 用 部 分

一、紧固件

（1）螺纹连接件和锁紧件必须齐全，牢固可靠。螺栓头部和螺母不得有铲伤或棱角严重变形，螺纹无乱扣或秃扣。

（2）螺栓拧入螺纹孔的长度不应小于螺栓的直径（铸铁、铜、铝合金件等不小于螺栓直径的1.5倍）。

（3）螺母扭紧后螺栓螺纹应露出螺母1~3个螺距，不得用增加垫圈的办法调整螺纹露出长度。

（4）稳钉与稳钉孔应吻合，不松旷。

（5）铆钉紧固，不得有明显歪斜现象。

（6）键不得松旷，打入时不得加垫，露出键槽的长度应在键全长的5%~20%之间（钩头键不包括钩头的长度）。

二、联轴器

（1）端面的间隙及同轴度应符合表5-1的规定。

表5-1 联轴器端面间隙和同轴度   mm

类 型	外形尺寸	端面间隙	两轴同轴度	
			径向位移	倾斜/‰
弹性圆柱销式		设备最大轴向窜量加2~4	≤0.5	<1.2
齿轮式	≤250	4~7	≤0.20	
	250~500	7~12	≤0.25	<1.2
	500~900	12~18	≤0.30	
蛇型弹簧式	≤200	设备最大轴向窜量加2~4	≤0.10	<1.2
	200~400		≤0.20	
	400~700		≤0.30	
	700~1350		≤0.50	

（2）弹性圆柱销式联轴器弹性圈外径与联轴器销孔内径差不应超过 3 mm。柱销螺母应有防松装置。

（3）齿轮式联轴器齿厚的磨损量不应超过原齿厚的 20%，键和螺栓不松动。

（4）蛇型弹簧式联轴器的弹簧不应有损伤，厚度磨损不应超过原厚的 10%。

三、轴和轴承

1. 轴

（1）轴不得有表面裂纹，且无严重腐蚀和损伤，内部裂纹按探伤记录、检查。

（2）轴的水平度和多段轴的平行度均不得超过 0.2%。如轴的挠度较大达不到此要求时，齿轮咬合及轴承温度正常的，也算合格。

2. 滑动轴承

（1）轴瓦合金层与轴瓦应粘合牢固，无脱离现象。合金层无裂纹和剥落，如有轻微裂纹或剥落，但面积不超过 $1.5cm^2$，且轴承温度正常，也算合格。

（2）轴颈与轴瓦的顶间隙不应超过表 5-2 的规定。

表5-2 轴径与轴瓦的顶间隙　mm

轴颈直径	最大磨损间隙
50~80	0.30
80~120	0.35
120~180	0.40
180~250	0.50
250~315	0.55
315~400	0.65
400~500	0.75

表5-3 轴承温度　℃

轴承类型		允许最高温度
滑动轴承	合金瓦	<65
	铜瓦	<75
滚动轴承		<75

（3）轴颈与下轴瓦中部应有 90°~120° 的接触弧面，沿轴向接触范围不应小于轴瓦长度的 80%。

（4）润滑油质合格，油量适当，油圈或油链转动灵活，压力润滑系统油路畅通、不漏油。

3. 滚动轴承

（1）轴承转动灵活、平稳，无异响。

（2）润滑脂合格，油量适当，占油腔的 1/2~2/3，不漏油。

4. 轴承温度

轴承温度应符合表 5-3 的规定。

5. 轴在轴承上的振幅

轴在轴承上（包括减速器）的振幅不超过表 5-4 的规定。

四、传动装置

（1）主、被动皮带轮中心线的最大轴向偏移：平皮带轮为 2 mm；三角皮带轮当中心距小于或等于 500 mm 时为 1.5 mm，当中心距大于 500 mm 时为 2 mm。

表5-4 轴在轴承上的振幅

转速/(r·min⁻¹)	<1000	<750	<600	<500
允许振幅/mm	0.13	0.16	0.20	0.25

（2）两皮带轮轮轴中心线的平行度不超过 1‰。

（3）平皮带的接头应平直，接缝不偏斜；接头卡子的宽度应略小于皮带宽度；皮带无破裂，运行中不打滑，跑偏不超出皮带轮边沿。

（4）三角皮带的型号与轮槽相符，长度一致，无破裂、剥层。皮带在运行中不打滑，皮带底面与轮槽底面应有间隙。

五、减速器和齿轮

（1）减速器壳体无裂纹和变形；接合面配合严密、不漏油；润滑油符合设计要求，油量适当，油面超过大齿轮半径的 1/2，油压正常。

（2）轴的水平度不大于 0.2‰，轴与轴承的配合符合要求。

（3）齿圈与轮心配合必须紧固，轮缘、幅条无裂纹。齿轮无断齿，个别齿断角宽度不超过全齿宽的 15%。

（4）齿面接触斑点的分布，应符合表 5-5 的规定。

表5-5 齿面接触斑点的分布及要求

齿轮类型	接触斑点分布	精度等级			
		6	7	8	9
渐开线圆柱齿轮	按齿高不小于/%	50	45	40	30
	按齿长不小于/%	70	60	50	40
圆弧齿轮（跑合后）	按齿高不小于/%	55	50	45	40
	按齿长不小于/%	90	85	80	75

（5）齿面无裂纹，剥落面累计不超过齿面的 25%，点蚀坑面积不超过下列规定：①点蚀区高度接近齿高的 100%；②点蚀区高度占齿高的 70%，长度占齿长的 10%；③点蚀区高度占齿高的 30%，长度占齿长的 40%。

（6）齿面出现的胶合区不得超过齿高的 1/3、齿长的 1/2。

（7）齿厚的磨损量不得超过原齿厚的 15%，开式齿轮齿厚的磨损量不得超过原齿厚的 20%。

六、"五不漏"的规定

（1）不漏油。静止接合面一般不允许有漏油，老旧设备允许有油迹，但不能成滴。运动接合面允许有油迹，但在擦干后 3 分钟内不见油，半小时内不成滴。非密闭转动部位，不甩油（可加罩）。

（2）不漏风。空气压缩机、通风机、风管等的静止接合面不漏风；在运动接合面的泄漏点外 100 mm 处用手试验，无明显感觉。

（3）不漏水。静止接合面不见水；运动接合面允许滴水，但不成线。

（4）不漏气。锅炉、气动设备、管路及附件的静止接合面不漏气；在距运动接合面的泄漏点外 200 mm 处用手试验，无明显感觉。

（5）不漏电。绝缘电阻符合要求，漏电继电器正常投入运行。

七、电气设备

电动机、开关箱（柜）、启动控制设备、接地装置、电器、电缆及配线等应符合相关标准的规定。

八、安全防护

机电设备和机房（硐室）等可能危及人身安全的设备和场所，都应安设防护栏、防护罩或盖板。

机房（硐室）内不得存放汽油、煤油、变压器油。润滑油和用过的棉纱、破布应分别放在盖严的专用容器内，并放置在指定地点。

机房（硐室）内要有符合规定的防火器材。

九、涂饰

（1）设备的表面喷涂防锈漆，脱落的部位应及时修补。

（2）设备的特殊部位（如外露轴头、防护栏、油嘴、油杯、注油孔及油塞等）的外表应涂红色油漆。在同一设备上的油管应涂黄色，风管应涂浅蓝色，水管应涂绿色，以便区分。

（3）不涂漆的表面应涂防锈油。

十、基础

（1）机座与混凝土不得相互脱离。

（2）混凝土不得有断裂、剥落和松碎现象。

（3）基础坑内无积油和积水。

十一、记录资料

（1）各种设备的机房（硐室）都应备有下列记录：交接班记录；运转记录；检查、修理、试验和整定记录；事故和故障记录。

（2）设备铭牌、编号牌应固定牢靠，保持清晰。

十二、设备环境

（1）设备无积尘、无油垢。

（2）机房（硐室）内外无杂物。工具、备件、材料、油料等有固定存放地点，并安放排列整齐。

（3）机房（硐室）通风良好，温度和噪声符合规定。

十三、照明

照明装置符合安全要求，并有足够亮度。

第二节 主要提升机

一、滚筒及驱动轮

（1）缠绕式提升机滚筒和摩擦式提升机驱动轮应无开焊、裂纹和变形。滚筒衬木磨损后表面距固定螺栓头端都不应小于 5 mm。驱动轮摩擦衬垫固定良好。绳槽磨损深度不应超过 70 mm，衬垫磨损剩余厚度不应小于钢丝绳的直径。

（2）双滚筒提升机的离合器和定位机构灵活可靠，齿轮及衬套润滑良好。

（3）滚筒上钢丝绳的固定和缠绕层数应符合《煤矿安全规程》的相关规定。

（4）钢丝绳的检查、试验和安全系数应符合《煤矿安全规程》的相关规定，并有规定期内的检查、试验记录。

（5）多绳摩擦轮提升机的钢丝绳张力应定期进行测定和调整。任一根钢丝绳的张力同平均张力之差不得超过 10%。

二、深度指示器

（1）深度指示器的螺杆、传动和变速装置润滑良好，动作灵活，指示准确，有失效保护。

（2）牌坊式深度指示器的指针行程不应小于全行程的 3/4，圆盘式深度指示器的指针旋转角度范围应在 250°～350°之间。

三、仪表

各种仪表和计器要定期进行校验和整定，保证其指示和动作准确可靠。校验和整定要留有记录，有效期为一年。

四、信号和通信

（1）信号系统应声光具备，清晰可靠，并符合《煤矿安全规程》的有关规定。

（2）司机台附近应设有与信号工相联系的专用直通电话。

五、制动系统

（1）制动装置的操作机构和传动杆件要动作灵活，各销轴润滑良好，不松旷。

（2）闸轮或闸盘无开焊或裂纹，无严重磨损，磨损沟纹的深度不大于 1.5 mm，沟纹宽度总和不超过有效闸面宽度的 10%，闸轮的圆跳动不超过 1.5 mm，闸盘的端面圆跳动不超过 1 mm。

（3）闸瓦及闸衬无缺损和断裂，表面无油迹，磨损不超限。闸瓦磨损后表面距固定螺栓头端部不小于5 mm，闸衬磨损余厚不小于3 mm。施闸时每一闸瓦与闸轮或闸盘的接触良好，制动中不过热，无异常振动和噪声。

（4）施闸手柄、活塞和活塞杆以及重锤等的施闸工作行程都不超过各自允许全行程的3/4。

（5）松闸后的闸瓦间隙要求：平移式不大于2 mm，且上下相等；角移式在闸瓦中心处不大于2.5 mm；两侧闸瓦间隙差不大于0.5 mm；盘形闸不大于2 mm。

（6）闸的制动力矩、保险闸的空动时间和制动减速度应符合《煤矿安全规程》有关规定，并必须按照有关条文要求进行试验，试验记录有效期为一年。

（7）油压系统不漏油，蓄油器在停机后15 min内活塞下降量不超过100 mm；风压系统不漏风，停机后15 min内压力下降不超过规定压力的10%。

（8）液压站的压力应稳定，其振摆值和残压不得超过表5-6的规定。

表5-6 液压站压力振摆值和残压　　　　　　　　　　　　　　MPa

设计最大压力 P_{max}	$\leqslant 8$		$8 \sim 16$	
指示区间	$\leqslant 0.8 P_{max}$	$> 0.8 P_{max}$	$\leqslant 0.8 P_{max}$	$> 0.8 P_{max}$
压力振摆值	± 0.2	± 0.4	± 0.3	± 0.6
残　压	$\leqslant 0.5$		$\leqslant 1.0$	

六、安全保护装置

提升机除必须具备《煤矿安全规程》规定的保护装置外，还应具备下列保护：

（1）制动系统的油压（风压）不足不能开车的闭锁。

（2）换向器闭锁。

（3）压力润滑系统断油时不能开车的保护装置。

（4）高压换向器的栅栏门闭锁。

（5）容器接近停车位置，速度低于2 m/s的后备保护装置（报警，并使保险闸动作）。

（6）箕斗提升系统应设顺利通过卸载位置的保护装置（声光显示或制动）。

这些保护装置应保证灵敏有效、动作可靠，并定期进行试验整定，留下记录，有效期为半年。

七、天轮及导向轮

（1）天轮或导向轮的轮缘和幅条不得有裂纹、开焊、松脱或严重变形。

（2）有衬垫的天轮和导向轮，衬垫固定应牢靠，衬垫磨损剩余厚度不得超过钢丝绳的直径。

（3）天轮和导向轮的径向圆跳动和端面圆跳动不得超过表5-7的规定。

八、微拖装置

（1）气囊离合器摩擦片和摩擦轮之间的间隙不得超过1 mm，气囊未老化变质，无裂纹。

（2）压气系统不漏气，各种气阀动作灵活可靠。

表5-7 天轮及导向轮的圆跳动 mm

直　　径	允许最大径向圆跳动	允许最大端面圆跳动	
		一般天轮及导向轮	多绳提升导向轮
>5000	6	10	5
3000~5000	4	8	4
≤3000	4	6	3

第三节　主要通风机

一、机体

机体防腐良好，无明显变形、裂纹、剥落等缺陷。机壳接合面及轴穿过机壳处，密封严密，不漏风。

轴流式通风机应做到：

（1）叶轮、轮毂、导叶完整齐全，无裂纹。叶片、导叶无积尘，至少每半年清扫一次。

（2）叶轮保持平衡，可停在任何位置。

（3）叶片安装角度一致，用样板检查，误差不大于1°。

离心式通风机应做到：

（1）叶轮铆钉不松动，焊缝无裂纹，拉杆紧固牢靠。

（2）叶轮与进风口的配合符合厂家规定。如无规定，搭接式的，搭接长度不大于叶轮直径的1%，径向间隙不大于叶轮直径的3‰；对接式的，轴向间隙不大于叶轮直径的5‰。

（3）叶轮应保持无积尘，至少每半年清扫一次。

（4）叶轮应保持平衡，可以停在任何位置。

二、反风装置、风门

（1）反风门及其他风门开关灵活，关闭严密，不漏风。

（2）风门绞车应能随时启动，运转灵活。

（3）钢丝绳固定牢靠，涂油防锈，断丝数每捻距内不超过25%。

（4）导绳轮转动灵活。

三、仪表

水柱计及轴承温度计每年校验一次。

四、运转

（1）运转无异响，无异常振动。

（2）每年进行一次技术测定，在符合设计规定的风量、风压情况下，风机效率不低于设计效率的 90% ，测定记录有效期为一年。

五、设备环境

（1）主要通风机房不得用火炉取暖，附近 20 m 内不得有烟火或堆放易燃物品。

（2）风道、风门无杂物。

六、记录资料

记录资料包括通风系统图、反风系统图和电气系统图。

第四节　水　　　泵

一、泵体和管路

（1）泵体无裂纹。

（2）泵体与管路不漏水，防腐良好；排水管路每年进行一次清扫，水垢厚度不超过管内径的 2.5% 。

（3）吸水管管径不小于水泵吸水口径。主要水泵吸水管管径大于水泵吸水口径时，应加偏心异径短管接头，偏心部分在下。

（4）水泵轴向窜量符合有关技术文件规定，单级水泵轴向窜量不大于 0.5 mm，部分多级泵轴向窜量参见表 5 - 8。

表 5 - 8　D 型 泵 轴 向 窜 量

水泵型号	平衡盘组装后		水泵型号	平衡盘组装后	
	正常轴向窜量	允许最大轴向窜量		正常轴向窜量	允许最大轴向窜量
80D30	1 ~ 2.0	3.5	200D65	3 ~ 5.0	7.0
100D45	2 ~ 3.0	5.0	250D40	4 ~ 6.0	8.0
150D30	2 ~ 3.5	6.0	12GD200	3 ~ 5.0	8.0
200D43	2 ~ 4.0	6.0			

（5）盘根不过热，漏水不成线。

（6）真空表、压力表指示正确，每年校验一次。

二、闸板阀、逆止阀、底闸

（1）闸阀齐全、完整，不漏水。

（2）闸阀操作灵活，动作可靠。

（3）吸水井（坑）无杂物，底阀不淤埋和堵塞。底闸不漏水，自灌满引水起 5 min 后能启动水泵。无底阀水泵的引水装置应能在 5 min 内灌满水启动水泵。

三、运转

（1）水泵运转正常，无异响，无异常振动。

（2）水泵主闸阀应能全部敞开。

（3）电动机温度正常。

（4）主水泵每年进行一次技术测定，排水系统效率不低于 50%，测定记录有效期为一年。

（5）吸水高度不超过水泵设计允许值。

四、资料

泵房内资料包括排水管路系统图、供电系统图。

第五节　空气压缩机

一、机体

（1）气缸无裂纹，不漏水，不漏气。

（2）排气温度：单缸不超过 190 ℃，双缸不超过 160 ℃。

（3）阀室无积垢和炭化油渣。

（4）阀片无裂纹，与阀座配合严密，弹簧压力均匀。气阀用水试验，阀座和阀片保持原运行状态，盛水持续 3 min，渗水不超过 5 滴。

（5）活塞与气缸余隙符合有关技术文件的规定。

（6）十字头滑板运转时无异响，滑板与滑道间隙不超过生产厂设计规定的两倍。

二、冷却系统

（1）水泵符合完好标准。

（2）冷却系统不漏水。

（3）冷却水压力不超过 0.25 MPa。

（4）冷却水出水温度不超过 40 ℃，进水温度不超过 35 ℃。

（5）中间冷却器及气缸水套要定期清扫，水垢厚度不超过 1.5 mm。

（6）中间冷却器、后冷却器不得有裂纹，冷却水管无堵塞、无漏水。后冷却器排气温度不超过 60 ℃。

三、润滑系统

（1）气缸润滑必须使用压缩机油，其闪点不低于 215 ℃，并应经过化验，有化验合格证。

（2）有十字头的曲轴箱，油温不大于 60 ℃；无十字头的曲轴箱，油温不大于 70 ℃。

（3）曲轴箱一般应使用机油润滑。如果曲轴箱的油能进入气缸，曲轴箱必须使用与气缸用油牌号相同的压缩机油。

（4）气缸以外部位的润滑，用油泵供油时油压为 0.1～0.3 MPa。润滑油必须经过过滤，过滤装置应完好。

四、安全装置与仪表

（1）压力表、温度计齐全完整，灵活可靠，每年校验一次。

（2）中间冷却器、后冷却器、风包必须装有安全阀。安全阀必须灵活可靠，其动作压力不超过使用压力的10%，每年校验一次。

（3）在风包主排气管路上应安装释压阀，释压阀动作灵活可靠，动作压力高于工作压力的 0.2～0.3 MPa。

（4）压力调节器灵敏可靠。

（5）水冷式空气压缩机有断水保护或断水信号，灵敏可靠。

（6）空气压缩机应有断油保护或断油信号，动作灵敏可靠。

（7）安放测量排气温度的温度计，其套管插入排气管内的深度不小于管径的1/3，或按厂家规定。气缸排气口应装有超温时能自动切断电源的保护装置。

五、风包、滤风器与室内管路

（1）空气压缩机的进出风管和风包每年清扫一次，每天运转时间短的可适当延长。

（2）风包要有入孔和放水阀。

（3）滤风器要定期清扫，间隔期不大于3个月。金属网滤风器清扫后，应涂黏性油，黏度为 3.3～4.0 ℃，不许用挥发性油代替。油浴式滤风器应用与气缸用油牌号相同的压缩机油。

六、运转

（1）空气压缩机的盘车装置应与电气启动系统闭锁。

（2）运转无异响及异常振动。

（3）排气量每年要测定一次，在额定压力下，不应低于设计值的90%。

（4）有压风管路系统图、供电系统图。

第二部分
初级矿井维修钳工技能要求

第六章

常用机具、刀具的使用及修磨

第一节　常用机具的使用

一、钳工工作台

钳工工作台也称钳工台、钳桌或钳台，主要作用是安装台虎钳和存放钳工常用工具、夹具和量具。

二、台虎钳

台虎钳是用来夹持工件的通用夹具，其规格用钳口宽度来表示，常用规格有 100 mm、125 mm、150 mm 等。

台虎钳有固定式和回转式两种，如图 6 – 1 所示。两者主要结构和工作原理基本相同，不同点是回转式台虎钳比固定式台虎钳多了一个底座，工作时钳身可在底座上回转，因此使用方便，应用范围广，可满足不同方位的加工需要。

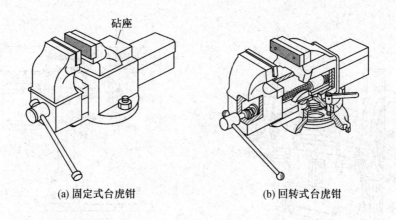

砧座

(a) 固定式台虎钳　　　　(b) 回转式台虎钳

图 6 – 1　台虎钳

使用台虎钳的注意事项：

（1）夹紧工件时要松紧适当，只能用手扳紧手柄，不得借助其他工具加力。

（2）强力作业时，应尽量使力朝向固定钳身。

（3）不许在活动钳身和光滑平面上敲击作业。

（4）丝杠、螺母等活动表面应经常清洗、润滑，以防生锈。

三、砂轮机

砂轮机是用来刃磨各种刀具、工具的常用设备，由电动机、砂轮机座、托架和防护罩等部分组成，如图6-2所示。砂轮较脆，转速很高，使用砂轮机时应严格遵守以下安全操作规程：

（1）砂轮机的旋转方向要正确，必须使磨屑向下飞离砂轮。

（2）砂轮机启动后，应在砂轮旋转平稳后再进行磨削。若砂轮跳动明显，应及时停机修整。

（3）砂轮机托架和砂轮之间的距离应保持在3 mm以内，以防工件扎入造成事故。

（4）磨削时应站在砂轮机的侧面，且用力不宜过大。

四、台式钻床

台式钻床简称台钻，它结构简单，操作方便，常用于小型工件钻、扩直径12 mm以下的孔。台式钻床的主要结构如图6-3所示。台钻主轴转速较高，常用V形带传动，由五级带轮变换转速。台式钻床主轴的进给只有手动进给，而且一般都具有表示或控制钻孔深度的装置，如刻度盘、刻度尺、定程装置等。钻孔后，主轴能在弹簧的作用下自动上升复位。台式钻床使用规则及维护保养措施如下：

（1）在使用过程中，工作台面必须保持清洁。

（2）钻通孔时，必须使钻头能通过工作台上的让刀孔，或在工件下面垫上垫铁，以免损坏工作台面。

（3）下班时必须将机床外露滑动面及工作台面擦净，并对各滑动面及注油孔加注润滑油。

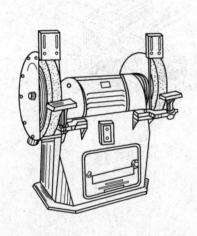

图6-2 砂轮机

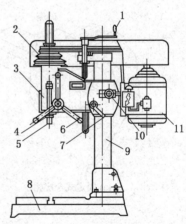

1—机头升降手柄；2—V带轮；3—头架；4—锁紧螺母；5—主轴；6—进给手柄；7—锁紧手柄；8—底座；9—立柱；10—紧固螺钉；11—电动机

图6-3 台式钻床

五、立式钻床

立式钻床简称立钻，常用的 Z525 立钻的组成如图 6 - 4 所示。立钻一般用来钻中、小型工件上的孔，其最大钻孔直径有 25 mm、35 mm、40 mm 和 50 mm 等。

1. 主要机构的使用调整

（1）主轴变速箱 1 位于机床顶部，主电动机安装在它的后面，变速箱左侧有两个变速手柄，参照机床的变速标牌，调整这两个手柄位置，能使主轴 4 获得 8 种不同转速。

（2）进给变速箱 2 位于主轴变速箱和工作台 6 之间，安装在立柱 5 的导轨上。进给变速箱的位置高度可按被加工工件的高度进行调整。调整前须首先松开锁紧螺钉，待调整到所需高度，再将锁紧螺钉锁紧即可。进给变速箱左侧的手柄为主轴正、反转启动或停止的控制手柄，正面有两个较短的进给变速手柄，按变速标牌指示的进给速度扳动手柄，可获得所需的机动进给速度。

（3）在进给变速箱的右侧有三星式进给手柄 3，这个手柄连同箱内的进给装置称为进给机构，可以选择机动进给、手动进给、超越进给或攻丝进给等不同操作方式。

（4）工作台 6 安装在立柱导轨上，可通过安装在工作台下面的升降机构进行操纵，转动升降手柄即可调节工作台的高低位置。

（5）在立柱左边底座凸台上安装着冷却泵和冷却电机。开动冷却电机即可输送冷却液对刀具进行冷却润滑。

2. 使用规则及维护保养

（1）立式钻床使用前必须先空转试车，在机床各机构都能正常工作时才可操作钻孔。

（2）工作中不采用机动进给时，必须将三星手柄端盖向里推，断开机动进给传动。

（3）变换主轴转速或机动进给量时，必须在停车后进行调整。

（4）需经常检查润滑系统的供油情况。

（5）维护保养内容参照立钻一级保养内容和要求（表 6 - 1）。

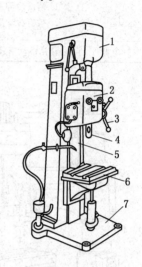

1—主轴变速箱；2—进给箱；
3—进给手柄；4—主轴；5—
立柱；6—工作台；7—底座
图 6 - 4　Z525 立式钻床

表 6 - 1　立钻一级保养内容和要求

保养部位	保养内容及要求
机床外表	1. 清洗机床外表面及死角，拆洗各罩盖，要求内外清洁，无锈蚀，无黄袍，漆见本色铁见亮 2. 清除导轨面及工作台面上的磕碰毛刺 3. 检查补齐螺钉、手柄和手球 4. 清洗工作台、丝杠、齿条、圆锥齿轮，要求无油垢
主轴和进给箱	1. 检查油质、油量，符合要求 2. 清除主轴锥孔的毛刺 3. 检查调整电动机、皮带，使松紧适当 4. 检查各手柄是否灵活，各工作位置是否可靠

表6-1（续）

保养部位	保养内容及要求
润滑	清洗油毡，要求油杯齐全，油路畅通，油窗明亮
冷却	1. 清洗冷却泵、过滤器及冷却油槽 2. 检查冷却液管路，保持无渗漏现象
电器	清洁电动机及电气箱（必要时配合电工进行）

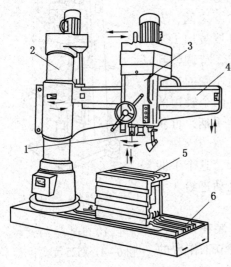

1—主轴；2—立柱；3—主轴箱；4—摇臂；
5—工作台；6—底座
图6-5　摇臂钻床

六、摇臂钻床

摇臂钻床主要用于较大、中型工件的孔加工。其特点是操纵灵活、方便，摇臂不仅能升降，而且还可以绕立柱作360°旋转。摇臂钻床的组成如图6-5所示。工件安装在底座6上或机座上面的工作台5上。主轴箱3装在可绕垂直立柱2回转的摇臂4上，并可沿着摇臂上水平导轨往复移动。上述两种运动可将主轴1调整到机床加工范围内的任何位置上。因此，摇臂钻床上加工多孔的工件时，工件可以不动，只要调整摇臂和主轴箱在摇臂上的位置，即可方便地对准孔中心。此外，摇臂还可沿立柱上下升降，使主轴箱的高低位置适合于工件加工部位的高度。

七、常用电动工具及其安全技术

1. 电钻

电钻是一种常用电动工具，有手枪式和手提式两种。在大型夹具和模具装配时，当受工件形状或加工部位限制不能用钻床钻孔时，则可用电钻加工。电钻的电源电压分单相（220 V、36 V）和三相（380 V）两种，采用单相电压的电钻规格有 6 mm、10 mm、13 mm、19 mm、23 mm 五种；采用三相电压的电钻规格有 13 mm、19 mm、23 mm 三种。

电钻使用时必须注意以下两点：

（1）电钻使用前，须开机空转 1 min，检查传动部分是否正常，如有异常，应排除故障后再使用。

（2）钻头必须锋利，钻孔时不宜用力过猛。当孔将钻穿时，应相应减轻压力，以防事故发生。

2. 电磨头

电磨头属于高速磨削工具，适用于在工具、夹具、模具的装配调整中对各种形状复杂的工件进行修磨或抛光。电磨头使用时应注意以下几点：

（1）使用前须空转 2～3 min，检查旋转声音是否正常，若有异常，则应排除故障后再使用。

（2）新安装的砂轮必须进行修整。

（3）砂轮外径不得超过磨头铭牌上所规定的尺寸。工作时砂轮和工件的接触力不宜过大，更不能用砂轮冲击工件，以防造成事故。

3. 电剪刀

电剪刀使用灵活，携带方便，能用来剪切各种几何形状的金属板材。用电剪刀剪切后的板材，具有板面平整、变形小、质量好的优点，因此它也是对各种复杂的大型板材进行落料加工的主要工具之一。电剪刀使用时应注意以下几点：

（1）开机前应检查整机各部螺钉是否紧固，然后开机空转，运转正常后，才可使用。

（2）剪切时，两刀刃的间距须根据材料厚度进行调试。

（3）做小半径剪切时，须将两刃口间距调至 0.3~0.4 mm。

4. 使用电动工具的安全技术

（1）长期搁置不用的电动工具，在启用前必须进行电气检查。

（2）电源电压不得超过额定电压的 10%。

（3）各种电动工具的塑料外壳要妥善保护，不得碰裂，不能与汽油及其他溶剂接触，不准使用塑料外壳已经破损的电动工具。

（4）使用非双重绝缘结构的电动工具时，必须戴橡皮绝缘手套，穿胶鞋或站在绝缘板上，以防漏电。

（5）使用电动工具时，必须握持工具的手柄，不准拉着电气软线拖动工具，以防因软线擦破或割伤而造成触电事故。

第二节 常用刀具的修磨

一、阔、狭錾的刃磨

1. 刃磨要求

錾子的几何形状及合理的角度值要根据用途及加工材料的性质而定。錾子楔角的大小，要根据被加工材料的软硬来决定。錾削较软的金属，可取 30°~50°；錾削较硬的金属，可取 60°~70°；錾削一般硬度的钢件或铸铁，可取 50°~60°。

狭錾的切削刃长度应与槽宽相对应，两个侧面间的宽度应从切削刃起向柄部逐渐变狭，使在錾槽时能形成 1°~3°的副偏角，以避免錾子在錾槽时被卡住，同时保证槽的侧面能錾削平整。

切削刃要与錾子的几何中心线垂直，且应在錾子的对称平面上。阔錾的切削刃可略带弧形，其作用是在平面上錾出微小的凸起部分时，切削刃两边的尖角不易损伤平面的其他部分。阔錾的前、后刀面要光洁、平整。

2. 刃磨方法

錾子楔角的刃磨方法如图 6-6 所示，双手握住錾子，在旋转着的砂轮轮缘上进行刃磨。刃磨时，必须使切削刃

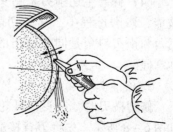

图 6-6 錾子的刃磨

高于砂轮水平中心线，在砂轮全宽上作左右移动，并要控制錾子的方向、位置，保证磨出所需的楔角值。刃磨时加在錾子上的压力不宜过大，左右移动要平稳、均匀，并要经常蘸水冷却，以防退火。

二、麻花钻的修磨

刃磨麻花钻时，主要是刃磨两个主后刀面，同时要保证后角、顶角和横刃斜角正确。麻花钻刃磨后必须达到以下两点要求：

（1）麻花钻两主切削刃对称，也就是两主切削刃和轴线成相等的角度，并且长度相等。

（2）横刃斜角为 $50° \sim 55°$。

1. 修磨主切削刃

修磨主切削刃时，要将主切削刃置于水平状态，在略高于砂轮水平中心平面上进行刃磨，钻头轴线与砂轮圆柱面素线在水平面内的夹角等于钻头顶角的一半，如图 6－7 所示。

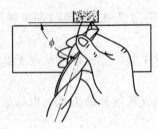

刃磨时，右手握住钻头的顶部，作为定位支点，并控制好钻头绕轴心线的转动和加在砂轮上的压力，左手握住钻头的柄部作上下摆动。钻头绕自己的轴心线转动的目的是使其整个后刀面都能磨到，上下摆动的目的是为了磨出一定的后角。两手的动作必须配合协调。由于钻头的后角在钻头的不同半径处是不相等的，所以摆动角度的大小要随后角的大小而变化。

一个主切削刃磨好后，钻头绕其轴心线翻转 180° 刃磨另一主切削刃，这样就能使磨出的顶角与轴心线保持对称。

图 6－7　修磨主切削刃

修磨主切削刃应注意以下几点：

（1）检查顶角的大小是否准确，两切削刃是否对称。其方法是把钻刃向上竖立，两眼平视，由于两主切削刃一前一后，产生视差，往往感到左刃（前刃）高而右刃（后刃）低，所以要旋转 180° 反复观察，判断是否对称。

（2）检查钻头主切削刃的后角时，要注意检查后刀面靠近切削刃处。因为后刀面是一个曲面，若只粗略地检查后刀面离切削刃较远的部位，往往检查出来的数值不是切削刃处的后角大小。

（3）检查钻头近钻心处的后角还可以通过检查横刃斜角是否准确来确定。

（4）修磨主切削刃是钻头刃磨的基本技能，修磨过程中，其主切削刃的顶角、后角和横刃斜角是同时磨出的，要求熟练地掌握好。

2. 修磨横刃

修磨横刃时，钻头与砂轮的相对位置如图 6－8 所示。先将刃背接触砂轮，然后转动钻头至切削刃的前刀面而把横刃磨短，

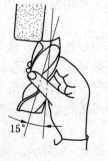
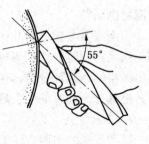

图 6－8　修磨横刃

钻头绕其轴线转180°修磨另一边，保证两边修磨对称。

三、刮刀的刃磨

1. 平面刮刀

1）平面刮刀的分类

按操作方式平面刮刀分为手刮刀、扯刮刀和拉刮刀，按所刮表面精度要求不同，可分为粗刮刀、细刮刀和精刮刀 3 种。刮刀一般采用碳素工具钢（如 T12）和合金工具钢（GCr15）制成。当零件表面较硬时也可焊接高速钢或合金刀头，平面刮刀主要用于刮削平面，也可刮削外曲面。

2）平面刮刀的刃磨

平面刮刀的刃磨分粗磨和精磨两步进行：

（1）平面刮刀的粗磨。在砂轮上磨掉外表面氧化层，并磨出刮刀头刃部楔角 β，如图 6-9 所示。粗刮刀 $\beta \approx (90° \sim 92.5°)$；细刮刀 $\beta \approx 95°$，刀刃稍带圆弧；精刮刀 $\beta \approx 97.5°$，刀刃圆弧半径比细刮刀小些。

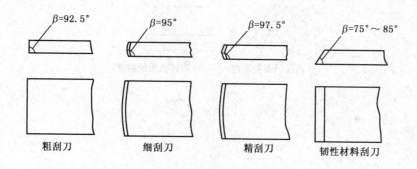

图 6-9　刮刀头刃部的几何形状和角度

（2）平面刮刀的精磨。精磨的目的是提高刮刀头部平面度，降低表面粗糙度，保证刃口锋利。平面刮刀精磨在油石上进行，因此要求油石有合适的硬度和较高的平面度。

2. 曲面刮刀

按外形曲面不同，曲面刮刀可分为三角刮刀、蛇头刮刀和柳叶刮刀等几种。曲面刮刀主要用于刮削内曲面。

1）三角刮刀的刃磨

三角刮刀的刃磨如图 6-10 所示，先将锻好的毛坯在砂轮上进行刃磨，其方法是右手握刀柄，使它按刀刃形状进行弧形摆动，同时在砂轮宽度上来回移动；达到基本成形后，将刮刀调转，顺着砂轮外圆柱面进行修整，接着将三角刮刀的 3 个圆弧面用砂轮角开槽，槽要磨在两刃中间，磨时刮刀应稍作上下和左右移动，使刀刃边上只留 2~3 mm 的棱边。

精磨在油石上进行，右手握柄，左手轻压刀刃，两刀刃同时放在油石上，顺着油石长度方向来回移动，并按弧形作上下摆动。这样把 3 个弧面全面磨光洁，刀刃磨锋利即结束。

2）蛇头刮刀的刃磨

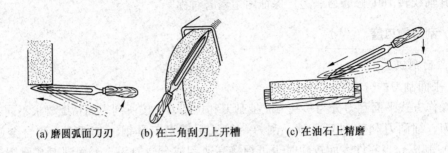

(a) 磨圆弧面刀刃　　(b) 在三角刮刀上开槽　　(c) 在油石上精磨

图 6 - 10　三角刮刀的刃磨

蛇头刮刀的刃磨与平面刮刀相同，刀头两圆弧面的刃磨方法与三角刮刀磨法类似，如图 6 - 11 所示。

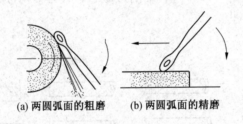

(a) 两圆弧面的粗磨　　(b) 两圆弧面的精磨

图 6 - 11　蛇头刮刀刃磨

第七章

小型机械的拆装与检修

第一节　装载机零部件的检修

一、链条的检修

1. 链条的连接方式

当链条中的链节为单数时，用弯曲链板组成过渡链节，利用销轴、平垫圈和开口销连接，如图 7-1 所示。注意开口销应在外侧，以便于检查。实际上，链节多为偶数，节距大时也用销轴、垫圈和开口销连接；节距小时，用可拆外链板和弹簧卡板连接（图 7-1c，自行车链条就用这种方法连接）。注意，弹簧卡板的开口应向着链子运动的后方，以防在运动中脱出。

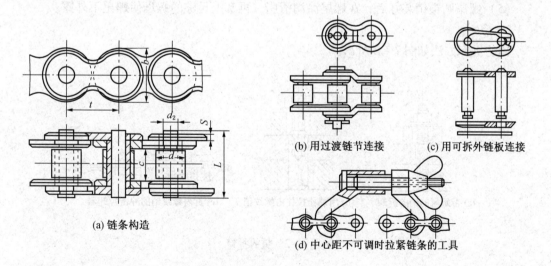

(b) 用过渡链节连接　　(c) 用可拆外链板连接

(a) 链条构造

(d) 中心距不可调时拉紧链条的工具

图 7-1　单排套筒滚子链及其连接

2. 对链传动的要求

（1）链轮齿廓磨损使齿厚小于原有尺寸的 20% 或断齿时应更换；链条与链轮磨损到出现传动功能障碍时应更换。

（2）对两链轮的平行度和链轮间轴向位置错动限制在 0.3 mm 左右。

（3）链条要适度张紧。当链条松弛时，可用适当工具扳持主动轮（通常被动轮很难扳动），把上边张紧。

链条过紧会增大链条张力，容易断链。链条过松可能引起跳牙、掉链，松边在上时还可能咬链。链条和链轮磨损时更容易出现这些现象。

二、销连接的装拆

销的作用是定位（在这种情况下通常称为稳钉）连接或锁紧其他连接；某些安全装置有时用销作为保护元件，在过载时将销剪断来保护主要零件不致损坏，起这种作用的销称为保险销。

1. 销的装配

（1）使被连两零件的所有定位销孔（至少有 2 个）对正，用铜棒、铜锤从上边将销子轻轻打入。如果下端到达接合面受到阻碍时，要将孔找正再打。

（2）被连两件为平面结合时，上、下销孔多是上松下紧。第一次最好也按上述方法装配，以免销的轴线歪斜。装拆上部零件时，在圆柱销上端与孔接触的这段范围内一定要保持两结合面间平行，以防销子与孔之间卡紧。装配后，圆柱面不应露在外面。

（3）有内螺纹的销在螺孔内填润滑脂。

（4）圆锥销每次都按（1）装配。有螺尾的锥销，螺纹和退刀槽部分应全部戴上螺母，使螺尾顶端在螺母的上表面以下不受打击，以防弯曲。销子要适度打紧，但打击时被连零件不能与螺母下表面接触。

（5）螺尾圆锥销装好后，在螺尾涂润滑脂，再套上足够的螺母使螺尾不外露。

2. 销的拆卸

销的拆卸方法如图 7 - 2 所示。

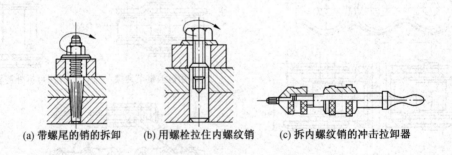

(a) 带螺尾的销的拆卸　　(b) 用螺栓拉住内螺纹销　　(c) 拆内螺纹销的冲击拉卸器

图 7 - 2　销的拆卸

（1）带螺尾的销按图 7 - 2a 所示的方法拆卸。

（2）有内螺纹的销子可用螺栓拉出（图 7 - 2b），也可用头部换成螺钉的冲击拉卸器（图 7 - 2c）拆卸。

（3）其余形式的销子用手锤打击顶杆，从底端向上顶出。

第二节　局部通风机的拆装与检修

一、局部通风机的拆卸与装配

1. 拆装注意事项

（1）风机拆卸前首先切断电源。

（2）拆卸前要标记零部件的原装配位置。

（3）严禁用锤直接敲击轴头端部。

（4）拆卸叶轮时用力应均衡而适度。

（5）拆下的零部件要妥善存放，不得损坏。

（6）注意安全。

2. 拆卸顺序

以 JBT 系列局部通风机为例，拆卸可参照图 7 - 3 进行，具体拆卸顺序如下：

（1）首先拆卸仪表等辅助设备。

（2）拆下锥形扩散器。

（3）拆下后整流器。

（4）拆下喇叭形进风口。

（5）拆下主轴轴头螺母，取下挡板。

（6）用拆卸器拆下叶轮，并取出键。

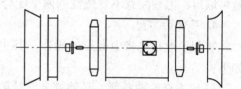

图 7 - 3　JBT 系列局部通风机的拆卸与装配顺序示意图

3. 装配顺序

JBT 系列局部通风机的装配可参照图 7 - 3 进行，具体装配顺序与其拆卸顺序相反。

二、键连接件的检修和拆装

局部通风机常需修理的是电动机和键，这里只介绍平键的拆卸、装配和检修方法。

1. 平键连接及其故障表现

平键是装在圆柱、圆锥结合面间的连接件。键连接将轴和轴上零件在圆周方向固定，以传递扭矩。平键的工作表面是两侧面，与轴的毂孔中的键槽侧面接触传递扭矩；在高度方向上非工作面与孔的键槽底之间留有间隙，所以轴和轴上零件之间对中性好。

键连接的故障表现都是键松动，严重时相连两件的配合面可以相对运动。低转速的部位只要出现这种情况，在启动、反向时可以看到孔与轴间的微小错动或间隙变化，配合面间有润滑油时更为明显。此外，不论转速高低，都可用人力盘动局部通风机工作轮来进行上述检查，键连接松动的初期，有些配合面端部缝隙处还可能出现锈迹。

2. 平键连接件的修理

平键连接松动，在零件上表现为键槽两侧受挤压产生塑性变形，槽宽变大，而且形状不规则；轴上键槽的两侧或一侧几乎不存在（这种情况俗称滚键）。这两种情况都可能与键的侧面变形、宽度变窄同时出现。故障原因有两个方面，一是孔与轴之间配合不紧，二是键与槽之间配合过松。处理方法是：

（1）键槽稍有变宽时，可以将键槽加宽，但不许超过原有宽度的5%，轴及轮毂的键槽宽度应一致，然后重新配键。

（2）如键槽变形较大，可以在相隔180°的对面新开键槽，废槽只修整边缘，到孔与轴严密接触为止。

（3）由于键槽损伤引起的被连孔与轴之间磨损或原来间隙大时，必须更换轮或轴中不合格的那一个，或对结合面进行修复，重新配键。如果轴采用补焊方法修理，应同时将已坏的键槽填实，加工后在其他部位新开键槽，不能修复的轴必须更换。注意，严禁在键和键槽之间加垫。

（4）若只有键变窄而键槽并没有变形，说明键所用材料的强度低，要用规定的材料重新配键。

3. 键的拆卸

普通平键在煤矿机械中应用很广，它的拆卸是比较容易的。拆卸时，先将轴从外包容件（工作轮）内打出（或压出），这时平键还在轴上，然后用工具倒换着撬键的两个端头就可取出，但须注意不要撬键的两个配合侧面，以防止键的工作表面损伤。

4. 平键的装配

装配平键是检修中常有的操作，其中更换轮和轴时装配新键的操作较为复杂，过程如下：

（1）检查轮轴各部，必须符合设计要求。要侧重检查毂孔、轴、毂内和轴上键槽的尺寸。

（2）用较短的细平锉去掉轴槽边缘的毛刺，修光键槽的侧面，注意保证侧面平直、相互平行并与底边垂直。

（3）刨键。刨出键的半成品，符合规定尺寸以保证装配后的间隙，宽度应稍大于键槽宽，两侧留有锉削余量。

（4）锉配键的侧面。按轴上键槽宽度锉削键的两个侧面，保持两个侧面平直且相互平行，并与一个指定的底面垂直。侧面间距离接近配合要求时，倒棱后与轴键槽锉配。方法是将键两端分两次斜着用铜锤轻轻打入键槽，然后根据侧面的接触情况，对照图样给定的配合或根据传动情况凭经验确定应有的松紧程度，适当修锉键的侧面。经多次锉配，到接触面均匀分布、松紧适宜为止。原则上要求键在长度方向上掉头时，亦能与轴上键槽同样接触和配合良好。若达不到上述要求，则应在轴上和键上作出记号，使键每次都能以不变的方向与键槽相配。

（5）将键锉成稍小于轴上键槽长度，两端锉成半圆形。

（6）利用键的上半部（即与轴锉配时在轴键槽外的部分）锉配毂槽。方法是分别从槽两端将键进行试装，根据松紧情况和毂槽中的接触点修锉键槽的侧面（注意不要锉键），到键能从端部打入键槽，配合适宜为止，原则上也是要求键和毂槽在轴向的相互关系不受限制。

（7）将键按锉配时的方向打入轴槽内，最后将轴与轮进行装配。

（8）键槽与轴端相通，即键是 B 或 C 型时，一般是先装配轮和轴。装配时特别注意将两键槽对正，最后将键从外端打入，如果轮轴都很大，不易保证键槽对正时，可采用

"引键"来装配。引键在宽度方向上与槽的配合比实际的键稍微松些，长度要能伸在轴外，以便取出。将引键先放入轴的键槽，然后装配轮与轴，以保证键槽对正。最后将引键取出，打入平键。

第三节　小型水泵的拆装与检修

一、小型水泵的拆卸、装配顺序

小型水泵类型很多，常用的有 B 型、SH 型离心式水泵和风动、电动潜水泵。现以 B 型水泵为例叙述其拆装顺序。

1. B 型水泵的拆卸顺序

B 型水泵的拆卸顺序可按图 7-4 所示顺序进行，具体顺序如下：

（1）拆开联轴器，将联轴器从轴上取下。

（2）拆下托架与泵体的连接螺栓，拆下泵体。

（3）松开水轮螺母，取下水轮及键。

（4）分开后盖和托架，取出轴套。

（5）拆开填料压盖，取出填料。

（6）拆下 2 个轴承端盖。

（7）将泵轴从托架中打出。

（8）从轴上取下 2 个轴承。

（9）拆下地脚螺栓，拆下托架。

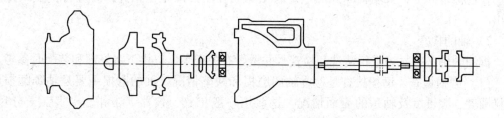

图 7-4　B 型水泵的拆卸与装配示意图

2. B 型泵的装配顺序

B 型泵的装配可参照图 7-4 所示顺序进行，其装配顺序与其拆卸顺序相反。

二、常用水泵的检修

按修理工作量的大小，设备的修理分为大修、中修和小修 3 类。

大修是工作量最大的一种修理，它需要把设备全部拆卸，更换和修理磨损零件，使设备恢复到原有的精度、性能和技术指标。大修在必要时也可结合技术改造对设备加以改装，以提高性能。

中修是更换与修复设备的主要零件及其他磨损零件，并校正机器设备的基准，以恢复和达到拟定的精度和技术要求。

小修是工作量最小的局部修理，在设备安装现场更换和修复少量损坏零件，排除故障，调整设备，仅保证设备能使用到下一次修理，一般又称为现场修理。

磨损的零件多数可用各种各样的方法修复后重新使用，修复的方法归纳起来共有"十二字"作业法：焊、补、喷、镀、铆、镶、配、改、校、涨、缩、粘。修复时要考虑保证修复的零件有足够的强度和刚度，恢复原有的尺寸公差、行位公差、表面粗糙度以及硬度，修理成本要低于制造成本，零件有一定耐用度等。

这里主要介绍水泵中主要零件的修复技术，着重介绍泵轴的修复、泄漏管道的修复以及联轴器的找正。

1. 轴的检修

对轴本身的缺陷进行修理，更换轴上所装的零件；恢复轴上零件和轴之间的配合；改变轴在空间或机座上的位置等，都是对轴进行的检修。这里只讨论轴本身的检修。

1）轴的拆卸

根据轴承座的不同构造，轴的拆卸顺序可分两种：一种是先把轴部件作为一个整体从机座上或机体中拆出，然后才进一步拆卸零件；另一种是必须将个别零件从轴上拆下或把许多零件从轴上拆下后，其余部分才能作为一个整体从机械中拆出。实际上第一种情况占多数。

拆卸轴时应注意以下事项：

（1）注意哪些是要先拆下一个零件或一些零件后才能将轴（部件）作为一整体拆下的情况。如果忽视了这点，只按整体拆出的办法去做，极可能损坏零件或机体。

（2）用滚动轴承支在机体不剖分的座孔中的轴，拆卸时必须从轴承外径大的一端抽出。在这种条件下，大端轴承外圈一定有挡盖或孔用挡圈定位，拆卸时应将挡盖或挡圈取出。

2）轴的检查

拆卸的轴必须立即进行清洗和检查，并做好有关记录，以供下步修理和装配时参考。

（1）磨损检查。磨损检查是检查轴的磨损和缺陷情况。轴的磨损主要是轴颈磨损后的椭圆度、圆锥度及轴颈的表面情况。这些用一般工具、仪器（卡钳、卡尺、千分尺、千分表）等测量均可达到要求的检查精度。

（2）缺陷的检查。轴的缺陷主要是轴的弯曲变形、扭转变形、较大伤痕以及不明显的微小裂纹。

轴的弯曲挠度（图7-5）检查的简单方法是在车床上用千分表测量，或在轴的两端用滚动轴承作托架托起轴，用手动或机动旋转测量。测量点应选3~5个（两端、中间），然后综合分析确定其挠度值。千分表的触头应设置在未磨损处，以免轴的挠度和轴的磨损发生混淆。

对裂缝的检查可用仪器进行，在没有仪器的条件下可以观察出来。比较有效的办法是在有怀疑部位用汽油擦干净，然后立即用粉笔涂上，裂纹处会出现明显的黑线。对重要部位的主轴，当裂纹深度超过直径的5%，或扭转变形超过3°时，应进行更换。在特殊情况下，裂缝深度也可以控制在10%以内，扭角可控制在7°以内。对于次要的轴，裂纹深度可达直径的15%，扭角可达10%左右。

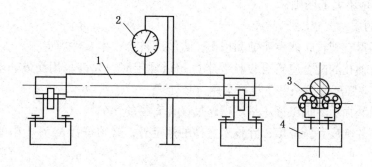

1—轴；2—千分表；3—滚珠轴承；4—托架

图7-5　检查轴的挠度

3）轴的修理

（1）轴颈磨损的修理。直径250 mm以下的轴颈磨损，其椭圆度与圆锥度在0.1 mm以下时，可用一般手工适当修复。对重要轴及轴颈有较大磨损时，应用机床进行修整。一般不太重要部位的轴，其允许磨损量可以控制在直径的5%左右，当轴颈磨损数值已超过允许数值或椭圆度超过允许范围时，对于两端支承的静定轴，均可在采用焊补后再加工进行修复，有条件的应当采用振动堆焊、金属喷镀和电镀修复。

（2）轴的弯曲变形的修理。轴的弯曲变形的修理方法很多，在检修过程中，主要采用的是冷正直和热正直两种方法。

冷正直法：一般适用于直径100 mm以下的轴，具体办法是将轴的两端垫好支点，然后找平，在弯曲最大处的相反方向加垂直压力。

热正直法：经常采用的是在弯度最大的凸处局部进行加热，温度控制在600 ℃以下，然后找平轴的两端支点，并在下边放承托垫板，保持轴线水平度，再在弯曲最大处加压力。温度应慢慢上升，不可过快。加热面积与压力大小应根据具体情况而定。承托垫板比要求达到校直的位置低一些，一般低1~4 mm，数值与轴材料的种类、加热温度、压力大小及施力快慢等有关。正直达到要求后，对轴加热部位应用石棉保温数小时后再冷却（空冷或风冷）。

热正直后应进行退火，使轴缓慢旋转，加热到350 ℃左右，保温1小时以上，然后用石棉物包住加热处，轴旋转冷却到70 ℃左右再空冷。

（3）裂缝的修理。轴可以用电焊进行裂纹补焊。但当轴的材料为低碳钢时，用低于轴本身含碳量的一般低碳钢焊条进行焊补效果较好。如轴为中碳钢材料，即使使用低于轴本身含碳量的焊条进行焊接，有时效果也不理想。当然对于负荷重或冲击负荷较大的轴，效果将更差。其主要原因是焊接后含碳量增大，应力集中，疲劳强度大大下降。

（4）断轴的修理。折断的轴可以进行焊接修复，在某种意义上讲，已折断的轴比未断但有裂纹的轴还好处理。焊接断轴的过程如下：①将焊接轴的端面车平并车成45°坡口，注意轴向长度尺寸不能变动。②固定好要求焊接部分轴的位置，并再次测量轴向和径向尺寸是否合乎要求，用点焊法沿圆周均分4~6点暂时焊住。③用焦炭炉或用4把汽焊枪沿焊接周围均匀加热，当温度缓慢上升到400 ℃左右时，立即进行焊接。此法适用于静载荷和承受转矩不大的断轴。

4）对轴的质量要求

（1）轴不得有裂纹、严重腐蚀和损伤，直线度符合技术文件规定。

（2）轴与轴孔的配合应符合设计要求，超过规定时，允许采用涂镀、电镀或喷涂工艺进行修复，在强度许可条件下也可采用镶套处理。

（3）轴颈磨损后，加工修正量不得超过设计直径的5%。

（4）轴颈的圆度和圆柱度，除技术文件的规定外，必须符合表7-1中的规定。

表7-1　轴颈圆度和圆柱度　　　　　　　mm

轴颈直径		80～120	120～180	180～250	250～315	315～400	400～500
圆度和圆柱度	新装轴	0.05	0.018	0.020	0.023	0.025	0.027
	磨损极限	0.100	0.120	0.0150	0.200	0.220	0.250

5）轴（部件）装配时的注意事项

除遵守装配的常规外，轴装配时还应注意以下事项：

（1）检查轴肩圆角半径，必须小于相配零件的圆角半径或倒角长度。

（2）密封圈应先装到所要的零件内（上）。

（3）套在轴上而不固定的环形零件，如轴承盖、定位零件等，一定要事先套在轴上，不能遗漏。

（4）对安装后不易注油的滚动轴承或垂直于轴的迷宫密封环等，应注入适量的润滑脂。

2. 联轴器的检修

联轴器（统称对轮）是实现两轴之间对接传动的装置。绝大多数联轴器多为2个半联轴器分别装在待连接的轴端（这样的轴端因为伸在轴承之外，称为轴伸端），再用其他中间零件在2个半轴之间将它们连接起来，传递转动和扭矩。

在检修中，对联轴器只是更换和装配（包括对接时的找正）。

1）联轴器找正

通过联轴器对接的2根轴，不可避免地会存在由相对平移和相对倾斜所形成的相对位置误差，即轴线不重合。因此，在轴安装时要检测轴的同轴度，并通过调整使其保持在规定的限度以内，这称为联轴器校正，俗称联轴器找正。

（1）联轴器找正后的要求。2个半联轴器的端面间隙大小和同轴度应符合检修质量的规定，见表7-2。表7-2中的同轴度值是指在沿水平和铅直这两方位上都允许的同轴度极限值。表中的"倾斜"指在水平面或铅直面内两联轴器端面间夹角的正弦值，以千分数表示；"径向位移"是指在水平或铅垂面内联轴器端面中心的径向距离的值。

（2）联轴器找正的目的。①在可能的条件下，减少因两轴相错或相对倾斜过大所引起的振动、噪声，避免联轴器零件磨损过快，避免轴与轴承间引起的附加的径向载荷。②保证每根轴在工作中的轴向窜量不受对方的阻碍。

表7-2　联轴器同轴度和端面间隙　　　　　　　　　　　　　　mm

类　型	直　径	端面间隙	两　轴　同　轴　度	
			径向位移	倾斜/‰
弹性圆柱销联轴器	10~260 260~410 410~500	设备最大轴向窜量 加2~3	≤0.10 ≤0.12 ≤0.15	<1.0
齿轮联轴器	≤250 300~500 500~900 900~1400	5 10 15 20	≤0.20 ≤0.25 ≤0.30 ≤0.35	<0.10
蛇形弹簧联轴器	≤200 200~400 400~700 700~1350	设备最大轴向窜 量加2~3	≤0.10 ≤0.20 ≤0.30 ≤0.50	<1.0

（3）联轴器找正的内容。

① 检测。在平行于轴承座或轴所在的机壳底平面的 X 方向及与其垂直的 Y 方向（一般都是沿水平及铅直方向）上，分别测出：第一，半联轴器两侧端面间的间隙，算出半联轴器端面间（也就是相联两轴的轴线间）相对倾斜用的正弦，以及联轴器中心处的端面间隙；第二，在联轴器端面处两轴线的径向偏移 ax 和 ay，计两类测量，得出3种结果。

② 调整。调整只在必要时进行：第一，改变两轴的轴向相对位置，使端面间隙在标准规定的范围内；第二，改变轴在两测量方向上的位置，使正弦和 ax、ay 都在表7-2所允许的范围内。

（4）找正的基准。大多数情况下，被动轴的位置都已确定或者已经固定而不能改变，有的被动轴甚至还不能转动。所以，找正时的测量与调整都只以被动轴为准，把与基准轴对接的待找正的主动轴称为待定位轴。

2）联轴器找正时的测量方法

（1）测量测点处的端面间隙，最好用精确加工的平垫板和楔形塞尺测量，如图7-6所示。当楔的斜度为1:50、斜面上横刻线的间隔为1 mm时，分度值为0.02 mm。此外也可用平垫板配合普通塞尺测量。

（2）测量测点处两联轴器圆柱面的径向偏移，最常用的器具是角尺和塞尺。注意这样测出的径向偏移量是代数值。约定待定位轴联轴器的表面在基准联轴器的表面之外时读数 a_1 为"+"（图7-6c），在基准联轴器的表面之内时读数 a_1 为"-"（图7-6b）。

3. 对管道孔洞的修复

管道长期浸在水中或暴露在空气中，易锈蚀形成孔洞，严重者应更换，但孔洞不大者，也可用胶合剂进行修补。钢、铸铁、铜、皮革、橡胶、陶瓷、帆布、玻璃都能使用胶粘法进行修补，修补方法如下：

（1）先把修补处清理干净，打磨表面锈蚀。

（2）将玻璃纤维布在环氧树脂胶中浸透，在孔洞上贴4~5层，待其硬化后就具有防渗漏效果。遇较大孔洞时，可先在孔上衬一金属薄片，再覆盖浸过的玻璃纤维布。

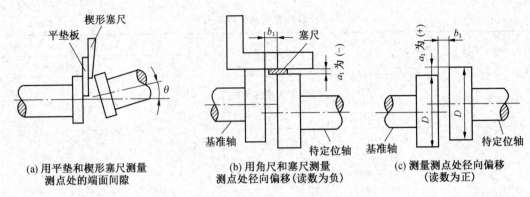

(a) 用平垫和楔形塞尺测量
测点处的端面间隙

(b) 用角尺和塞尺测量
测点处径向偏移（读数为负）

(c) 测量测点处径向偏移
（读数为正）

图7-6 用不同工具测量端面间隙径向偏移

第四节 混凝土喷射机的拆装与检修

一、转子—Ⅱ型混凝土喷射机的拆卸与装配

1. 转子—Ⅱ型混凝土喷射机的拆卸与装配注意事项

（1）牢固树立安全第一的思想，文明安全操作。

（2）用好必要劳保用品，正确使用工具，节约使用材料。

（3）先放气，再停电、断水，确保设备拆卸检修的安全。

（4）拆装场所清洁，周围无杂物，井下场所应通风良好。

（5）所拆下的零件要清洗、分类，妥善存放，不得碰伤或丢失。

（6）两人一组，应相互配合，协调一致。

（7）做好拆卸记录，如工具、材料、零件、配件及有关技术数据。

（8）设备装配后要检查试车。

2. 转子—Ⅱ型混凝土喷射机的拆卸

转子—Ⅱ型混凝土喷射机的拆卸参照图7-7，具体拆卸顺序如下：

（1）拆下风管、水管、压力表等辅助部件。

（2）拆下油水分离器。

（3）拆下出料弯头和出水弯管。

（4）拆下V形橡胶板。

（5）依次拆卸筛网、料斗、搅拌器、定量板、配料盘及轴套。

（6）依次拆卸上座体、下座体。

（7）拆下旋转衬板和旋转体。

（8）取出平面轴承。

（9）拆下电动机和机座。

（10）拆开减速箱，取出轴承、轴和齿轮。

3. 转子—Ⅱ型混凝土喷射机的装配

转子—Ⅱ型混凝土喷射机的装配可参照图7-7，具体装配顺序与拆卸顺序相反。

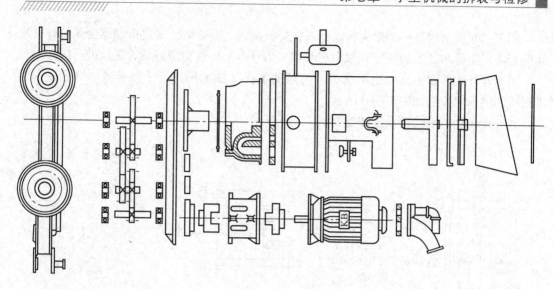

图7-7 转子—Ⅱ混凝土喷射机的拆卸与装配示意图

二、滚动轴承的检修

喷射机的检修项目主要有电动机、旋转体、喷头和滚动轴承。滚动轴承是较易损坏的部件，现介绍其拆装和检修方法。

1. 滚动轴承的拆卸方法

1）锤击法

一般不重要的及过盈比较小的滚动轴承可采用锤击法拆卸，如图7-8所示。锤击杆最好用黄铜制成。为了避免产生歪斜，应当用手锤依次轮流地敲打位于轴两侧的轴承部分。

2）用拆卸工具拆卸

凡是有条件能采用压力机拆卸的地方，均应采用压力机拆卸轴承。拆卸时，在轴承下面垫一个衬垫，将轴压出，如图7-9a所示。

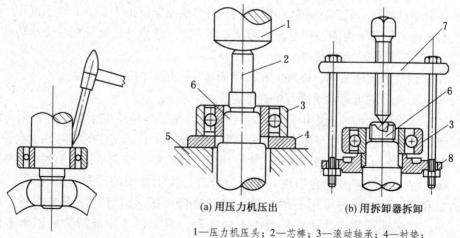

(a) 用压力机压出　　　(b) 用拆卸器拆卸

1—压力机压头；2—芯棒；3—滚动轴承；4—衬垫；
5—架子；6—轴；7—双拉杆拆卸器；8—专用衬圈

图7-8 用手锤和黄铜棒拆卸轴承　　图7-9 滚动轴承的拆卸

图 7-9b 所示的是一种带有衬圈的双拉杆拆卸器。拆卸时，应将拆卸器两侧拉杆长度调整相等，使拆卸器上的顶丝和轴中心线在一条直线上，然后缓慢旋转顶丝进行拆卸。

采用丝杆式拆卸工具（也叫拿子）与辅助零件（如卡环、卡子和卡箍）结合在一起进行拆卸轴承的方法如图 7-10 所示。

具有开式环的滚动轴承拆卸器如图 7-11 所示。

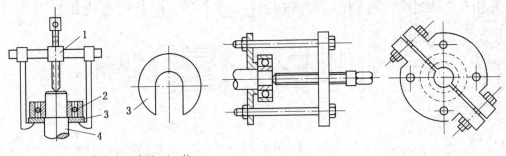

1—拿子；2—轴承；3—卡环；4—轴
图 7-10　用拿子和卡环拆卸轴承　　　图 7-11　具有开式环的滚动轴承拆卸器

3）加热法

从紧配合的轴上拆卸过盈的轴承以及拆卸大型轴承时，可用拆卸器预先拉紧，再用 90～120 ℃的热矿物油浇到轴承上，当轴承热胀后就很容易地用拆卸器拆下。为使轴和轴承内座圈之间有更大的温度差，以减弱配合的紧固程度，在浇油时先将轴用石棉或硬纸包上，防止热油浇到轴上而引起轴的热膨胀。

2. 滚动轴承的清洗

（1）清洗滚动轴承不仅要分预洗和终洗，必要时还应增加清洗次数。洗轴承最好用专用的洗涤槽，没有专用的洗涤槽时，只能先洗滚动轴承再洗其他零件，不许把滚动轴承与一般零件一起清洗。

（2）旧轴承预洗时应将其上面干涸的物质泡软后去掉，再在油中用左手握轴承内圈，右手转动轴承外圈，直到滚动体和保持架上的旧油完全洗掉为止。大轴承可用干净铁块在槽底水平地支承轴承内圈，用手转动轴承外圈清洗。注意开始时只能缓慢地转动，防止润滑脂中的杂质损伤轴承表面。

（3）预洗可用洗涤剂，终洗应在洗涤剂滴尽后用矿物油进行清洗。

（4）预洗后就可对轴承进行检查鉴定。

（5）洗净后的轴承要用干净物体水平支承，在干净环境中干燥。不要用压缩空气吹干轴承，因为压缩空气中可能含有水分和其他污物，而且压缩空气喷向轴承会使其高速转动，在无油的条件下容易损坏轴承。禁止用不干净的布，特别是带纱头的布抹擦轴承。

（6）轴承有锈迹时应在粗洗并干燥后处理，再用极细的砂布打磨其外表面的锈迹。滚道中和滚动体的锈迹可用毛毡沾氧化铬研磨膏擦拭，但有些滚道中的锈一般不易清除干净，许多轴承的滚动体表面根本无法接触。内部锈迹不能清除的轴承不能用于重要部位。

（7）干燥后的轴承要用干净的塑料薄膜包好，妥善保存，待装配时使用。

3. 滚动轴承缺陷的判断

1）在机械运转过程中诊断

如果在检修前的运转中对机械进行故障诊断，有经验的人根据对轴承在启动、停止、全速运转和反转时的触诊和听诊，可发现一些较明显的轴承缺陷。

轴承所在部位的温度是不可忽视的反映故障的信息。温度升高除可以反应轴承油脂过多或油脂严重不足外，还可能是以下各种缺陷的反映：没有游隙；滚动体、滚道表面粗糙，有点蚀或剥落，而保持架过度磨损，与外圈摩擦或引起滚动体间的间距改变，导致轴的位置下降并与端盖摩擦；外圈或内圈配合松动，配合面间有相对滑动等。

2）拆卸过程中的检查

把滚动轴承从轴承座中取出时，观察外圈与轴承座孔之间接触的痕迹，可以判断彼此间是否良好贴合，外圈在轴承座孔中是否有明显的转动；沿径向和轴向扳动外圈，可大体了解游隙的情况。

3）清洗后的检查

其过程如下：

（1）检查轴承外表有没有断裂、损伤、外圈发黑、蠕动磨损等迹象。

（2）把左手手指伸直捏拢并向上穿入内圈的孔中将轴承水平托住，用右手不断地推动外圈转动，看转动是否轻盈，是否有杂音和振动，停止时是否逐渐减速。大轴承可用干净的铁块支承内圈。

（3）用手使内、外圈相对缓慢转动，从两侧以不同的角度观察滚道、滚动体和保持架，看有没有异常迹象。

4. 滚动轴承的缺陷及处理对策

有以下缺陷之一的轴承应更换：

（1）内圈或外圈有裂纹，滚道、滚动体有疲劳点蚀或剥落，滚道、滚动体表面粗糙，滚道磨出台阶。

（2）保持架过度磨损、损坏而无法（或暂时无力）修复。

（3）工作中振动或有冲击，噪声过大，轴的窜动量过大。在转速很慢或对运动精度要求低的部位，对滚动轴承的要求可适当放宽。

轴承内、外配合面上有蠕动磨损迹象时，要测量相配的两个结合面尺寸，找出问题症结所在，并根据具体条件采用涂镀、喷镀或粘接，使实体较小的表面稍微增大，以恢复应有的配合。

5. 滚动轴承的装配

1）装配注意事项

（1）确认轴承可用并确保清洁后可进行装配。

（2）安装轴承前，必须检查轴承组合件装配表面加工质量（尺寸、形位公差、表面粗糙度）。装配时允许用刮刀将孔稍加修理，但必须保证其几何形状偏差在允许的范围之内。

（3）在零件的装配表面上如有碰伤、毛刺、锈蚀或固体微粒（磨屑、磨料粒、泥土或其他物）存在，应仔细检查轴承箱的沟道、肩端面、圆柱表面及连接零件的装配表面。零件装配表面的碰伤、毛刺、锈蚀等缺陷可用细锉除去，然后用零号砂布打光。零件装配表面需用清洁的汽油或煤油清洗掉固体微粒（包括修理后留下的微粒），并用清洁的抹布擦干净。

（4）轴承在装配前，必须用清洁的煤油洗涤。零件装配表面在装配前，应涂上一层润滑油，并防止弄脏。装在轴上或轴承座中的轴承，在不能立即装好轴承盖时，应用干净的纸张盖好，以防铁屑等杂物落进轴承中。

（5）不允许把轴承当作量规去测量轴和轴承箱孔的加工精度，因为这不但不能正确地确定加工精度，反而可能使轴承损坏。

（6）带有过盈的轴承装配时，最好用无冲击负荷的机械装置进行装配。如需用锤打击时，应在中间垫以软金属，严禁直接打击轴承。打击力必须垂直作用于座圈端面上，并不允许通过滚动体传递打击力。

（7）轴承内圈和轴是过渡配合时，应当采用热装法。

（8）轴承必须紧贴在轴肩上，不许有间隙（可调整的轴承例外）。

（9）轴承端面、垫圈及压盖之间的接合面必须平行。当拧紧螺钉后，压盖应均匀地贴在垫圈上，不许有间隙。

（10）装配时，应将轴承上标有字样的端面朝外。

（11）装配后，应按规定加注适量的润滑油（脂），用手转动时轴承应能均匀、轻快、灵活地转动。

2）装配方法

滚动轴承的装配方法有多种，可根据具体情况进行选择。锤击法、压力机装配以及加热装配等方法介绍如下。

（1）锤击法。

锤击法是一种最简单的方法，劳动强度大，装配效率低，用在数量不多、直径较小、配合过盈不大而品种繁多的滚动轴承装配中。锤击法可采用铜质击杆（铜棒）或装配管锤子一并使用，如图7-12和图7-13所示。

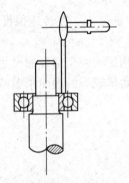
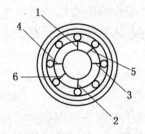

图7-12　用击杆和手锤装配滚动轴承　　图7-13　装配滚动轴承的锤打顺序

利用击杆安装轴承时（图7-12），要防止把轴承打歪，其打击方法不要击一点或一侧，要均衡对称地打击（图7-13），同时应保持工具的清洁，严防脏东西掉入轴承内。

较好的锤击方法是利用套筒装配（图7-14）。锤击时，要打击球面盖的中心。轴承内座圈安装套筒内径要比轴上的配合部位尺寸稍大一些，套筒的下部焊以防护盘，可防止打击时尘屑落入轴承，如图 7 - 14a 所示。外座圈的安装套筒外径要比箱体的配合部位尺寸稍小一些，套筒壁厚应为轴承内座圈和外座圈厚度的 2/3 ~ 4/5，套筒与轴承接触的端面经过机加工保证齐平，如图 7 - 14b 所示。若要把轴承的内座圈和外座圈同时装到轴承孔内时，应用一附加垫圈在轴承的两个座圈上同时加力，如图 7 - 14c 所示。应用套筒装配时，套筒的内、外部都要保持清洁。为防止装配时损坏轴承，应尽量少用锤击法。

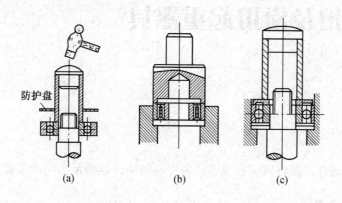

防护盘

(a)　　　　　　(b)　　　　　　(c)

图 7 - 14　用套筒和手锤装配轴承

（2）加热装配法。

当具有较大的过盈以及滚动轴承的外形尺寸很大时，通常采用加热滚动轴承的装配方法。将机油加热到 80 ~ 90 ℃，并用温度计测量油温，然后将轴承放在油盆内，要置于网架上，不要直接与盆底接触，防止污物进入和轴承的局部过热退火。

（3）用压力机装配法。

若轴的外部尺寸不大，采用压力机装配是一种比较好的方法。使用这种方法可使轴承不受敲击，同时与轴承箱配合的密封装置也不会受到损伤。

第八章

绳扣及常用起重器具

第一节 绳 扣

根据使用的场合，需将麻绳打成各式各样的绳结，以满足不同的需要。常用的绳扣有以下几种：

（1）死圈扣（图8-1）。用于起吊重物，特点是捆绑时必须和物件扣紧，不允许有空隙；一般采用与物件绕一圈后再结扣，以防吊装时滑脱。

（2）梯形扣（又称"8"字结、猪蹄扣，图8-2）。用于绑人字桅杆或捆绑物体，特点是结绳方法方便简单；扣套紧两绳头愈拉愈紧，但松绳也容易。

（3）挂钩扣（图8-3）。用于挂钩，特点是安全牢靠，结法方便，绳套不易跑出钩外。

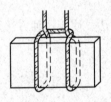

图8-1 死圈扣　　　　　图8-2 梯形扣　　　　　图8-3 挂钩扣

（4）接绳扣（又称平结，图8-4）。用于连接两根粗细相同的麻绳，特点是使用方便，安全可靠；需要两个绳扣联合使用；两端用力过大时，可在扣中插入木棒，以便于解扣。

（5）单绕时双插扣（又称单帆索结，图8-5）。用于两根麻绳的联结，特点是牢靠，适用于两端有拉紧力的场合。

（6）双滑车扣（又称双环扣，图8-6）。用于搬运轻便物体，特点是吊抬重物绳扣自行索紧，物体歪斜时可任意调整扣长，解绳容易、迅速。

（7）活瓶扣（图8-7）。用于吊立轴等圆柱物体，特点是受力均匀、平稳，安全可靠。

（8）抬扣（又称杠棒结，图8-8）。用于抬运或吊运物体，特点是结绳、解绳迅速，安全可靠。

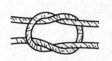   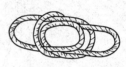

图8-4 接绳扣　　图8-5 单绕时双插扣　　图8-6 双滑车扣　　图8-7 活瓶扣

（9）拉扣（又称水手结，图8-9）。用于拖拉物体或穿滑轮等作业，特点是牢靠、易于解开；拉紧后不会出现死结，随时可松；结绳迅速。

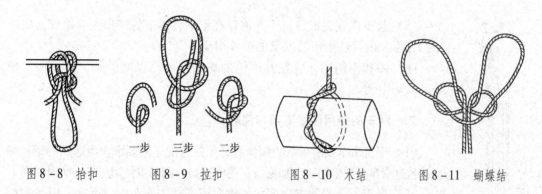

图8-8 抬扣　　　图8-9 拉扣　　　图8-10 木结　　　图8-11 蝴蝶结

（10）木结（又称背扣，图8-10）。用于绑架子，提升轻而长的物体，特点是愈拉愈紧，牢靠安全，易打结或松开，但必须注意压住绳头。

（11）蝴蝶结（又称板凳扣，图8-11）。用于紧急情况或在现场没有其他载人升空机械时使用。在使用蝴蝶结时应注意：操作者必须在腰部系一根绳，以增加升空的稳定性；必须将绳结拉紧，使绳与绳之间互相压紧；绳头必须在操作者的胸前，操作者用手抓住绳头。

第二节　常用起重器具

一、卸扣的使用注意事项和保养

（1）在使用卸扣中，必须注意其受力方向。如果作用在卸扣上力的方向不符合要求，则会使卸扣允许承受载荷的能力降低。图8-12所示是卸扣的安装方式。正确的安装方式是力的作用总在卸扣本体的弯曲部分和横销上，如图8-12a、b所示，而图8-12c、d所示则是错误的安装方式，作用力使卸扣本体的开口扩大，横销的螺纹部分承受较大的力。

（2）安装卸扣横销时，应在螺纹旋足后再向反方向旋半圈，以防止因螺纹旋得过紧而使横销无法退出。

（3）卸扣不得超负荷使用。

（4）如发现卸扣有裂纹、磨损严重或横销变曲等现象时，应停止使用。

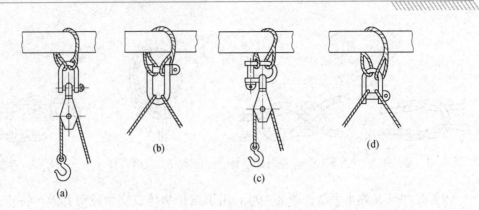

图 8-12　卸扣安装示意图

图 8-13　钢丝绳偏角

（5）起重作业完成后，不允许在高空中将拆下的卸扣往下抛掷，以防卸扣变形及内部产生不易发觉的裂纹损伤。

（6）卸扣不用时，应在其横销的螺纹部分涂以润滑脂，存放在干燥处，以防生锈。

二、滑车的使用注意事项和保养

（1）穿绕滑车或滑车组的钢丝绳必须符合滑车的要求。当选用的钢丝绳直径超过滑车的要求时，会加剧滑车轮的磨损，同时也使钢丝绳的磨损加剧。

（2）滑车所受力的方向变化较大时或在高空作业中，不宜采用吊钩型滑车，以防脱钩。如使用吊钩型滑车，则应采取保护措施。

（3）在穿绕滑车组时，应注意钢丝绳在滑轮槽中的角度。在任何情况下，滑轮槽的偏角不得超过 $4° \sim 6°$，如图 8-13 所示。因为当钢丝绳在滑轮槽中的偏角过大时，一方面钢丝绳与滑轮槽侧面的磨损加剧；另一方面，钢丝绳易滑出绳槽，使起重作业不能正常进行，甚至发生事故。

（4）若多门滑车在使用中只用其中几门时，则其起重量应经折算相应降低，不能仍按原起重量使用。

（5）滑车组经穿绕后使用时，应先进行试吊，详细检查各部分是否良好，有无卡绳、摩擦或钢丝绳间相互摩擦之处，如有不妥，应经调整后才能正式起吊。

（6）滑车在拉紧后，滑车组两滑车轮的中心应按规定保持一定的距离。

（7）当滑车的滑轮有裂纹或缺损时，不得投入使用；当其他部位，如吊钩、轮轴、拉板等存在缺陷，不符合使用要求时，不准使用。

（8）不允许超过滑车的安全起重量，没有铭牌的滑车应估算出安全起重量。

（9）在不用滑车时，应将其上的脏物清洗干净，上好润滑油，放在干燥处，并在其下垫上木板。加润滑油的部位如图 8-14 所示。

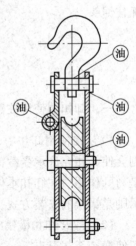

图 8-14　滑车的润滑

三、千斤顶的使用

1. 锥齿轮式螺旋千斤顶的使用

作业前应根据起重量的大小选择适应的千斤顶，使用时，把摇把上的换向扳扭扳在上升位置，然后用手摇动摇把，使螺杆套筒迅速上升，直到与重物相接触。将手柄插入摇把的孔内，使手柄做来回摆动，通过棘轮组，使锥齿轮组转动。同时，与锥齿轮连在一起的螺杆与锥齿轮一起转动，使螺母套筒在壳体内向上移动，顶起重物。反之，把摇把上的换向扳钮扳到下降位置，在摇把来回摇动时，螺母套筒就下降，同时重物也随之下降。

2. 油压千斤顶的使用

使用时，先将手柄2开槽的一端套入开关1，并按顺时针方向旋转（图8-15），将开关拧紧，然后把手柄2插入揿手孔3内，把手柄作上下揿动，油泵芯也随之作上下运动。当油泵芯向上运动时，工作液（机械油）便通过单向阀被吸入油泵体；当油泵芯向下运动时，被吸入油泵体内的工作液便被油泵芯压出，压出的工作液通过另一个单向阀进入活塞胶碗的底部，活塞杆即被逐渐顶起；当活塞上升到额定高度时，由于限位装置的作用，活塞杆不再上升。

在需要降落时，仍用手柄开槽的一端套入开关1，做逆时针方向的转动，单向阀即被松开。此时活塞缸内的工作液通过单向阀流回外壳油池内，活塞杆即渐渐下降。活塞杆的下降要在外力的作用下才能实现，且下降的速度可以通过单向阀开启的大小来调节。

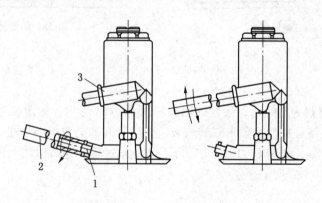

图8-15　油压千斤顶操作示意图

四、滚杠的使用

（1）滚杠的选择应由被搬运重物的重量、外形尺寸等情况决定。被搬运的重物重量过大，应选择较粗的滚杠。滚杠的长短应视重物的外形尺寸而定，一般滚杠的长短以其两端伸出重物底面0.3 m左右为宜，且所选滚杠的长短、粗细应基本一致。

（2）当运输路线的路面为平整的水泥路面，重物的下底面为平整的金属面时，滚杠可直接放置于两者之间，如图8-16a所示；如果设备有包装箱，则滚杠可以直接放置在包装箱与水泥路面之间，如图8-16b所示；当地面不坚实，被运输的重物底面虽然为金属物，但底面高低不平，则应将重物放置于排子上，并在地面铺以木板（走板），如

图 8-16c 所示。

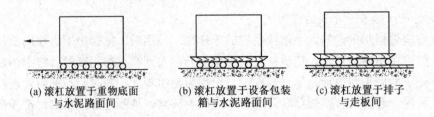

(a) 滚杠放置于重物底面
与水泥路面间

(b) 滚杠放置于设备包装
箱与水泥路面间

(c) 滚杠放置于排子
与走板间

图 8-16 滚杠的摆放

（3）走板的搭头处应交叉一部分，以免滚杠嵌入凹槽中。走板的摆放如图 8-17 所示。

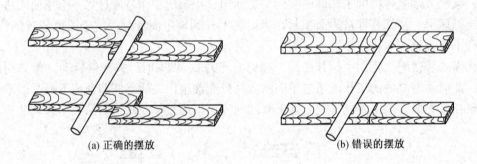

(a) 正确的摆放

(b) 错误的摆放

图 8-17 走板的摆放

（4）当运输路线为直线时，滚杠的摆放如图 8-18a 所示，即滚杠互相平行；当运输路线需要转弯时，滚杠摆放成扇形；转弯较大时滚杠间的夹角可小一些，转弯较小时则滚杠间的夹角应大一些，如图 8-18b、c 所示；在运输过程中还可以用大锤敲打滚杠以调整转弯角度，如图 8-18d 所示。

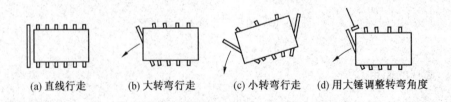

(a) 直线行走

(b) 大转弯行走

(c) 小转弯行走

(d) 用大锤调整转弯角度

图 8-18 滚杠摆放形式

（5）放置滚杠时不准戴手套，且不能一把抓住滚杠，应把大拇指放在孔外，其余四指放在孔内，如图 8-19 所示。

（6）添放滚杠的人员应站在设备的两侧面，不准站在重物倾斜方向的一侧，滚杠应从侧面插入，如图 8-20 所示。

(a) 正确的握法

(b) 错误的握法

图 8-19　摆放滚杠时的握法

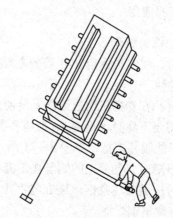

图 8-20　添放滚杠人员的站立位置

五、撬棍的使用

（1）撬棍不宜过长，当撬棍撬不动重物时，不要随便在撬棍的尾部套管子接长。

（2）在撬动重物时，决不能用脚采撬棍，以身体重量加在撬棍上而使重物撬起，以免撬棍突然滚动，翘起伤人。

（3）撬棍的支点要使用坚韧的木板，不可随意使用砖头、石块，最好不要使用光滑的钢料，以免撬棍滑动将砖头、石块压碎。

（4）在撬动重物时，人不应骑跨在撬棍上，以免撬棍翘起时打伤人体的下部。

（5）在握撬棍时，应双手握住撬棍的一端，身体前倾，侧身用力（但不要用力过猛）；不要用断续的冲击力，以免握不住撬棍尾部时，撬棍翘起打伤自己。

（6）当用多根撬棍同时操作时，应统一指挥，统一行动，步调一致，同起同落。

六、环链手拉葫芦的使用

（1）在吊运重物前应估计一下重量是否超出手拉葫芦的额定载荷，切勿超载使用。

（2）葫芦的吊挂必须牢靠，不得有吊钩歪斜及将重物吊在吊钩尖端等不良现象。

（3）起重链条或手拉链条不应有错扭现象，以免在起吊重物时链条卡死在链轮槽中，影响正常工作。

（4）无论是在倾斜方向还是水平方向使用拉链，拉链的方向应与手链轮方向一致，不要在与手链轮不同平面内斜向拽动手链条，以免发生手拉链卡住或脱链现象。

（5）在起吊过程中，无论重物上升还是下降，严禁在重物下面做任何工作或行走，以免发生人身事故。

（6）在起吊过程中，拽动手拉链时，用力应均匀缓和，不要用力过猛，以免链条跳动脱出链轮或卡环。

（7）如果操作者发现拉不动拉链时，切不可猛拉，更不能增加人员，应立即停止使用拉链，进行如下检查：重物是否与其他物件牵连；葫芦机件有无损坏；重物是否超出了葫芦的额定负荷。

七、卷扬机的使用

1. 手摇卷扬机的操作

（1）使用时，将绳端固定在卷筒的左端或右端，钢丝绳应从卷筒的下方绕入，以增加卷扬机的稳定性。

（2）作业时，在卷扬机两边摇把上所使的力应均匀，不能忽大忽小。

（3）重物需要下降时（倒退），应将手摇把倒转，脱开制动器，并用闸把闸紧，调整下降速度，但不能脱开摇把，如图8-21所示。

（4）重物下降时，卷筒上的钢丝绳不能全部放出，至少应保留3~4圈。

（5）作业时应随时注意钢丝绳在卷筒上的排列情况。当发现有互相错叠时，可用撬棍在卷筒的前方调整钢丝绳。

2. 电动卷扬机的操作

可逆式电动卷扬机示意图如图8-22所示。

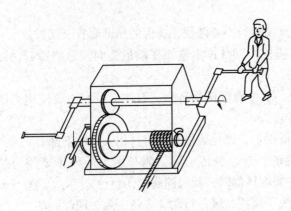

图8-21 重物下降时的操作

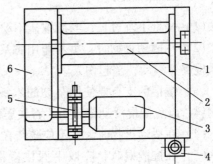

1—机座；2—卷筒；3—电动机；4—控制器；
5—制动器；6—齿轮减速器

图8-22 可逆式电动卷扬机示意图

（1）牵引绳的固定及穿绕。牵引绳应从卷筒的下方绕入，绳头固定在卷筒的一边，固定时先将绳头穿过筒端面上的孔，然后用压板将绳头固定在端面上。

（2）操作时先把控制器手柄的指针对准"0"位，然后闭合闸开关，接通电源。按重物上升或下降要求，将控制器的手柄（或手轮）扳向左或右，重物便开始上升或下降；当需要使重物停在空中时，将手柄扳回到"0"位，电磁制动器便动作，将电机轴上的制动轮牢牢抱住，实现自动刹车。

第三部分
中级矿井维修钳工知识要求

第九章

机械传动基础

第一节　机　械　概　念

一、机器和机构

（1）机器。机器就是构件的组合，它的各部分之间具有确定的相对运动并能代替或减轻人类的体力劳动，完成有用的机械功或实现能量转换。机器基本上由动力元件、工作部分和传动装置三部分组成。

（2）机构。机构是用来传递运动和力的构件系统，如齿轮传动机构、曲柄连杆机构等。

二、运动副

在机构中每个构件都以一定的方式与其他构件相互接触，二者之间形成一种可动的连接，从而使两个相互接触的构件之间的相对运动受到限制。两个构件之间的这种可动连接，称为运动副。

（1）低副，指两构件以面接触的运动副。按两构件的相对运动形式可分转动副、移动副和螺旋副。

（2）高副，指两构件以点或线接触的运动副，如车轮与钢轨的接触、齿轮的啮合、凸轮与从动杆的接触等。

第二节　摩　擦　轮　传　动

一、摩擦轮传动的工作原理

摩擦轮传动是利用两轮直接接触所产生的摩擦力来传递运动和动力的一种机械传动。图9－1为两个相互压紧的圆柱形摩擦轮，在正常传动时，主动轮依靠摩擦力的作用带动从动轮转动，并保证两轮面的接触处有足够大摩擦力，使主动轮产生的摩擦力足以克服从动轮上的阻力矩。

二、传动比

机构中瞬时输入速度与输出速度的比值称为机构的传动比。摩擦轮传动的传动比就是主动轮转速与从动轮转速的比值。传动比用符号 i 表示，表达式为

$$i = n_1/n_2$$

式中　n_1——主动轮转速，r/min；

　　　n_2——从动轮转速，r/min。

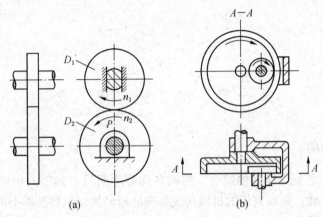

(a)　　　　　　　　　　(b)

图 9 – 1　两平行的摩擦轮传动

三、摩擦轮传动的类型

（1）两平行的摩擦轮传动，有外接圆柱式摩擦轮传动（图 9 – 1a）和内接圆柱式摩擦轮传动（图 9 – 1b）两种。

（2）两轴相交的摩擦轮传动，其摩擦轮多为圆锥形，并有外接圆锥式（图 9 – 2a）和内接圆锥式（图 9 – 2b）两种。此外，还有圆柱圆盘式结构，如图 9 – 3 所示。

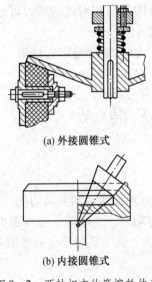

(a) 外接圆锥式

(b) 内接圆锥式

图 9 – 2　两轴相交的摩擦轮传动

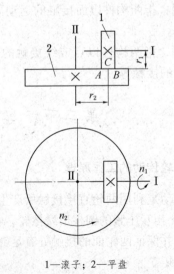

1—滚子；2—平盘

图 9 – 3　圆柱圆盘式结构示意图

四、摩擦轮传动的特点

（1）结构简单，使用维修方便，适用于两轴中心距较小的传动。

（2）传动时噪音小，并可在运转中变速、变向。

（3）过载时，两轮接触处会产生打滑，因而可防止薄弱零件的损坏，起到安全保护作用。

（4）在两轮接触处有产生打滑的可能，所以不能保持准确的传动比。

（5）传动效率低，不宜传递较大的转矩，主要适用于高速、小功率传动的场合。

第三节 带 传 动

1. 带传动的工作原理

如图9-4所示，带传动是利用带作为中间挠性件，依靠带与带轮之间的摩擦力或啮合来传递运动和动力的。带呈封闭的环形，并以一定的初拉力套在两轮上，主动轮旋转时，靠摩擦力拖动带运动，带又靠摩擦力拖动从动轮回转。

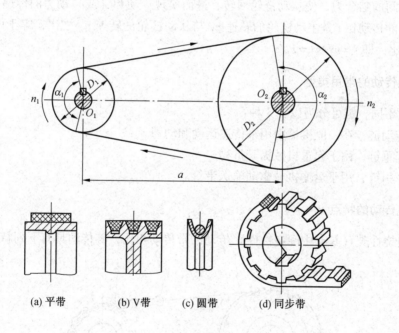

(a) 平带　　(b) V带　　(c) 圆带　　(d) 同步带

图9-4 带传动

带的类型有平带、V带、圆带和同步带等。

2. 带传动的主要参数

（1）包角。包角是指带与带轮接触弧所对的圆心角。包角越小，接触弧长越短，接触面间产生的摩擦力总和越小。一般要求包角不小于150°。

（2）带长。平带的带长是指带的内周长度。

3. 带传动的特点

（1）结构简单，使用维修方便，适用于两轴中心距较大的传动场合。

（2）由于传动带（平带或 V 带）富有弹性，能缓冲、吸振，所以传动平稳，噪音低。

（3）过载时，传动带在带轮上会打滑，可防止薄弱零件的损坏，起到安全保护作用。

（4）带传动不能保持准确的传动比，不适于要求传动准确的场合。

（5）外廓尺寸大，传递效率较低。

第四节 链 传 动

一、链传动及其传动比

链传动是由链条和具有特殊齿形的链轮组成的传递运动和（或）动力的传动。它是一种具有中间挠性件（链条）的啮合传动。如图 9 - 5 所示，当主动链轮回转时，依靠链条与两轮之间的啮合力，使从动链轮回转，进而实现运动和（或）动力的传递。

链传动的传动比 i 是主动链轮的转速 n_1 与从动链轮的转速 n_2 之比，等于两链轮齿数 z_1、z_2 的反比，即 $i = n_1/n_2 = z_2/z_1$。

二、链传动的常用类型

按用途不同，链可分为以下 3 种：

（1）传动链，在一般机械中用来传递运动和动力。

（2）起重链，用于起重机械提升重物。

（3）牵引链，用于运输机械驱动输送带等。

三、链传动的特点

与同属挠性类（具有中间挠性件）传动的带传动相比，链传动具有下列特点：

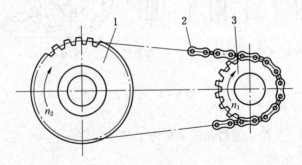

1—主动链轮；2—链条；3—从动链轮

图 9 - 5 链传动

最...

（1）能保证准确的平均传动比。

（2）传递功率大，且张紧力小。

（3）传动效率高，一般可达 0.95～0.98。

（4）能在低速、重载和高温条件下，以及尘土飞扬、淋水、淋油等不良环境中工作。

（5）能用一根链条同时带动几根彼此平行的轴转动。

（6）由于链节的多边形运动，所以瞬时传动比是变化的，瞬时转速不是常数，传动中会产生动载荷和冲击，因此不适宜用于要求精密传动的机械上。

（7）安装和维护要求较高。

（8）链条的铰链磨损后，使链条节距变大，传动中链条容易脱落。

（9）无过载保护作用。

第五节 螺 旋 传 动

螺旋传动是用内、外螺纹组成的螺旋副传递运动和动力的传动装置。螺旋传动可方便地把主动件的回转运动转变为从动件的直线运动。例如车床的大拖板，借助开合螺母与长螺杆的啮合，实现其纵向直线往复运动（图9-6）；转动刨床刀架螺杆可使刨刀上下移动；转动铣床工作台丝杠可使工作台作直线移动等。

螺旋传动与其他将回转运动转变为直线运动的传动装置（如曲柄滑块机构）相比，具有结构简单，工作连续、平稳，承载能力大，传动精度高等优点。其缺点是由于螺纹之间产生较大的相对滑动，因而磨损大、效率低。

常用的螺旋传动有普通螺旋传动、差动螺旋传动和滚珠螺旋传动等。

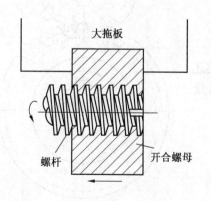

图9-6 车床的丝杆螺母传动

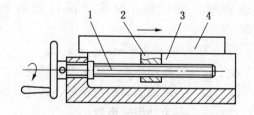

1—螺杆；2—螺母；3—机架；4—溜板（工作台）

图9-7 螺母位移的机床溜板

一、螺母位移

螺母位移应用在机床溜板上的实例如图9-7所示。螺杆在机架中沿机架的导轨移动，螺杆每转一周，螺母带动溜板（工作台）移动一个导程。螺母位移的传动，多应用于进

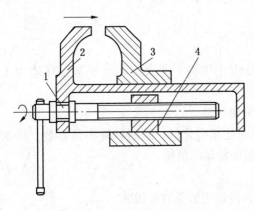

1—螺杆；2—活动钳口；3—固定钳口；4—螺母

图9-8 螺杆位移的台式虎钳

给机构等传动机构中。

二、螺杆位移

螺杆位移应用在台虎钳上的实例如图9-8所示。螺杆上装有活动钳口，并与螺母相啮合，螺母与固定钳口连接。转动手柄时，螺杆相对螺母做螺旋运动，带动活动钳口一起位移。这样，活动钳口相对固定钳口之间可做合拢或张开的动作，从而可以夹紧或松开工件。

螺杆位移的传动，通常应用于千分尺、千斤顶、螺旋压力机等传动机构中。

第六节 齿 轮 传 动

一、齿轮传动的工作原理

齿轮传动是利用齿轮副来传递运动和（或）动力的一种机械传动，如图9-9所示。

当齿轮副工作时，主动轮O_1的轮齿通过啮合点（两齿轮轮齿的接触点）处的法向作用力F_n，逐个地推动从动轮O_2的轮齿，使从动轮转动并带动从动轴回转，从而实现将主动轴的运动和动力传递给从动轴。

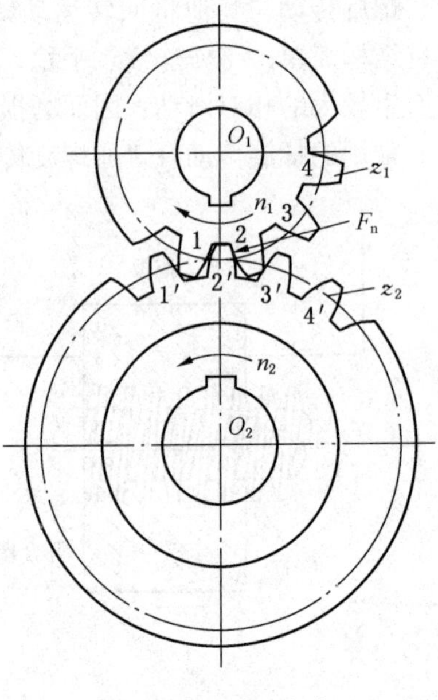

二、齿轮传动的传动比

齿轮传动的传动比i是主动齿轮与从动齿轮角速度（或转速）的比值，也等于两齿轮齿数的反比，即

$$i = \omega_1/\omega_2 = n_1/n_2 = z_2/z_1$$

式中　ω_1、n_1——主动齿轮的角速度、转速；

ω_2、n_2——从动齿轮的角速度、转速；

z_1——主动齿轮齿数；

z_2——从动齿轮齿数。

齿轮副的传动比不宜过大，否则会使结构尺寸过大，不利于制造和安装。通常，圆柱齿轮副的传动比$i \leqslant 5$。

图9-9 齿轮传动

三、齿轮传动的应用特点

（1）能保证瞬时传动比的恒定，传动平稳性好，传递运动准确可靠。

（2）传递的功率和速度范围大。传递的功率小至低于1 W，大至5×10^4 kW，甚至高

达 1×10^5 kW；其传动时圆周速度可高达 300 m/s。

（3）传动效率高，一般传动效率可达 0.94 ~ 0.99。

（4）结构紧凑，工作可靠，寿命长。

（5）制造和安装精度要求高，工作时有噪声。

（6）齿轮的齿数为整数，能获得的传动比受到一定的限制，不能实现无级调速。

（7）不适宜中心距较大的场合。

四、齿轮传动的常用类型

根据齿轮轮齿的形态和两齿轮轴线的相互位置，齿轮传动可分为：两轴线平行的直齿圆柱齿轮传动、斜齿圆柱齿轮传动和人字齿轮传动；两轴线相交的直齿圆锥齿轮传动；两轴线交错的螺旋齿轮传动等。

五、标准直齿圆柱齿轮的正确啮合条件

（1）两齿轮的模数必须相等。

（2）两齿轮分度圆上的齿形角必须相等。

六、斜齿圆柱齿轮

齿线为螺旋线的圆柱齿轮称为斜齿圆柱齿轮，简称为斜齿轮。

1. 斜齿圆柱齿轮传动的特点

（1）传动平稳、承载力能高。

（2）传动时产生轴向力。

（3）不能作变速滑移齿轮。

2. 斜齿圆柱齿轮的正确啮合条件

（1）两齿轮法向模数相等。

（2）两齿轮法向齿形角相等。

（3）两齿轮螺旋角相等，旋向相反。

第十章

液压技术基础

第一节 概 述

一、液压传动系统的工作原理

图 10-1 为采煤机截煤滚筒调高装置工作原理图。电动机带动偏心轮转动,柱塞 2 在偏心轮的作用下,在柱塞缸内作往复运动,从油箱中吸油,并将压力油排到管路中去。换向阀 4 处于图示(中立)位置时,压力油经换向阀流回油箱,液压泵卸载。若使换向阀处于右边位置,则压力油可经换向阀、液力锁 5 而进入液压缸 6 的左腔,推动活塞右移,液压缸右腔的油液,则经液力锁、换向阀流回油箱。活塞右移,通过摇臂 7 的摆动,使截煤滚筒 8 升高,以适应采煤工作面煤层厚度的变化,如使截煤滚筒降低则可操纵换向阀使

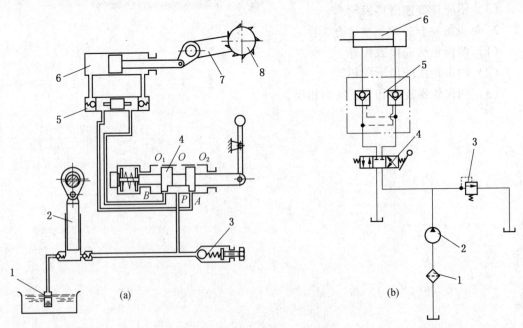

1—过滤器;2—柱塞;3—安全阀;4—换向阀;5—液力锁;6—液压缸;7—摇臂;8—滚筒

图 10-1 采煤机截煤滚筒调高装置工作原理图

之处于左端位置，若使截煤滚筒停在某一位置只需置换向阀处于中立位置即可。滚筒调高时，若阻力很大，则液压泵供油压力也很高，超过安全阀 3 的调定值时，则压力油可由安全阀回油箱，这样，可保护各元件不因压力超高而损坏。

二、液压系统组成及其作用

（1）动力元件：指各种类型油泵，是将机械能转换成液压能的装置。
（2）执行元件：指液压缸或液压马达，是将液压能转换成机械能的装置。
（3）控制元件：控制液压系统压力、流量、方向的元件。
（4）辅助元件：如油箱、滤油器、冷却器、管道等。

三、液压传动的参数

液压传动最基本的技术参数是工作液体的压力 p 和流量 Q。p 的常用单位为 MPa，$1\,\text{MPa} = 10^6\,\text{Pa}$；$Q$ 的单位为 m^3/s，$1\,\text{m}^3/\text{s} = 10^3\,\text{L/s} = 6 \times 10^4\,\text{L/min}$。

第二节 液 压 元 件

一、液压泵

1. 液压泵的类型
按结构不同可以分为柱塞泵、齿轮泵、斜盘泵等；按流量是否改变可分定量泵、变量泵。

2. 齿轮泵的工作原理
如图 10－2 所示，当齿轮按图示箭头方向旋转时，吸油腔由轮齿 8、9、10、1、1′、10′、9′的表面以及壳体和端盖的内表面组成。因此，随着齿轮的旋转，齿轮 8 和齿轮 9′

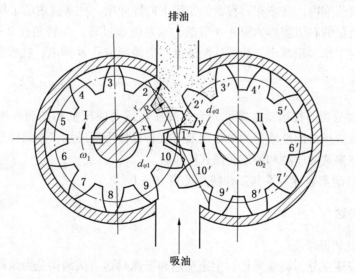

图 10－2　齿轮泵工作原理图

所扫过的容积比正处于啮合的轮齿 1 和 1′ 所扫过的容积大，使吸油腔的容积增加，形成局部真空，油箱中液压油在大气压的作用下便进入吸油腔，这就是齿轮泵的吸油过程。

由于齿间充满着油液，随着齿轮的旋转，齿间的液体便被带到压油腔，压油腔由轮齿 2、1、1′、2′、3′ 的表面以及壳体和端盖的内表面组成。由于轮齿 2 和 3′ 所扫过的容积比正处于啮合的轮齿 1 和 1′ 所扫过的容积大，便使压油腔的容积减小，液体便被排出压油腔，这就是齿轮泵的压油过程。

3. 斜盘泵工作原理

斜盘泵的工作原理如图 10 - 3 所示。斜盘泵由转动的缸体 4、固定的配油盘 5、传动轴 6、柱塞 3、滑履 2、斜盘 1、回程盘 8、弹簧 7 等主要零件组成。

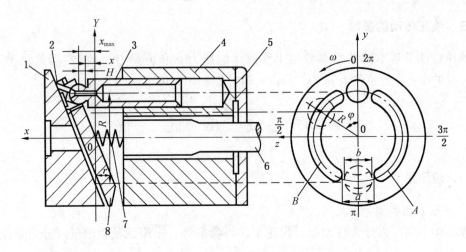

1—斜盘；2—滑履；3—柱塞；4—缸体；5—配油盘；6—传动轴；7—弹簧；8—回程盘

图 10 - 3 斜盘泵的工作原理图

当缸体在传动轴的带动下，按图示方向旋转时，柱塞在缸体内作往复运动，当转角 φ 在 $\pi \sim 2\pi$ 之间的范围内，柱塞在回程盘的作用下向外伸出，柱塞缸内的工作容积增加，形成真空，从配油盘的右边腰形油窗孔 A 吸油，这是吸油过程。当转角在 $0 \sim \pi$ 之间，柱塞缩回使柱塞缸内工作容积减小，油液从配油盘左边腰形窗孔 B 排出，这就是排油过程。

二、液压缸

（1）液压缸分类。按运动方式可分为直线往复运动液压缸和摆动液压缸。直线往复运动的液压缸按液压作用性质分为单作用液压缸和双作用液压缸，按结构形式又可分为活塞式液压缸、柱塞式液压缸和伸缩套筒式液压缸。

（2）液压缸的参数计算及其工作特点见表 10 - 1。

三、液压马达

1. 液压马达的分类

液压马达按速度分为高速马达、中速马达和低速马达，按结构分为齿轮式马达、叶片式马达和柱塞式马达。

表10-1　液压缸的分类

类　型		符　号	速度/$(\mathrm{m \cdot min^{-1}})$	转速/$(\mathrm{r \cdot min^{-1}})$	牵引力/N	扭矩/$(\mathrm{N \cdot m^{-1}})$	工作特点
活塞缸	单杆 单作用	(a)	$v_1 = \dfrac{10Q}{S_1}$		$P_1 = pS_1$		单向液压驱动，回程靠自重、弹簧或其他外力
	单杆 双作用	(b)	$v_1 = \dfrac{10Q}{S_1}$ $v_2 = \dfrac{10Q}{S_2}$		$P_1 = pS_1 - p_0 S_2$ $P_2 = pS_2 - p_0 S_1$		双向液压驱动，$v_1 < v_2$，$P_1 > P_2$
	差动		$v_3 = \dfrac{10Q}{S_3}$		$P_3 = pS_3$		可加快无杆腔进油时的速度，但推力相应减少
	双杆		$v_1 = \dfrac{10Q}{S_1}$ $v_2 = \dfrac{10Q}{S_2}$		$P_1 = (p - p_0)S_1$ $P_2 = (p - p_0)S_2$		可实现等速往复运动
柱塞缸			$v_1 = \dfrac{10Q}{S_1}$		$P_1 = pS_1$		柱塞组受力较好，单向液压驱动
伸缩套筒缸	单作用		$v_1 = \dfrac{10Q}{S_1}$ $v_2 = \dfrac{10Q}{S_2}$		$P_1 = pS_1$ $P_2 = pS_2$		用液压力由大到小逐节推出，然后靠自重由小到大逐节缩回
	双作用		$v_1 = \dfrac{10Q}{S_1}$ $v_2 = \dfrac{10Q}{S_2}$ $v_3 = \dfrac{10Q}{S_3}$ $v_4 = \dfrac{10Q}{S_4}$		$P_1 = pS_1 - p_0 S_4$ $P_2 = pS_2 - p_0 S_3$ $P_3 = pS_5 - p_0 S_2$ $P_4 = pS_4 - p_0 S_1$		双向液压驱动，伸缩程序同上
摆动缸	单叶片			$n_1 = \dfrac{1000Q}{\pi b (R^2 - r^2)}$		$M_1 = \dfrac{b(R^2 - r^2)\Delta p}{200}$	回转往复运动，最大摆角为300°
	双叶片			$n_2 = \dfrac{1}{2}n_1$		$M_2 = 2M_1$	最大摆角为150°

注：Q—流量，L/min；p—进油压力，MPa；p_0—回油压力，MPa；S—有效面积，$\mathrm{cm^2}$；b—叶片宽度，cm；R—缸体内孔半径，cm；r—叶片轴半径，cm。

2. 柱塞式马达工作原理

柱塞式马达的工作原理如图10-4所示。压力油将处在压油腔位置的柱塞顶出，压在斜盘的端面上。设斜盘给柱塞的反作用力为N，则力N可分解为两个分力，一个为轴向力P，它与压力油作用在柱塞上的力平衡；另一个分力为T，和柱塞的轴线垂直，它对缸体轴线产生扭矩，驱动缸体旋转。

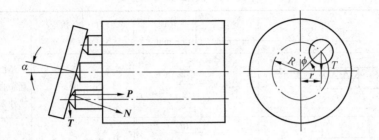

图 10 - 4　柱塞式马达的工作原理图

四、控制阀

（1）方向控制阀：简称方向阀，在液压系统中用以控制液流的方向。方向控制阀按其功能不同可分为单向阀和换向阀；换向阀按其结构特点分为滑阀和转阀两种。

（2）压力控制阀：用于控制工作液体的压力，以实现执行机构所需的力或力矩的要求。压力控制阀主要有溢流阀、安全阀、减压阀、卸荷阀、顺序阀、平衡阀等。

（3）流量控制阀：在液压系统中通过改变通流面积的大小来控制进入液压缸、液压马达的流量，达到控制执行元件工作速度的目的。常用的流量控制阀有节流阀和调速阀。

五、密封装置

1. 间隙式密封

间隙式密封是利用运动件之间微小间隙处的油膜进行密封的，是一种简单的密封形式，其密封效果取决于间隙的大小、压力差、密封长度和零件表面质量。

2. 接触式密封

（1）O 形密封圈：一般用耐油橡胶制成，具有结构简单，密封性能好，摩擦力小，容易制造等优点，所以在液压元件中应用很广。

（2）Y 形密封圈：一般也用耐油橡胶制成。在工作时因油压作用使两唇张开，所以装配时唇边要面对有压力的油腔。这种密封圈摩擦力小，对相对运动速度较高的密封表面也较适用。

（3）V 形密封圈：由多层涂胶织物压制而成，具有接触较长，密封性能好，耐压高的特点。其摩擦力太大，仅适用于表面间相对运动速度不高的场合。

（4）U 形密封圈：由夹织物耐油橡胶压制而成，其特点是密封性能良好，摩擦阻力较小，多用于往复运动密封装置。

第十一章

钳 工 工 艺

第一节 划 线

在毛坯或工件上，用划线工具划出待加工部位的轮廓线或作为基准的点、线称为划线。划线的作用：一是确定工件的加工余量，使加工有明显的尺寸界限；二是方便复杂工件在机床上的装夹，可按划线找正定位；三是能及时发现和处理不合格的毛坯；四是当毛坯误差不大时，可通过借料划线的方法进行补救，提高毛坯的合格率。划线分平面划线和立体划线两种。

一、划线工具的种类及使用要点

1. 划针使用要点

（1）针尖磨呈 15°～20°夹角，被淬硬的碳素工具钢的针尖刃磨时应及时浸水冷却，防止退火变软。

（2）划线时，针尖要紧靠导向面的边缘，并压紧导向工具。

（3）划线时，划针与划线方向呈 45°～75°夹角，上部向外侧倾斜 15°～20°。

2. 划线盘和游标高度尺的使用要点

（1）划线盘的划针伸出夹紧位置以外不宜太长，应接近水平位置夹紧划针，保持较好的刚性，防止松动。

（2）划线盘和游标高度尺底面与平台接触面都应保持清洁，以减小阻力，拖动底座时应紧贴平台工作面，不能摆动、跳动。

（3）游标高度尺是精密划线工具，不得用于粗糙毛坯的划线。用完后应擦拭干净，涂油装盒保管。

3. 划规使用要点

（1）划规使用时应施较大的压力于旋转中心一脚，而施较轻压力于另一脚在零件表面划线。

（2）划线时两脚尖要保持在同一平面上。

4. 样冲使用要点

（1）样冲尖磨呈 45°～60°夹角，磨时防止过热退火。

（2）打样冲时冲尖对准线条正中。

（3）样冲眼间距视划线长短曲直而定，线条长而直则间距可大些，短而曲则间距可小些，交叉、转折处必须打样冲眼。

样冲眼的深浅要视零件表面粗糙程度而定，表面光滑或薄壁零件样冲眼打得浅些，粗糙表面上打得深些，精加工表面禁止打样冲眼。

5. 划线平台使用要点

（1）平台工作表面应保持清洁。

（2）工件和工具在平台上都要轻拿轻放，不可损伤其工作面。

（3）用后要擦拭干净，并涂上机油防锈。

6. 钢直尺

钢直尺是一种简单的测量工具和划线的导向工具。

7. 90°角尺

90°角尺在钳工制作中应用广泛。它可作为划平行线、垂直线的导向工具，还可用来找正工件在划线平板上的垂直位置。

8. 万能角度尺

万能角度尺除测量角度、锥度之外，还可作为划线工具，划角度线。

9. 支撑夹持工件的工具

划线时支撑、夹持工件的常用工具有垫铁、V形架、角铁、方箱和千斤顶等。

二、划线前的准备与划线基准

划线前，首先要看懂图样和工艺要求，明确划线任务，检验毛坯和工件是否合格，然后对划线部位进行清理、涂色，确定划线基准，选择划线工具进行划线。

1. 划线前的准备

划线前的准备包括对工件或毛坯进行清理、涂色及在工件孔中装中心塞块等。

常用涂色的涂料有石灰水和酒精色溶液。石灰水用于铸件毛坯的涂色，为增加石灰水的吸附力，可加入适当的牛皮胶水。酒精色溶液是由 2% ~4% 的龙胆紫、3% ~5% 虫胶和 91% ~95% 的酒精配制而成的，主要用于已加工表面的涂色。

2. 划线基准的选择

在划线时选择工件上的某个点、线、面作为依据，用它来确定工件的各部分尺寸、几何形状及工件上各要素的相对位置，此依据称作划线基准。

在零件图样上，用来确定其他点、线、面位置的基准，称为设计基准。划线应从划线基准开始。选择划线基准的基本原则是尽可能使划线基准和设计基准重合，这样能够直接量取划线尺寸，简化尺寸换算过程。

划线基准一般根据以下 3 种类型选择：

（1）以两个互相垂直的平面（或直线）为基准。

（2）以两条互相垂直的中心线为基准。

（3）以一个平面和一条中心线为基准。

三、零件或毛坯的找正

找正是利用划线工具将零件或毛坯上有关表面与基准面之间调整到合适的位置。零件的找正是依照零件选择划线基准的要求进行的，零件的划线基准又是通过找正的途径来最后确定它在零件上的准确位置。

四、零件的借料

借料就是通过试划和调整，使各加工表面的余量互相借用，合理分配，从而保证各加工表面都有足够的加工余量，而使误差和缺陷在加工后排除。借料划线时，应首先测量出毛坯的误差程度，确定借料的方向和大小，然后从基准开始逐一划线。若发现某一加工面的余量不足时，应再次借料，重新划线，直至各加工表面都有允许的最小加工余量为止。

五、平面划线步骤

（1）看清、看懂图样，详细了解工件上需要划线的部位，明确工件及其划线有关部分的作用和要求，了解有关的加工工艺。
（2）选定划线基准。
（3）初步检查毛坯的误差情况，给毛坯涂色。
（4）正确安放工件和选用划线工具。
（5）划线。
（6）详细对照图样检查划线的准确性，看是否有遗漏的地方。
（7）在线条上打样冲眼。

六、立体划线的步骤

（1）看清图样，详细了解零件加工工艺过程，并确定需要划线的部位；明确零件及其划线的有关部分的作用和要求；判定零件划线的次数和每次划线的位置范围。
（2）选定划线基准，确定装夹位置和装夹方法。
（3）检查毛坯误差情况，并确定是否需要借料。如需借料，则应初步确定借料的方向与距离，然后在划线部位涂上涂料。
（4）找正。
（5）划线。
（6）详细检查划线的准确性和是否有漏划线条。
（7）在划好的线条上打样冲眼。

第二节 平 面 加 工

一、錾削

用锤子打击錾子对金属工件进行切削加工的方法称为錾削。

1. 錾子

錾子是錾削工件的刀具，用碳素工具钢（T7A 或 T8A）锻打成形后再进行刃磨和热处理而成。钳工常用的錾子主要有阔錾、狭錾（尖錾）、油槽錾和扁冲錾 4 种，如图 11 – 1 所示。阔錾用于錾切平面、切割和去毛刺，狭錾用于开槽，油槽錾用于錾切润滑油槽，扁冲錾用于打通两个钻孔之间的间隔。

2. 錾削的几何角度

如图 11 - 2 所示为錾削时的几何角度。錾子切削部分由前刀面、后刀面和切削刃组成。

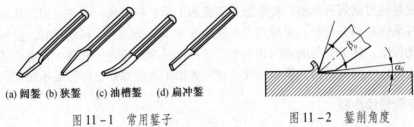

(a) 阔錾 (b) 狭錾 (c) 油槽錾 (d) 扁冲錾

图 11 - 1 常用錾子　　　　　图 11 - 2 錾削角度

（1）楔角（β_0）。前刀面和后刀面之间的夹角称为楔角。楔角由刃磨形成，其大小取决于切削部分的强度及切削阻力的大小。楔角大时，刃部强度较高，但切削阻力也大。因此，在满足强度的前提下应尽量选较小的楔角。

（2）后角（α_0）。后刀面与切削平面的夹角称为后角。后角的大小决定于錾子被掌握的方向，其作用是减小后刀面与切削平面的摩擦。后角大，切削深度大，切削困难；后角太小，易造成錾子从工件表面滑过。錾削时后角一般选 5°～8°比较适宜。

（3）前角（γ_0）。前刀面和基面的夹角称为前角。前角对切削力、切削变形都有影响，前角大，切削省力，切削变形小。$\gamma_0 = 90° - (\beta_0 + \alpha_0)$，所以当楔角与后角确定之后，前角的大小也就确定下来了。

3. 錾削方法

錾削可分为起錾、錾切、錾出 3 个步骤，如图 11 - 3 所示。起錾时，錾子要握平或将錾头略向下倾斜以便切入。錾切时，錾子要保持正确的角度和前进方向，锤击用力要均匀。一般每錾两三次后，可将錾子退回一下，以便观察加工表面的平整情况，也能使手臂肌肉放松，有节奏地工作。錾出时，应调头錾切余下部分，以免工件边缘崩裂。当錾脆性材料时更应如此。

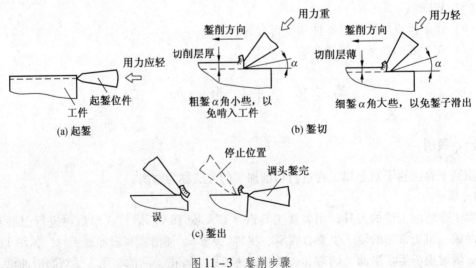

图 11 - 3 錾削步骤

錾削的劳动强度大，操作时要注意站立位置和姿势，尽量使全身不易疲劳而又便于用力。锤击时要看着錾削的部位，不要看着锤击的部位，否则工件表面不易錾平，而且手锤容易打到手上。

4. 錾削平面和直槽的方法

錾削平面的一般方法：錾切较大的平面时，先用狭錾开槽，然后再用扁錾錾平，槽间宽度约为扁錾刃口宽度的 3/4，扁錾刃口应与槽的方向成 45°角，如图 11 – 4 所示。

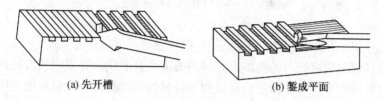

(a) 先开槽   (b) 錾成平面

图 11 – 4　錾平面

錾削直槽的方法：

（1）根据图纸要求划出加工线条。

（2）根据直槽宽度修磨好狭錾。

（3）采用正面起錾即对准划线槽錾出一个小斜面，再逐步进行錾削。

（4）錾削量的确定。开始第一遍的錾削要根据线条将槽的方向錾直，錾销量小于 0.5 mm；以后的每次錾削量应根据槽深的不同而定，一般为 1 mm 左右，而最后一遍的修整量应在 0.5 mm 以内。

5. 錾削的废品分析

（1）工件錾削表面过分粗糙，凹凸不平，使后道工序无法去除其錾削痕迹。

（2）工件上棱角有崩裂而造成缺损，甚至用力不当而錾坏整个工件。

（3）起錾和錾削超过尺寸界线，造成尺寸过小而无法继续加工。

（4）工件夹持不当，在錾削力的作用下造成被夹持面损坏。

以上几种錾削废品主要是由于操作不认真、操作技能不熟练造成的。

6. 錾削时的安全技术

（1）錾子要保持锋利，过钝的錾子不但工作费力、錾削表面不平整，且容易产生打滑或伤手。

（2）錾子头部有明显毛刺时要及时磨掉，避免切屑碎裂飞出伤人，操作者也必须戴上防护眼镜。

（3）锤子木柄有松动或损坏时要及时更换，以防锤头飞出。

（4）錾子头部、锤子头部和柄部均不应沾油，以防打滑。

（5）掌握动作要领，錾削疲劳时要适当休息。

（6）工件必须夹持稳固，伸出钳口高度 10～15 mm，且工件下要加垫木。

二、锉削

1. 锉刀的种类和选用

锉刀的分类方法很多，按齿纹齿距大小可分为粗齿锉、中齿锉、细齿锉和油光锉等；

按用途不同可分为普通锉、特种锉和整形锉（什锦锉）等。

普通锉按其断面形状的不同又分为平锉（板锉）、方锉、三角锉、半圆锉和圆锉等。特种锉是加工特殊表面用的，其断面形状如图 11－5 所示。

图 11－5　特种锉的断面形状

整形锉尺寸很小，形状很多，通常是 10 把一组。

锉刀的选择包括选取锉刀的粗细齿和锉刀的大小及形状。锉刀粗细齿的选择，取决于加工工件的余量的大小、加工精度的高低和工件材料的性能。一般粗齿锉刀用于加工软金属，加工余量在 0.5～1 mm、精度和粗糙度要求低的工件；细齿锉刀用于加工硬材料，加工余量小、精度和表面粗糙度要求高的工件。

锉刀的大小尺寸和形状的选择取决于加工工件的大小及加工面的形状。

2. 平面及曲面锉削方法

（1）平面锉削方法。平面锉削是锉削中最基本的一种，常用顺向锉、交叉锉和推锉 3 种操作方法。顺向锉是锉刀始终沿工件夹持的方向锉削，一般用于最后的锉平或锉光。交叉锉是锉刀运动方向与工件夹持的方向呈 30°～40°角且锉纹交叉。交叉锉切削效率高，锉刀也容易掌握。如工件余量较多时，先用交叉锉法较好。推锉法的锉刀运动方向与工件夹持的方向相垂直。当工件表面已锉平、余量很小时，为了提高工件表面粗糙度和修正尺寸，用推锉法较好，尤其适用于较窄表面的加工。

（2）曲面锉削方法。最基本的曲面是单一的外圆弧面及内圆弧面。掌握内外圆弧面的锉削方法和技能是掌握各种曲面锉削的基础。锉削外圆弧面时，锉刀要同时完成前进运动和锉刀绕工件圆弧中心转动，其方法有顺着圆弧面锉和对着圆弧面锉。锉削内圆弧面时，锉刀随圆弧面向左或向右移动和绕锉刀中心线转动。

3. 锉削的废品分析

（1）划线不准确或锉削过程中的检查测量有误，造成尺寸精度不合格。

（2）一次锉削量过大而没有及时测量，造成锉过了尺寸界线。

（3）锉削的技术要领掌握不好，粗心大意，只顾锉削，不顾已加工好的面。

（4）选用锉刀不当，造成加工面粗糙度超差。

（5）没有及时清理加工面上和锉刀齿纹中的铁屑，造成加工面划伤。

（6）工件的装夹部位或夹持力不正确造成工件变形。

4. 锉削安全技术

（1）不使用无柄或裂柄锉。

（2）不允许用嘴吹锉屑，避免铁屑进入眼内。

（3）锉刀放置不允许露出钳台外，避免砸伤腿脚。

（4）锉削时要防止锉刀从锉柄中滑脱伤人。

（5）不允许用锉刀撬、击东西，防止锉刀折断，碎裂伤人。

三、锯削

用手锯对材料或工件进行切断或切槽的操作叫锯削。

1. 锯条的正确选用

锯条根据锯齿的齿距大小有细齿（1.1 mm）、中齿（1.4 mm）和粗齿（1.8 mm）锯条，使用时应根据所锯材料的软硬和厚薄来选用。锯削软材料（如紫铜、青铜、铝、铸铁、低碳钢和中碳钢等）且较厚材料时应选用粗齿锯条；锯削硬材料或薄材料时，如工具钢、合金钢、各种管子、薄板材料或角铁等时应选用细齿锯条。一般来说，锯削薄材料时在锯削截面上至少应有3个齿距同时参加锯削，这样才能避免锯齿被钩住和崩裂。

2. 锯割方法

锯割时要掌握好起锯、锯割压力、速度和往复长度等。

起锯时，锯条应与工件表面倾斜呈10°~15°的起锯角。起锯角太大，锯齿容易崩裂；起锯角太小，锯齿不易切入。为防止锯条滑动，可用左手拇指靠住锯条。

锯割时，可采用小幅度的上下摆动式运动。前进时，右手前推，左手施压，用力要均匀，返回时，锯条从工件加工面上轻轻滑过，往复速度一般为40次/min。锯割的开始和终了，压力和速度都应减少。

锯条应全长工作，以免中间部分迅速磨钝。锯缝如果歪斜，不可强行纠正，应将工件翻过90°重新起锯。锯割硬材料时，压力应大些，速度慢些。为了提高锯条使用寿命，锯割钢料时，可以加些乳化液、机油等切削液。

3. 各种材料的锯割方法

（1）薄板料的锯割。锯割时应从宽面上锯下去，当只有在板料的狭面上锯下时，可用两块木块夹持，连木块一起锯下。

（2）管子的锯割。锯割圆管时不可以从上到下一次锯断，应当在管壁透时，将圆管向着推锯的方向转过一个角度，锯条仍从原锯缝锯下去，不断转动，直到锯断为止。

（3）深缝锯割。当锯缝深度超过锯弓的高度时，应将锯条转过90°重新装夹，使锯弓转到工件旁边，当锯弓横下来，其高度仍不够时，也可以把锯条装夹成使锯齿朝向锯内进行锯削。

4. 锯削时常见缺陷分析和安全技术

（1）锯削时常出现锯条损坏和锯缝歪斜等缺陷，其原因分析见表11-1。

表11-1 锯削时常见缺陷分析

缺 陷 形 式	原 因 分 析
锯条折断	1. 锯条选用不当或起锯角度不当 2. 锯条装夹过紧或过松 3. 零件未夹紧 4. 锯削压力太大或推锯过猛 5. 换上的新锯条在原锯缝中受卡 6. 锯缝歪斜后强行矫正 7. 零件锯断时锯条撞击其他硬物

表 11 - 1（续）

缺 陷 形 式	原 因 分 析
锯齿崩裂	1. 锯条选择不对 2. 锯条装夹过紧 3. 起锯角度太大 4. 锯削中遇到材料组织缺陷，如杂质、砂眼等 5. 锯薄壁零件采用方法不当
锯缝歪斜	1. 零件装夹不正 2. 锯条装夹过松 3. 锯削时双手操作不协调，推力、压力和方向掌握不好

（2）锯削安全技术：要防止锯条折断后弹出伤人；零件装夹牢固，在它即将被锯断时，要防止断料掉下来砸脚，同时防止用力过猛，将手撞到零件或台虎钳上受伤。

四、刮削

用刮刀刮去工件表面金属薄层的加工方法称为刮削。

1. 常用刮刀的种类

刮刀有平面刮刀和曲面刮刀两种。

（1）平面刮刀。平面刮刀用于平面刮削和平面上刮花。刮刀一般采用 T12A 或弹性较好的 GCr15 滚动轴承钢制成，并经热处理淬硬。当刮削硬度较高的工件时，又可以焊高速钢或硬质合金作为刀头。常用的平面刮刀有直头和弯头两种。

（2）曲面刮刀。曲面刮刀主要用来刮削曲面，其种类有三角刮刀、柳叶刮刀、蛇头刮刀等多种。

2. 显示剂的种类及使用要点

（1）红丹粉。红丹粉有铅丹和铁丹两种，分别是由氧化铅和氧化铁加机油调和而成。前者呈橘红色，后者呈橘黄色，主要用于刮削表面为铸铁或钢件的涂色。

（2）蓝油。蓝油是用蓝粉和蓖麻油调和而成的，主要用于精密工件、有色金属及合金在刮削时的涂色。

（3）显示剂使用要点。显示剂使用方法是否正确，对刮削质量和刮削效率影响很大。其方法是：粗刮时，显示剂调和稀些，涂刷在标准工具表面，涂得厚些，显示点较暗淡，大且少，切屑不易黏附在刮刀上；精刮时，显示剂调和干些，涂抹在零件表面，涂得薄而均匀，显示点细小清晰，便于提高刮削精度。

3. 刮削方法

（1）粗刮。对误差部位进行较大切削量的刮削，基本消除刮削面宏观误差和机械加工痕迹即可。刮削时，使用粗刮刀连续推铲，刀迹长而成片，每刮一遍后，第二遍与第一遍呈 30°～45°交叉进行，刮削后的研点达到每 25 mm×25 mm 内有 2～3 个研点时即可。

（2）细刮。使用细刮刀采用短刮法，刮点要准，用力均匀，轻重合适，每一遍按同一方向刮削，第二遍要交叉刮削，使刀迹呈 45°～60°的网纹状。随研点增多，刀迹逐渐缩短缩窄，把粗刮留下的大块研点分割至每 25 mm × 25 mm 内有 12 ~ 15 个研点时即可。

（3）精刮。使用精刮刀采用点刮法，刀迹长约 5 mm。精刮时，找点要准，落刀要轻，起刀要快。在每个研点上只刮一刀，不能重复，刮削方向要按交叉原则进行。最大最亮的研点全部刮去，中等研点只刮去顶点一小片，小研点留着不刮。当研点逐渐增多到每 25 mm × 25 mm 内有 20 个研点以上时，就要在最后的几遍刮削中让刀迹的大小交叉一致，排列整齐美观，以结束精刮。

（4）刮花纹。刮花纹是用刮刀在刮削面上刮出装饰性花纹，使其整齐美观，刮削表面有良好的贮油润滑作用。

（5）曲面刮削。曲面刮削主要是对套、轴瓦等零件的内圆柱面、内圆锥面和球面的刮削。刮削时，要选用合适的曲面刮刀，控制好刮刀与曲面接触角度和压力，刮刀在曲面内做前推或后拉的螺旋运动，刀迹应与孔轴中心线呈 45°交角，第二遍刀迹垂直交叉。合研时，可选标准轴（工艺轴）或零件轴作标准工具进行配研，显示剂涂在轴上。粗刮时略涂厚些，轴转动角度稍大，精刮时显示剂涂得薄而均匀，轴转动角度要小于 60°，防止刮点失真和产生圆度误差。刮点分布一般两端稍硬（通常每 25 mm × 25 mm 内有 10 ~ 15 个研点）、中间略软（通常每 25 mm × 25 mm 有 6 ~ 8 个研点），有油槽的轴套要将油槽两边刮软些，便于建立油膜，油槽两端刮点均匀密布，防止漏油。

4. 刮削面质量缺陷分析

刮削面质量缺陷分析见表 11 - 2。

表 11 - 2　刮削的缺陷形式及其产生原因

缺陷形式	特　　征	产 生 原 因
深凹痕	刀迹太深，局部显点稀少	1. 粗刮时用力不均匀，局部落刀太重 2. 多次刀痕重叠 3. 刀刃圆弧过小
梗 痕	刀迹单面产生刻痕	刮削时用力不均匀，使刃口单面切削
撕 痕	刮削面上呈粗糙刮痕	1. 刀刃不光洁、不锋利 2. 刀刃有缺口或裂纹
落刀或起刀痕	在刀迹的起始或终了处产生深的刀痕	落刀时，左手压力和动作速度较大及起刀不及时
振 痕	刮削面上呈有规则的波纹	多次同向切削，刀迹没有交叉
划 道	刮削面上划有深浅不一的直线	显示剂不清洁，或研点时有砂粒、铁屑等杂物
切削面精度不高	显点变化情况无规律	1. 研点时压力不均匀，工作外露太多而出现假点子 2. 研具不正确 3. 研点时放置不平稳

5. 刮削时的注意事项

（1）刮削前，工件的锐边应倒角，防止伤手。

（2）刮削中因操作者高度不够需要在脚下垫脚踏板时，踏板要安放平稳，以防人跌倒受伤。

（3）挺刮时，刮刀柄应安装可靠，防止木柄破裂使刀柄端穿过木柄伤人。

（4）工件要装夹牢固，大型工件要安放平稳，搬动时要注意安全。

（5）刮削至工件边缘时，不可用力过猛，以免失控，发生事故。

（6）刮刀用后，刀头要用布包好，妥善放置。

五、研磨

用研磨工具和研磨剂从工件表面上研去一层极薄金属层的加工方法称为研磨。

1. 研磨剂

研磨剂是磨料、研磨液和辅助材料的混合剂。

（1）磨料。磨料在研磨中起切削作用，研磨效率、研磨精度都和磨料有密切的关系，磨料的系列及用途见表 11 - 3。

表 11 - 3　磨料的系列及用途

系列	磨料名称	代号	特　性	适　用　范　围
氧化铝系	棕刚玉	A	棕褐色，硬度高，韧性大，价格便宜	粗、精研磨钢、铸铁和黄铜
	白刚玉	WA	白色，硬度比棕刚玉高，韧性比棕刚玉差	精研磨淬火钢、高速钢、高碳钢及薄壁零件
	铬刚玉	PA	玫瑰红或紫红色，韧性比白刚玉高，磨削粗糙度低	研磨量具、仪表零件等
	单晶刚玉	SA	淡黄色或白色，硬度和韧性比白刚玉高	研磨不锈钢、高钒高速钢等强度高、韧性大的材料
碳化物系	黑碳化硅	C	黑色有光泽，硬度比白刚玉高，脆而锋利，导热性和导电性良好	研磨铸铁、黄铜、铝、耐火材料及非金属材料
	绿碳化硅	GC	绿色，硬度和脆性比黑碳化硅高，具有良好的导热性和导电性	研磨硬质合金、宝石、陶瓷、玻璃等材料
	碳化硼	BC	灰黑色，硬度仅次于金刚石，耐磨性好	精研磨和抛光硬质合金、人造宝石等硬质材料
金刚石系	人造金刚石		无色透明或淡黄色、黄绿色、黑色，硬度高，比天然金刚石略脆，表面粗糙	粗、精研磨硬质合金、人造宝石、半导体等高硬度脆性材料
	天然金刚石		硬度最高，价格昂贵	
其他	氧化铁		红色至暗红色，比氧化铬软	精研磨或抛光钢、玻璃等材料
	氧化铬		深绿色	

（2）研磨液。磨料不能直接用于研磨，必须加注研磨液和辅助材料调和后才能使用。研磨液的主要作用是使磨料均匀分布在研具表面，并具有冷却和润滑作用。常用的研磨液有 10 号机油、20 号机油、煤油、汽油和淀子油等。

（3）辅助材料。辅助材料是一种黏度较大和氧化作用较强的混合脂，它的作用是使工件表面形成氧化膜,加速研磨进程。常用的辅助材料有油酸、脂肪酸、硬质酸和工业甘油等。

2. 研磨方法

1）研磨前的准备

（1）研具的选用。对研具的要求是：材料比零件硬度稍低,要有良好的嵌砂性、耐磨性和足够的刚性及较高的几何精度。粗研时一般选用带槽研具,精研时选用嵌砂研具。研具材料一般有铸铁、球墨铸铁、软钢和铜等。

（2）运动轨迹的选择。对研磨运动轨迹的要求是：研磨过程中零件上各点行程基本一样,零件运动遍及整个研具表面并避免大曲率转角和周期性重复；运动轨迹形成还应适应零件的外形特点。直线运动的轨迹适合研磨有阶台的狭长平面；螺旋运动轨迹适合圆形零件端面的研磨；"8"字形和仿"8"字形轨迹常用于量规类小平面的研磨。

（3）研磨压力的选择。研磨时,零件受压面的压力分布要均匀,大小要适当。一般粗研时宜用 10 ~ 20 Pa 的压力；精研时,宜用 10 ~ 50 Pa 的压力。

（4）研磨速度。研磨速度不能太快,精度要求较高或易于受热变形的零件,其研磨速度不超过 30 m/min。手工粗研时,每分钟往复 40 ~ 60 次；精研磨时,每分钟往复 20 ~ 40 次,否则会引起零件发热变形,降低研磨质量。

2）研磨不同的工件表面

（1）平面手工研磨要点。平面手工研磨要根据零件的特点选择好合适的研具、研磨剂、研磨运动轨迹、研磨压力和研磨速度,分粗研、半精研和精研三步完成。粗研质量要求达到零件加工表面机械加工痕迹基本消除,平面度接近图样要求；半精研质量要求达到零件加工表面机构加工痕迹完全消除,零件精度基本达到图样要求；精研要求进一步细化加工面的表面粗糙度,直到工作面磨纹色泽一致,精度完全符合图样要求为止。

（2）外圆柱面和外圆锥面的研磨方法。外圆柱面和外圆锥面可采用手工与机械相配合的方法进行研磨。研磨时,首先将零件夹紧在车床主轴上,转速要根据零件直径确定。直径小于 80 mm,转速取 100 r/min 左右；直径大于 100 mm,转速取 50 r/min 左右。然后用手握住套在零件上的研磨环,使之做直线往复运动并同时缓慢转动,以防止重力引起研具下坠而影响零件的圆度。这样研磨出的磨纹互相交错,根据网纹可判断手移动速度是否与车床转速协调,正确的磨纹与轴线的交角呈 45°,移动太慢,则大于 45°,反之则小于 45°。

（3）内孔研磨方法。内孔研磨时要保持研磨棒夹紧在车床上转动,把零件套在研磨棒上研磨。

3. 研磨的缺陷分析

研磨后工件表面质量的好坏,除与能否合理选用研磨剂以及研磨的工艺方法有很大关系外,研磨件的清洗工作对表面质量也有直接影响。研磨常见缺陷的分析见表 11 - 4。

表 11 - 4 研磨常见缺陷的分析

缺 陷 形 式	缺 陷 产 生 原 因
表面粗糙度不合格	1. 磨料太粗 2. 研磨液不当 3. 研磨剂涂得薄而不匀
表面拉毛	忽视研磨时的清洁工作,研磨剂中混入杂质

表 11-4（续）

缺 陷 形 式	缺 陷 产 生 原 因
平面成凸形或孔口扩大	1. 研磨剂涂得太厚 2. 孔口或工件边缘被挤出的研磨剂未及时擦去仍继续研磨 3. 研磨棒伸出孔口太长
孔的圆度和圆柱度不合格	1. 研磨时没有更换方向 2. 研磨时没有调头
薄形工件拱曲变形	1. 工件发热温度超过 50 ℃ 仍继续研磨 2. 夹持过紧引起变形

第三节 孔 加 工

孔加工是钳工的重要操作技能之一。孔加工的方法主要有两类：一类是在实体工件上加工出孔，即用麻花钻、中心钻等进行钻孔；另一类是对已有的孔进行再加工，即用扩孔钻、锪孔钻和铰刀进行扩孔、锪孔和铰孔等。

一、钻孔

1. 麻花钻

麻花钻由柄部、颈部和工作部分组成。柄部是麻花钻的夹持部分，钻孔时用来传递转矩和轴向力。颈部在磨削麻花钻时作退刀槽使用，钻头的规格、材料及商标常打印在颈部。工作部分由切削部分和导向部分组成，切削部分主要起切削工件的作用；导向部分的作用不仅是保证钻头钻孔时的正确方向、修光孔壁，同时还是切削部分的后备。

麻花钻工作部分的几何形状，如图 11-6 所示。

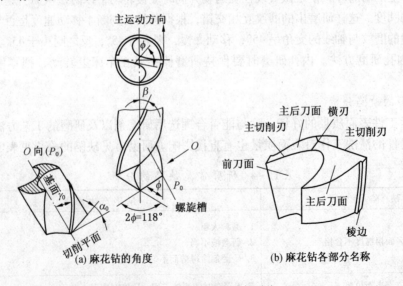

(a) 麻花钻的角度　　　　　(b) 麻花钻各部分名称

图 11-6　麻花钻的几何形状

（1）螺旋槽。钻头有两条螺旋槽，它的作用是构成切削刃，利于排屑使切削孔畅通。螺旋槽面又叫前刀面。螺旋角是钻头最外缘螺旋成的切线与钻头轴所成的夹角。标准麻花钻的螺旋角在 18°~30°之间。

（2）主后刀面。指钻头顶部的螺旋圆锥面。

（3）顶角（2φ）。钻头两主切削刃在其平行平面内投影的夹角。顶角大，主切削刃短，定心差，钻出的孔径易扩大。但顶角大时前角也大，切削比较轻快。标准麻花钻的顶角为 118°，顶角为 118°时两主切削刃是直线；大于 118°时主切削刃是凹形曲线；小于 118°时呈凸形曲线。

（4）前角（γ_0）。前角是前刀面和基面的夹角。前角大小与螺旋角、顶角和钻心直径有关，而影响最大的是螺旋角。螺旋角越大，前角也就越大。前角大小是变化的，其外缘处最大自外缘向中心渐小，在钻心至 D/3 范围内为负值；接近横刃处的前角约为 -30°。

（5）后角（α_0）。后角是主后刀面与切削平面之间的夹角。后角也是变化的，其外缘处最小，越接近钻心后角越大。

（6）横刃。钻头两主切削刃的连线称为横刃。横刃太长，轴向力增大，横刃太短，又会影响钻头的强度。

（7）横刃斜角。在垂直于钻头轴线的端面投影中，横刃与主切削刃所夹的锐角，称为横刃斜角。它的大小主要由后角决定，后角大，横刃斜角小，横刃变长。标准麻花钻的横刃斜角一般为 55°。

（8）棱边。棱边有修光孔壁和作切削部分的后备的作用。为减少与孔壁的摩擦，在麻花钻上制作了两条略带倒锥的棱边。

2. 钻削用量

钻削用量包括切削深度、进给量和切削速度。

（1）切削深度（α_p）。待加工表面到已加工表面之间的垂直距离即为切削深度。钻削时切削深度等于钻头直径的一半。

（2）进给量（f）。主轴旋转一周，钻头沿主轴轴线移动的距离即为进给量，其单位是 mm/r。

（3）切削速度（v）。钻孔时，钻头最外缘处的线速度即为切削速度。切削速度的计算公式为

$$v = \pi nd/1000$$

式中　n——钻床主轴转速，r/min；

　　　d——钻头直径，mm。

3. 划线钻孔方法

（1）钻孔前，工件要划线定心。在工件孔的位置划出孔径圆和检验圆，并在孔径圆上和中心冲出小坑。根据工件孔径大小和精度要求选择合适的钻头，检查钻头两切削刃是否锋利和对称，如不合要求应认真修磨。根据工件的大小，选择合适的装夹方法。一般可用手虎钳、平口钳、分度钳装夹工件。在圆柱面上钻孔应放在 V 形铁上进行。较大的工件可用压板螺钉直接装夹在机床工作台上。

（2）钻孔时，先对标准冲眼试钻一浅坑，如有偏位，可用样冲重新冲孔纠正，也可用凿子凿几条槽来加以校正。钻孔进给速度要均匀，快钻通时，进给量要减小。钻韧性材

料须加切削液。钻深孔时，钻头需经常退出，以利排屑和冷却。钻削孔径大于 30 mm 孔时，应分两次钻，先钻 0.4~0.6 倍孔径的小孔，第二次再钻至所要的尺寸；精度要求高的孔，要留出加工余量，以便精加工。

4. 钻孔时的安全知识

（1）操作钻床时不可戴手套，袖口必须扎紧，女工必须戴工作帽。

（2）工件必须夹紧，特别在小工件上钻较大直径孔时装夹必须牢固，孔将钻穿时，要尽量减小进给力。

（3）开动钻床前，应检查是否有钻夹头钥匙或斜铁插在钻轴上。

（4）钻孔时不可用手、棉纱头或用嘴吹来清除切屑，必须用毛刷清除，钻出长条切屑时，要用钩子钩断后除去。

（5）操作者的头部不准与旋转着的主轴靠得太近，停车时应让主轴自然停止，不可用手刹住，也不能反转制动。

（6）严禁在开车状态下装拆工件。检验工件和变换主轴转速必须在停车状态下进行。

（7）清洁钻床或加注润滑油时，必须切断电源。

5. 钻孔时可能出现的问题及产生原因

钻孔时可能出现的问题及产生原因见表 11-5。

表 11-5　钻孔时可能出现的问题及产生原因

出现问题	产 生 原 因
孔大于规定尺寸	1. 钻头两切削刃长度不等，高低不一致 2. 钻床主轴径向偏摆或工作台未锁紧，有松动 3. 钻头本身弯曲或装夹不好，使钻头有过大的径向跳动现象
孔壁粗糙	1. 钻头不锋利 2. 进给量太大 3. 切削液选用不当或供应不足 4. 钻头过短，排屑槽堵塞
孔位偏移	1. 工件划线不正确 2. 钻头横刃太长定心不准，起钻过偏而没有校正
孔歪斜	1. 工件上与孔垂直的平面与主轴不垂直或钻床主轴与台面不垂直 2. 工件安装时，安装接触面上的切屑未清除干净 3. 工件装夹不牢，钻孔时产生歪斜，或工件有砂眼 4. 进给量过大使钻头产生弯曲变形
钻孔呈多角形	1. 钻头后角太大 2. 钻头两主切削刃长短不一，角度不对称
钻头工作部分折断	1. 钻头用钝仍继续钻孔 2. 钻孔时未经常退钻排屑，使切屑在钻头螺旋槽内阻塞 3. 孔将钻通时没有减小进给量 4. 进给量过大 5. 工件未夹紧，钻孔时产生松动 6. 在钻黄铜等软金属时，钻头后角太大，前角又没有修磨小而造成扎刀

表11-5（续）

出 现 问 题	产 生 原 因
切削刃迅速磨损或碎裂	1. 切削速度太高 2. 没有根据工件材料硬度来刃磨钻头角度 3. 工件表面或内部硬度高或有砂眼 4. 进给量过大 5. 切削液不足

二、扩孔

用扩孔工具将工件原来的孔径扩大的加工方法称为扩孔。

扩孔时切削深度（α_p）的计算公式：

$$\alpha_p = (D - d)/2$$

式中　D——扩孔后的孔径，mm；

　　　d——扩孔前的孔径，mm。

常用的扩孔方法有：麻花钻扩孔和扩孔钻扩孔。

1. 麻花钻扩孔

用麻花钻扩孔时，由于钻头横刃不参加切削，轴向力小，进给省力。但因钻头外缘处前角较大，易把钻头从钻头套中拉下来，所以应把麻花钻外缘处前角磨得小一些，并适当控制进给量。

2. 扩孔钻扩孔

扩孔钻有高速钢扩孔钻和硬质合金扩孔钻两种，扩孔钻的主要特点是：

（1）齿数较多（一般3~4个齿），导向性好，切削平稳。

（2）切削刃不必由外缘一直到中心，没有横刃，可避免横刃对切削的不良影响。

（3）钻心粗，刚性好，可选择较大切削用量。

三、锪孔

用锪钻在孔口表面锪出一定形状的孔的加工方法称为锪孔。锪钻在加工中的应用如图11-7所示。

1. 锪孔钻的种类及用途

（1）柱形锪钻。柱形锪钻主要用于锪圆柱形埋头孔，如图11-7a所示。

（2）锥形锪钻有60°、75°、90°、120°等几种，又主要用于锪埋头铆钉孔和埋头螺钉孔，如图11-7b所示。

（3）端面锪钻。端面锪钻主要用来锪平孔口端面，它可用来锪平凸台平面，如图11-7c所示。

2. 扩孔、锪孔方法

（1）扩孔时为了保证扩大的孔与先钻的小孔同轴，应当保证在小孔加工完、工件不发生位移的情况下进行扩孔。扩孔时的切削速度低于钻小孔的切削速度，而且扩孔开始时进给量应缓慢，因开始扩孔时切削阻力很小，容易扎刀，待扩大孔的圆周形成后，经检测

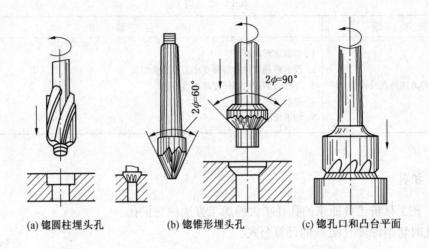

(a) 锪圆柱埋头孔   (b) 锪锥形埋头孔   (c) 锪孔口和凸台平面

图 11 - 7 锪钻的应用

无差错再转入正常扩孔。

（2）锪锥形埋头孔时，按图样锥角要求选用锥形锪孔钻。锪深一般控制在埋头螺钉装入后低于工件表面的 0.5 mm。

（3）锪柱形埋头孔时孔底面要平整并与底孔轴垂直，加工表面无振痕。

（4）锪孔时的切削速度一般是钻孔速度的 1/2 ~ 1/3，精锪时甚至可以利用停车后主轴的惯性来锪孔。

四、铰孔

用铰刀从零件孔壁上切除微量金属层，以提高其尺寸精度和降低表面粗糙度的方法称铰孔。铰削内孔精度可达 IT9 ~ IT7，表面粗糙度值可达 $Ra1.6$ μm。

1. 铰刀

铰刀按使用方法不同可分为手用铰刀和机用铰刀；按外形可分为直槽铰刀、锥铰刀和螺旋槽铰刀；按切削部分材料不同可分为高速钢和硬质合金两种。铰刀由柄部、颈部和工作部分组成，如图 11 - 8 所示。

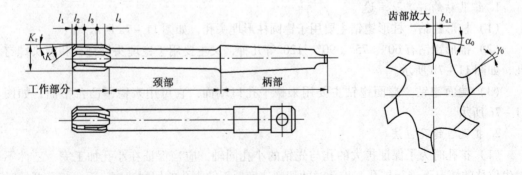

图 11 - 8 铰刀

柄部的作用是用来被夹持和传递扭矩。柄部形状有锥柄、直柄和方榫形 3 种。工作部分由引导（l_1）、切削（l_2）、修光（l_3）和倒锥（l_4）部分组成。颈部是为磨制铰刀时供砂轮退刀用的部分，也是刻印商标和规格之处。

一般情况下，铰刀前角为 0°，后角为 6°～8°，主偏角为 12°～15°。根据工件材料不同，铰刀几何角度也不完全一样，其角度由制造时确定。

铰刀齿数一般为 4～8 齿，为测量直径方便，多采用偶数齿。铰刀工作时最容易磨损的部位是切削部分与修光部分的过渡处。这个部位直接影响工件表面粗糙度值的大小，不能有尖棱，每一个齿一定要磨成等高。

2. 铰孔方法

铰孔的方法分手工铰削和机动铰削两种。铰削时要选用合适的铰刀、铰削余量、切削用量和切削液，再加上正确的操作方法，才能保证铰孔的质量和较高的铰削效率。

（1）正确选用铰刀。铰孔时，除要选用直径规格符合铰孔的要求外，还应对铰刀精度进行选择。标准铰刀精度等级按 h7、h8、h9 三个级别提供，未经研磨的铰刀铰出的孔的精度较低。若铰削要求较高的孔时，必须对新铰刀进行研磨后再用于铰孔。

（2）铰削余量。铰削余量一般根据孔径尺寸和钻孔、扩孔、铰孔等工序安排而定，用高速钢标准铰刀铰孔时，可参考表 11-6 选取。

表 11-6 铰 削 余 量

mm

铰孔直径	＜5	5～20	21～32	33～50	51～70
铰削余量	0.1～0.2	0.2～0.3	0.3	0.5	0.8

（3）机铰时的进给量（f）。铰削钢件及铸铁件时，$f = 0.5$ mm/r。

（4）机铰时的切削速度（v）。用高速钢铰刀铰削钢件时，$v = 4～8$ m/min；铰削铸铁件时，$v = 6～8$ m/min；铰削铜件时，$v = 8～12$ m/min。

（5）切削液的选用。铰孔时，要根据零件材质选用切削液进行润滑和冷却，具体选用参见表 11-7。

表 11-7 铰 孔 时 的 切 削 液

加 工 材 料	切 削 液
钢	1. 10%～20% 乳化液 2. 铰孔要求高时，采用 30% 菜油加 70% 肥皂水 3. 铰孔要求更高时，可采用茶油、柴油、猪油等
铸铁	1. 煤油（会引起孔径缩小，最大收缩量 0.02～0.04 mm） 2. 低浓度乳化液
铝	煤油
铜	乳化液

（6）铰削操作要点。手工铰削时要将零件夹持端正，对薄壁件的夹紧力不要太大，防止变形，两手旋转铰杠用力要均衡，速度要均匀，机动铰削时应严格保证钻床主轴、铰刀和零件孔3者中心的同轴度。机动铰削高精度孔时，应用浮动装夹方式装夹铰刀。铰削孔时，应经常退出铰刀，清除铰刀和孔内切屑，防止因堵屑而刮伤孔壁。铰削过程中和退出铰刀时，均不允许铰刀反转。

3. 铰孔常见缺陷分析

铰孔常见缺陷分析见表 11 - 8。

表 11 - 8　铰孔常见缺陷分析

缺陷形式	产 生 的 原 因
粗糙度达不到要求	1. 铰刀刃口不锋利或有崩裂，铰刀切削部分和修整部分不光洁 2. 切削刃上粘有积屑瘤，容屑槽内切屑粘积过多 3. 铰削余量太大或太小 4. 切削速度太高，以致产生积屑瘤 5. 铰刀退出时反转，手铰时铰刀旋转不平稳 6. 切削液不充足或选择不当 7. 铰刀偏摆过大
孔径扩大	1. 铰刀与孔的中心不重合，铰刀偏摆过大 2. 进给量和铰削余量太大 3. 切削速度太高，使铰刀温度上升，直径增大 4. 操作粗心（未仔细检查铰刀直径和铰孔直径）

第四节　螺　纹　加　工

螺纹加工是金属切削中的重要内容之一。螺纹加工的方法多种多样，一般比较精密的螺纹都需要在车床上加工，而钳工只能加工三角螺纹（米制三角螺纹、英制三角螺纹、管螺纹），其加工方法是攻螺纹和套螺纹。

1. 丝锥和板牙

丝锥的结构是一段开槽的外螺纹，由切削部分、校准部分和柄部所组成。

切削部分磨成圆锥形，切削负荷被分配在几个刀齿上。校准部分具有完整的齿形，用以校准和修光切出的螺纹，并引导丝锥沿轴向运动。丝锥有 3 ~ 4 条容屑槽，便于容屑和排屑。柄部有方头，用以传递扭矩。

手用丝锥一般由两支组成一套，分为头锥和二锥。两支丝锥的外径、中径和内径是相等的，只是切削部分的长短和锥角不同。头锥的切削部分长些，锥角小些，约有 6 个不完整的齿以便起切；二锥的切削部分短些，锥角大些，不完整的齿约有两个。切不通孔时，两支丝锥顺次使用；切通螺纹时，头锥能一次完成。螺距大于 2.5 mm 的丝锥通常制成三支一套。

板牙的形状和螺母相似，只是在靠近螺纹外径处钻了 3~8 个排屑孔，并形成了切削刃，如图 11-9 所示。板牙两端面带有 2φ 锥角部分是切削部分，中间一段是校准部分，也是套螺纹的导向部分。板牙的外圆面有 4 个锥坑，两个用于将板牙夹持在板牙架并传递扭矩。另外两个相对板牙中心有些偏斜，当板牙磨损后，可沿板牙 V 形槽锯开，拧紧板牙架上的调节螺钉，可将板牙螺纹孔微量缩小，以补偿磨损的尺寸。

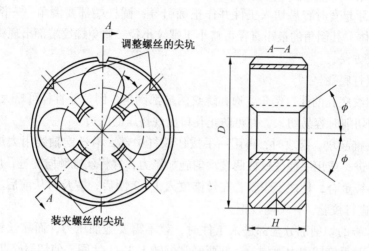

图 11-9 板牙

2. 铰杠和板牙架

铰杠和板牙架是加工螺纹的辅助工具。转动可调式铰杠右边手柄或调节螺钉即可调节方孔大小，以便夹持各种不同尺寸的丝锥方头。铰杠规格要与丝锥大小相适应，小丝锥不宜用大铰杠，否则丝锥容易折断。

为了减小板牙架的数目，一定直径范围内的板牙外径是相等的，当板牙外径较小时，可以加过渡套使用大一号的板牙架。

3. 攻螺纹前螺纹底孔直径和深度的确定

攻螺纹时，丝锥除了切削金属外，还有挤压作用，如果工件上螺纹底孔直径与螺纹内径相同，那么被挤出的材料将嵌在丝锥的牙间，甚至咬住丝锥，使丝锥损坏。加工塑性高的材料时，这种现象尤为严重。因此，工件上螺纹底孔直径比螺纹和内径稍大些。螺纹底孔直径可用经验公式确定：

脆性材料 $$D_底 = D - 1.05P$$
韧性材料 $$D_底 = D - P$$

式中　$D_底$——螺纹底孔直径，mm；

　　　D——螺纹大径，mm；

　　　P——螺距，mm。

不通孔攻螺纹时，由于丝锥不能切到底，所以钻孔深度要稍大于螺纹长度，增加的长度约为 0.7 倍的螺纹外径。

4. 套螺纹前圆杆直径的确定

套螺纹和攻螺纹的切削过程一样，工件材料也将受到挤压面凸出，因此圆杆直径应比螺纹外径小些，一般减小 0.2 ~ 0.4 mm，也可由经验公式计算：

$$d_{杆} = d - 0.13p$$

式中　　$d_{杆}$——圆杆直径，mm；

　　　　d——螺纹大径，mm；

　　　　p——螺距，mm。

为了使板牙起套时容易切入工件并作正确引导，圆杆端部要倒角——倒成半锥角为 15° ~ 20° 的锥体，其倒角的最小直径可略小于螺纹小径，避免螺纹端部出现锋口和卷边。

5. 攻螺纹方法

(1) 划线打底孔。

(2) 在螺纹底孔的孔口倒角，通孔螺纹两端都倒角，倒角处直径可略大于螺孔外径，这样可使丝锥切削时容易切入，并可防止孔口出现挤压的凸边。

(3) 用头锥起攻。起攻时，可用一手按住铰杠中部，沿丝锥轴线用力加压，另一手配合做顺向旋进；或用手握住铰杠两端均匀施加压力，并将丝锥顺向旋进，应保证丝锥中心线与孔中心线重合，使之不歪斜，在丝锥攻入 1 ~ 2 圈后，应及时从前后、左右两个方向用 90° 角尺进行校验，并不断校正。

(4) 当丝锥的切削部分全部进入工件时，就不需要施加压力，而靠丝锥做自然旋进切削，此时，两手旋转用力要均匀，并要经常倒转 1/4 ~ 1/2 圈，使切屑碎断后容易排除，避免因切屑阻塞而卡住丝锥。

(5) 攻螺纹时，必须以头锥、二锥、三锥顺序攻削至标准尺寸。在较硬材料上攻螺纹时，各丝锥交替攻下，以减小切削部分负荷，防止丝锥折断。

(6) 攻不通孔时，可在丝锥上做好深度标记，并要经常退出丝锥，清除留在孔内的切屑，否则会因切屑堵塞使丝锥折断或达不到深度要求。当工件不便倒向进行清屑时，可用弯曲的小管子吹出切屑，或用磁性针棒吸出。

(7) 攻韧性材料的螺孔时，要加切削油，以减小切削阻力，减小加工螺孔的表面粗糙度和延长丝锥寿命。攻钢件时用机油，螺纹质量要求高时可用工业植物油；攻铸铁件可加煤油。

6. 套螺纹方法

(1) 套螺纹时的切削力矩较大，且工件都为圆杆，一般要用 V 形夹块或厚铜作衬垫，才能保证可靠夹紧。

(2) 起套方法与攻螺纹起攻方法一样。一手按住铰杠中部，沿圆杆轴向施压，另一手配合做顺向切进，转动要慢，压力要大，并保证扳手牙端与圆杆轴线的垂直度，使之不歪斜，在板牙切入圆杆 2 ~ 3 牙时，应及时检查其垂直度并做准确校正。

(3) 正常套螺纹时，不要加压，让板牙自然引进，以免损坏螺纹和板牙，也要经常倒转以断屑。

(4) 在钢件上套螺纹时要用切削油，以减小加工螺纹的表面粗糙度和延长板牙使用寿命。一般可用机油或较浓的乳化液。

7. 攻螺纹和套螺纹时可能出现的问题和产生的原因

攻螺纹和套螺纹时可能出现的问题和产生的原因见表 11 - 9。

表11-9 攻螺纹和套螺纹时可能出现的问题和产生的原因

出现问题	产 生 原 因
螺纹乱牙	1. 攻螺纹时底孔直径太小，起攻困难，左右摆动，孔口乱牙 2. 换用二、三锥时强行校正，或没旋合好就攻下 3. 圆杆直径过大，起套困难，左右摆动，杆端乱牙
螺纹滑牙	1. 攻不通孔的较小螺纹时，丝锥已到底仍继续转 2. 攻强度低或小孔径螺纹，丝锥已切出螺纹仍继续加压，或攻完时连同铰杠作自由的快速转出 3. 未加适当切削液及一直攻、套不倒转，切屑堵塞将螺纹啃坏
螺纹歪斜	1. 攻、套时位置不正，起攻、套时未做垂直度检查 2. 孔口、杆端倒角不良，两手用力不均，切入时歪斜
螺纹形状不完整	1. 攻螺纹底孔直径太大，或套螺纹圆杆直径太小 2. 圆杆不直 3. 板牙经常摆动
丝锥折断	1. 底孔太小 2. 攻入时丝锥歪斜或歪斜后强行校正 3. 没有经常反转断屑和清屑，或不通孔攻到底还继续攻下 4. 使用铰杠不当 5. 丝锥牙齿爆裂或磨损过多而强行攻下 6. 工件材料过硬或夹有硬点 7. 两手用力不均或用力过猛

第五节 矫 正 与 弯 形

一、矫正

消除材料或工件弯曲、翘曲、凸凹不平等缺陷的加工方法称为矫正。

矫正可在机床进行，也可手工进行，手工矫正是将材料（或工件）放在平板、铁砧或台虎钳上，采用锤击、弯形、延展或伸长等进行的矫正方法。

（1）扭转法。这种方法用来矫正受扭曲变形的条料。

（2）伸张法。这种方法用来矫正直线料。

（3）弯形法。这种方法用来矫正弯曲的棒料或在宽度方向上弯曲的条料。一般可用台虎钳在靠近弯曲处夹持，用活动扳手把弯曲部分扳直（图11-10）。或用台虎钳将弯曲部分夹持在钳口内，利用台虎钳把它初步压直，再放在平板上用手锤矫直。直径大的棒料和厚度大的条料，常采用压力机矫直。

（4）延展法。这种方法用手锤敲击材料，使它延展伸长达到矫正的目的，通常又叫锤击矫正法。图11-11所示为中间凸起的薄板料，如果锤击凸部分，由于材料的延展，就会使凸起更高。因此必须在凸起部分的四周锤击，锤击时锤要端平，不可使锤边接触材料而敲击出麻点，同时要不断翻转板料，在正反两面进行锤击，在锤击时应先锤击边缘，从外到里，逐渐由重到轻，由密到稀，使材料延展，凸起部分自然消除，最后达到平整要求。

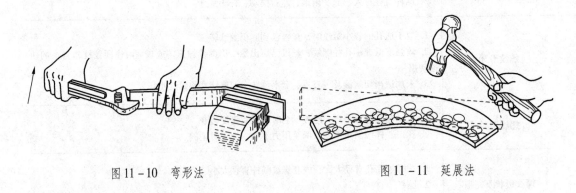

图 11 - 10　弯形法　　　　　　　　　　图 11 - 11　延展法

二、弯形

将坯料弯成所需形状的加工方法称为弯形。工件弯形后，只有中性层长度不变，因此计算弯形工件毛坯长度时，可按中性层的长度计算。圆弧中性层的长度可按下列公式计算：

$$A = \pi (r + x_0 t) \alpha / 180$$

式中　A——圆弧部分中性层长度，mm；

　　　r——弯曲半径，mm；

　　　x_0——中性层位置系数（表 11 - 10）；

　　　t——材料厚度，mm；

　　　α——弯形角，即弯形中心角，如图 11 - 12 所示。

表 11 - 10　中性层位置系数 x_0

$\frac{r}{t}$	0.25	0.5	0.8	1	2	3	4	5	6	7	8	10	12	14	≥16
x_0	0.2	0.25	0.3	0.35	0.37	0.4	0.41	0.43	0.44	0.45	0.46	0.47	0.48	0.49	0.5

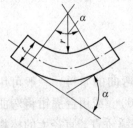

图 11 - 12　弯形中心角

内边弯成直角不带圆弧的制件，求毛坯长度时，可采用经验公式计算，取 $A = 0.5t$。

在常温下进行弯形叫冷弯。对于厚度大于 5 mm 的板料以及直径较大的棒料和管子等，通常要将工件加热后再进行弯形，称为热弯。弯形方法如下：

（1）板料在厚度方向上弯形，小的工件可在台虎钳上进行，先在弯形的地方划好线，然后夹在台虎钳上，使弯形线和钳口平齐接近划线处锤击，或用木垫与铁垫垫住再敲击垫块。如果台虎钳钳口比工件短时，可用角铁制作的夹具来夹持工件。

（2）板料在宽度方向上弯形，可利用金属材料的延伸性能，在弯形的外形部分进行锤击，使材料向一个方向逐渐延伸，达到弯形的目的（图11－13a）。较窄的板料可在 V 形铁或特制弯形模上用锤击法，使工件变形（图11－13b）。另外还可以在简单弯形工具上（图11－13c）进行弯形。

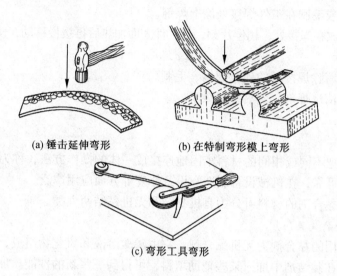

(a) 锤击延伸弯形　　　　(b) 在特制弯形模上弯形

(c) 弯形工具弯形

图 11－13　板料在宽度方向上弯形

第六节　连　　接

连接是机器制造和设备修理中经常应用的加工方法之一。

一、锡焊

锡焊是常用的一种连接方法。锡焊时，工件材料并不熔化，只是将焊锡熔化而把工件连接起来。锡焊的优点是热量少，被焊工件不产生热变形，焊接设备简单，操作方便。锡焊常用于强度要求不高或密封性要求较高的连接。

1. 焊料与焊剂

（1）焊料。锡焊用的焊料叫焊锡。焊锡是一种锡铅合金，熔点一般在 $180 \sim 300 \, ℃$ 之间，焊锡的熔点由锡、铅含量之比决定。锡的比例越大，则熔点越低，焊接时的流动性越好。

（2）焊剂。常用的锡焊剂有稀盐酸、氧化锌液和焊膏 3 种，其作用是清除零件焊缝处的氧化膜，提高焊锡的流动性，增加焊接强度。稀盐酸适用于锌皮或镀锌铁皮的焊接；氧化锌溶液在一般锡焊中均可使用；焊膏适用于小工件焊接或电工线头焊接。

2. 焊接方法

1）焊前准备

（1）针对被焊材质，选好焊剂。若自配稀盐酸，应将盐酸慢慢倒入水中，防止飞溅烧伤皮肤和腐蚀衣服。

（2）应根据被焊工件的大小合理选择电烙铁。

（3）用锉刀和砂布清除焊道处的锈蚀和油污。

2）施焊

（1）待烙铁加热到250～550 ℃（烙铁尖部呈暗黄色）时，先在氧化锌溶液中浸一下，再沾上一层焊锡。

（2）用木片或毛刷在工件焊接处涂上焊剂。

（3）将烙铁放在焊接处，稍停片刻，待工件表面加热后再缓慢移动，使焊锡填满焊缝。

3）清理焊缝

（1）用锉刀清除焊接后的残余焊锡、毛刺。

（2）用热水清洗焊剂，然后擦净烘干。

二、黏结

利用黏合剂把不同或相同的材料牢固地连接成一体的操作方法，称为黏结。黏结工艺操作方便，连接可靠，在机械设备制造和设备修理等方面应用广泛。

黏结按使用黏合剂的材料可分为有机黏结和无机黏结两大类。

1. 无机黏合剂及其应用

无机黏结使用的黏合剂为无机黏合剂，它由磷酸溶液和氧化物组成，工业上大都采用磷酸和氧化铜。在黏结剂中加入某些辅助填料，可得到一些新的性能。加入还原铁粉，可改善黏合剂的导电性；加入碳化硼，可增加黏合剂的硬度；加入硬性合金粉，可适当增加黏结强度。

无机黏合剂有强度低、脆性大、适应范围小的缺点，适用于套接，不适于平面对接和搭接。黏结前，还应对黏合面进行除锈、脱脂和清洗，黏结后需经过干燥硬化才能使用。

2. 有机黏合剂及常用配方

有机黏结使用的黏合剂为有机黏合剂，它是以合成树脂为基体，再添加增塑剂、固化剂、稀释剂、填料、促进剂等配制而成。一般有机黏合剂由使用者根据实际配制，但有些品种已有专门生产厂家供应。有机黏合剂的品种很多，现只介绍常见的两种：

（1）环氧黏合剂。凡含有环氧基因高分子聚合物的黏合剂，统称为环氧黏合剂或环氧树脂。它具有黏合力强，硬化收缩小，耐腐蚀，绝缘性好及使用方便等优点，主要缺点是耐热性差、脆性大。常用环氧树脂黏合剂的配方：

6101 环氧树脂	100 份
磷苯二甲酸二丁酯	17 份
650 聚酰胺	60～100 份
乙二胺	4 份

（2）聚丙烯酸酯黏合剂。该黏合剂常用牌号有501、502。这类黏合剂的特点是没有熔剂，可以在室温下固化，并呈一定的透明状，但因固化速度较快，所以不适于大面积粘接。

三、铆接

用铆钉将两个或两个以上工件组成不可拆卸的连接，称铆接。目前，在很多工件的连接中，铆接已逐渐被焊接所代替，但因铆接有操作方便、连接可靠等优点，所以在机器设备、工具制造中，仍有较多的应用。

1. 铆接的种类

按使用要求不同, 铆接可分为活动铆接和固定铆接两种, 固定铆接根据使用的不同要求又可分为坚固铆接、紧密铆接和坚固紧密铆接等。

2. 铆接方法

（1）铆钉尺寸的确定。为了保证铆接的质量, 必须对铆钉尺寸进行计算, 如图 11 - 14 所示。

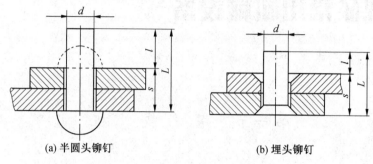

(a) 半圆头铆钉　　　　　　　(b) 埋头铆钉

图 11 - 14　铆钉尺寸的计算

铆钉在工作中受剪切力, 它的直径是由铆钉强度决定, 一般常采用直径为铆接板厚的 1.8 倍, 标准铆钉的直径可参阅有关手册。铆接时, 铆钉长度等于铆接板料总厚度与铆钉伸出长度的和。铆钉杆伸出长度过长或过短都会造成铆接废品, 通常半圆头铆钉杆的伸出长度等于铆钉直径的 1.25 ~ 1.5 倍；埋头铆钉杆的伸出长度等于铆钉直径的 0.8 ~ 1.2 倍。

（2）半圆头铆钉的铆接方法。把铆接件彼此贴合, 按划线钻孔、倒角、去毛刺等, 然后插入铆钉, 把铆钉圆头放在顶模上, 用压紧

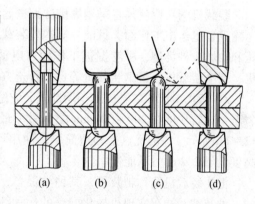

图 11 - 15　半圆头铆钉的铆接过程

冲头压紧板料（图 11 - 15a）, 再用锤子镦粗铆钉伸出部分（图 11 - 15b）, 并对四周锤打成形（图 11 - 15c）, 最后用罩模修整（图 11 - 15d）。

（3）埋头铆钉的铆接方法如图 11 - 16 所示, 前几个步骤与半圆头铆钉的铆接相同, 然后正中冲镦粗面 1 和面 2, 先铆面 2, 再铆面 1, 最后修平高出的部分。如果用标准的埋头铆钉铆接, 只需将伸长的铆合头经铆打填满埋头孔以后锉平即可。

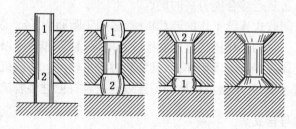

图 11 - 16　埋头铆钉的铆接过程

第十二章

煤矿常用机械设备

第一节 装 载 机

一、装载机的种类、适用范围

装载机的功用就是将采用爆破法掘进巷道时爆破崩落下来的岩石、煤装到矿车或其他运输设备里运出工作面。目前，国内外装载机种类很多，按所用动力分为电动、风动、液压和内燃4种类型，平巷掘进工作面以电动装载机用得最多；按工作结构分为铲斗装载机、耙斗装载机、蟹爪装载机等；按行走方式可分为轨轮式、履带式和轮胎式装载机。

Z－17B型铲斗装岩机属于后卸式，它适用于水平巷道或倾角小于8°的倾斜巷道装载岩石，岩石块度在200~300 mm之间效率最高。Z－17B型后卸式铲斗装岩机的外形如图12－11所示。它的优点是构造简单，使用可靠，转移方便；缺点是装载宽度较小，巷道高度低于2.2 m时不能使用。

耙斗装载机简称耙装机，其种类很多，其中PT－60B型耙装机是我国自行设计制造的一种装载和调车实现机械化配套的一种综合机械。它以P－60B型耙斗装载机为主机，配有机械化调车盘，具有既能减轻繁重的体力劳动，又能加速装运煤矿井下矸石的功能。它是适用于井下双轨巷道装载矸石的高效率机械。耙斗装载以耙斗作工作机构，靠绞车牵引使耙斗往复运动，不断地耙取岩石并装入矿车或箕斗。调车盘是靠风缸活塞杆将空车连同移动道岔推向重车道，与重车道缺口对准，实现机械化调车。PT－60B型耙装机特别适用于掘进断面为9~16 m²的双轨平巷，调车作业的实际能力为40~50 m³/h，能较好地满足大断面出矸量大的要求；拆去调车盘后，亦能在单轨平巷及斜巷中当作P－60B型耙装机使用，但此时不具备装运综合能力高的优点。

蟹爪装载机属于侧取式连续工作的装载机械，适用于断面为5 m²以上、倾角小于12°的煤巷或半煤岩巷装载。它的工作机构蟹爪能连续耙取煤、软岩和中硬以上岩石，通过机器本身带有的转载装置把煤或岩石装入矿车，而且装载时粉尘较少。装载机低速前进，将倾斜的装岩铲板插入煤或岩石堆，开动蟹爪机构即可连续地把岩石耙进装岩铲板而送上转载装置。

二、装载机的型号含义

Z－17B型装岩机型号含义是：Z—装岩机；17—铲斗容积0.17 m³；B—隔爆式电

动机。

PT−60B 型耙装机型号含义是：P—耙装机；T—调车盘；60—耙斗容积 0.6 m³；B—隔爆式电动机。

ZMZ₂−17 型蟹爪式装煤机型号含义是：ZM—装煤机；Z—蟹爪式；2—第二次改进；17—电动机功率 17 kW。

三、装载机的技术特征

几种装载机的技术特征见表 12−1。

表 12−1 装载机的技术特征

项 目 ＼ 型 号	Z−17B 型	PT−60B 型	ZMZ₂−17 型
铲（耙）斗容积/m³	0.17	0.60	
装载能力/(m³·h⁻¹)	25～30	40～50	40
轨距/mm	508、550、600	600、762、900	
电动机功率/kW	2×10.5	30	17
行走速度/(m·s⁻¹)	1		17.5
牵引速度/(m·s⁻¹) 主绳		0.97～1.23	0.91
牵引速度/(m·s⁻¹) 尾绳		1.34～1.80	
使用风压/MPa		0.4	
使用油压/MPa			0.4
绞车型式		三行星轮 双滚筒绞车	
液压泵型式			齿轮泵
外形尺寸/mm（长×宽×高）	2175×1040×1750	7090×850×2350	6400×1650×2200
机重/kg	3200	8300	4100

四、Z−17B 型铲斗装岩机的结构及原理

Z−17B 型铲斗装岩机主要由行走部、工作机构、电气部、回转部、提升机构和缓冲弹簧等组成，如图 12−1 所示。

1. 行走机构

1）作用

（1）完成装岩机前进与后退动作。

（2）向前行走时的冲力可使铲斗克服铲斗铲入岩石的阻力。

（3）在减速箱体上安装其他部件。

2）构成部件

（1）减速箱：箱内装有传动车轮的三级圆柱齿轮，减速箱前后车轴的传动系统对称排布。

（2）车轮：前、后车轮靠同一台电动机驱动，4 个车轮都是主动轮，目的是为了产生足够的黏着牵引力。

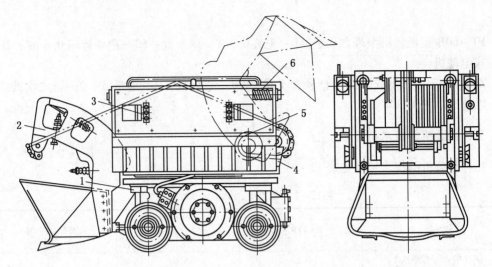

1—行走部；2—工作机构；3—电气部分；4—回转部；5—提升机构；6—缓冲弹簧

图 12-1 Z-17B 型铲斗装岩机

（3）托盘：用螺栓或螺钉固定在减速箱体上，上面的凸缘嵌入回转盘的环形槽内，以防止其径向窜动。

（4）中心轴：安装在托盘中心，用来连接行走部和它上面的回转盘，是回转盘的回转中心，并防止回转盘在工作中跳动。

（5）轴承：滚珠安放在托盘的环形轴承座上，用来支承回转盘，使其左右回转灵活。

（6）滚轮：滚轮轴固定在托盘上，轴端安装的滚轮与鼓轮的八字槽配合，产生相对推动力，完成装岩机的正位。

（7）定位销：在托盘前插入，使回转盘不能回转，定位于正中位置。

（8）行走电动机（功率 10.5 kW）。

3）传动系统

传动系统如图 12-2 所示，该传动系统中设有离合器和换向机构，靠电动机正、反转或停转来实现机器的前进、后退或停止。

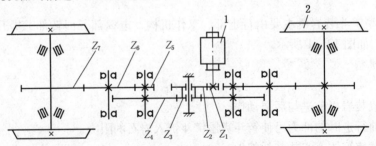

1—电动机；2—车轮

图 12-2 Z-17B 铲斗装岩机行走机构的传动系统

4）工作过程

开动行走电动机（功率 10.5 kW、转速 680 r/min），经三级圆柱齿轮减速后，驱动轴和轨轮一起旋转，使铲斗装岩机前进或后退。

2. 工作机构

1）作用

工作机构使装岩机直接完成装载和卸载动作。

2）构成部件

（1）铲斗：铲斗用钢板焊成，铲斗底板做成弧形下凹状，利于铲取轨道以下的物料。底板前缘焊有高锰钢板或堆焊硬质合金，也有的斗底上焊上几个斗齿，使铲斗减少铲入阻力且提高斗底的耐磨性。

（2）斗柄：斗柄焊在铲斗两侧，其圆弧部分在托盘的导轨上滚动，以完成铲斗由装到卸的动作。

（3）斗柄轴：两端用螺母分别固定在两侧斗柄上，外面有1个两端带叉形的厚壁轴套。

（4）轴套：通过叉形爪、弹簧、螺栓、螺母与斗柄相联，中间有链环。轴套的作用是使铲斗与链条不作刚性连接，以减轻提升过程中的冲击力。

（5）链环：通过安全销来安装提升链。

（6）安全销：安全销的两端车有沟槽，沟槽处安全销的直径为15 mm。当铲斗过负荷时，切断安全销，对链条等部件起安全保护作用。

3）稳定钢丝绳

（1）稳定钢丝绳的作用：防止装岩时由于岩石反力和卸载时由于缓冲器弹簧反力而使铲斗产生纵向移动，并在铲斗提升中防止斗柄在导轨上滑动，使斗柄在导轨上只作点的滚动，不作线的滑动。

（2）连接位置：4根稳定钢丝绳分别连接于斗柄和转盘之间，通过拉杆、弹簧和螺母拉紧且具有一定张力。

（3）工作过程：在铲斗提升过程中，连在后端的钢丝绳缠绕在斗柄滚动边的相应凹槽内，同时连在前端的钢丝绳从另一凹槽中脱出，顺放于上回转座的导轨上，拉住斗柄使其不致向前滑移而脱落导轨。铲斗下放时，情况相反。

4）缓冲器

缓冲器由横梁、弹簧和冲头构成，其作用是限制斗柄翻转角度，减缓碰撞时的冲击，弹簧反弹斗柄使铲斗返回装岩位置。

3. 提升机构

1）作用

用来提升和控制下放工作机构。

2）构成部件

（1）提升电动机：功率10.5 kW、三相异步防爆型电动机。

（2）减速箱：两级圆柱齿轮减速。

（3）提升链：一端固定在卷筒上，另一端固定在链环上，中间有导向轮和托轮支托。提升机构通过提升链与工作机构相连，用于提升并可以控制铲斗的下放速度。

（4）卷筒：卷筒是铸钢件，外形铸造成渐开线形状，使链条缠绕平稳，减小缠链时的冲击力。

（5）托轮：支托提升链，位于提升电动机上方。

（6）导向轮：引导提升链方向，位于回转盘后方。

3）工作过程

工作时，开动提升电动机，经减速器输出轴带动卷筒旋转，提升链不断被缠绕在卷筒上，铲斗则被提起。当铲斗提升到卸载位置时，立即松开提升按钮，这时，铲斗的斗柄正好碰撞缓冲弹簧。卸载后，铲斗在缓冲器弹力的作用下自动向前降落至装岩位置。

4. 回转正位机构

1）作用

铲斗可左右回转30°，可扩大装载宽度。卸岩时恢复到中间位置，将岩石卸入正后方的矿车中。

2）自动复位器

回转盘绕中心轴旋转。鼓轮是中空圆柱体，上开有八字螺旋形缺口。滚轮套在不动的滚轮轴上，并处于鼓轮的缺口内，连杆与斗柄和摇杆相连，摇杆与鼓轮和连杆相连。

3）工作过程

为了铲取轨道两侧岩石，可用人力推动回转盘向左或向右转动一个角度。提升铲斗时，斗柄沿导轨滚动，同时带动连杆，摇动鼓轮旋转。由于滚轮轴安装在固定不动的托盘的正中位置，对鼓轮螺旋线表面产生推力，此推力相对于中心轴形成使转盘回转的力矩，使回转盘正位。

五、PT－60B型耙装机的结构及原理

PT－60B型耙装机的主机基本上与P－60B型耙装机相似，不同之处是台车的车体上装有重车推车风缸。主机主要由台车17、主传动部分（包括电动机、绞车16、操纵机构8）、导向轮14、料槽（进料槽20、中间槽10、中间接槽6、卸料槽13）等部分组成；主机附件包括耙斗23、尾轮2、固定楔1，如图12－3所示。调车盘是一个类似钢板结构的移动式道岔，由调车盘主体、空矿车牵引用的调度绞车、空车推车风缸、重车推车风缸及电动操纵系统组成。主机和调车盘之间由铰链连接。

1. 主机部分

1）耙装机工作原理

如图12－3所示，耙装机工作时，耙斗借自重插进岩石堆。耙斗前端联有工作钢丝绳

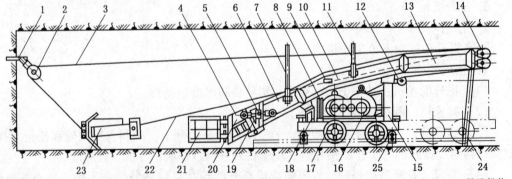

1—固定楔；2—尾轮；3—返回钢丝绳；4—簸箕口；5—升降螺杆；6—中间接槽；7、11—钉子钢棒；8—操纵机构；
9—按钮；10—中间槽；12—托轮；13—卸料槽；14—导向轮；15—支柱；16—绞车；17—台车；18—支架；
19—护板；20—进料槽；21—簸箕挡板；22—工作钢丝绳；23—耙斗；24—撑脚；25—卡轨器

图12－3　PT－60B型耙装机工作示意图

22，后端联有返回钢丝绳 3，这两根钢丝绳分别缠绕在绞车 16 的工作滚筒和回程滚筒上。

　　司机操纵按钮 9 开动绞车电动机，使绞车旋转，再扳动操纵机构 8 中的工作滚筒操纵手把，使工作滚筒旋转。这时，工作钢丝绳不断地被缠到工作滚筒上，于是牵引耙斗沿底板移动并将岩石耙入进料槽 20，经中间槽 11 和卸料槽 13，最后由卸料槽底板上的卸料口卸入矿车或箕斗。然后，操纵回程滚筒手把，使绞车的回程滚筒旋转，返回钢丝绳就不断被缠到回程滚筒上，牵引耙斗返回岩石堆，完成一个工作循环。溜槽安装在台车上的支架 18 和支柱 15 上。台车本身的移动是靠人力推动，或靠固定在台车上的绞车牵引。机器工作时，用卡轨器 25 将台车固定在轨道上，防止耙斗工作时台车移动。此外，为防止工作过程中卸料槽末端抖动，特加一副撑脚 24，将卸料槽支撑到底板上，固定楔 1 固定在工作面上，用以悬挂尾轮 2。移动固定楔位置，能改变耙斗装载位置，从而能耙取任意宽度位置上的岩石。

　　2）绞车结构

　　PT－60B 型耙装机使用的是行星轮齿传动的绞车，它由电动机 1、减速器 2、工作滚筒 3、空程滚筒 4、刹车闸带和辅助闸带等部分组成，如图 12－4 所示。

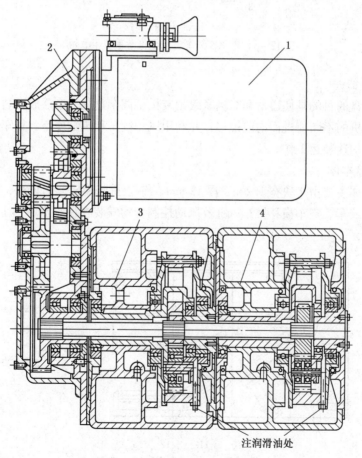

1—电动机；2—减速器；3—工作滚筒；4—空程滚筒

图 12－4　PT－60B 型耙装机的绞车结构

绞车的制动装置由工作闸和辅助闸组成。工作闸的作用是控制耙斗的运行速度，它利用闸带与齿圈之间摩擦打滑的特性，闸得紧一些速度就快一些，闸得松一些速度就慢一些，辅助闸用来消除松开工作闸时滚筒旋转的惯性，使其能立即停转，以防止缠在滚动轴上的钢丝绳因松圈而造成的乱绳和压绳现象。

3）耙斗

耙斗是 PT - 60B 型耙装机的工作机构，在主绳、尾绳的牵引下往复运动，耙取岩石，如图 12 - 5 所示。耙斗的形状、容积、重量、耙角是影响耙岩效果的重要因素。PT - 60B 型耙装机耙斗可适用于平巷或倾角小于 25°的斜巷。

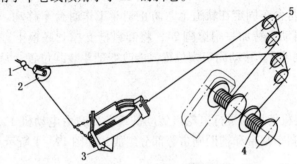

1—挂环；2—尾轮；3—耙斗；4—滚筒；5—导向轮

图 12 - 5　耙斗、绞车钢丝绳传动系统示意图

2. 调车盘部分

使用调车盘的目的是使道岔和车辆紧跟耙装机。调车盘是一个浮放在轨道上的移动式道岔，随耙装机的不断前进而向前推移，并利用风动绞车和风缸使空、重车的调车作业机械化，所以能加速装运工作。

1）调车盘本体

调车盘本体主要由 4 块宽 1.2 m、厚 12 mm 的钢板拼装而成，用角钢、扁钢作导向轨道。风动调车绞车、空车横移推车风缸及风动控制台均安装在调车盘本体上，如图 12 - 6 所示。

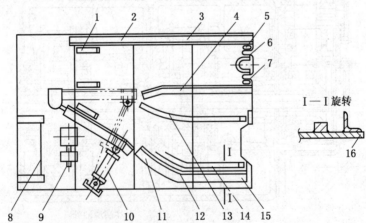

1—右挡车器；2—长角钢；3—短角钢；4—左角钢；5—右斜轨；6—导轨；7—左斜轨；

8—风动控制台；9—风动调车绞车；10—空车推车风缸；11—尾角钢；12—中角钢；

13—右扁钢；14—左扁钢；15—斜角钢；16—钢板

图 12 - 6　调车盘示意图

工作时，先利用风动调车绞车将空车拉上调车盘，由空车推车风缸将空矿车推入重车道，装好岩石后，再利用安装在台车车架中的重车推车风缸将重矿车推走，如此重复循环，逐车装运。调车盘前端用铰链和台车车架连接，重车道轨道两侧装有滑轮，使主机前移时能带动调车盘沿轨道方向一起前进。

2）风动调车绞车

选用 JFH0.5/48 型风动绞车，适用于煤矿井巷提升或下放材料和拖运重物。绞车主要由活塞式风动马达、减速器和滚筒组成。风动绞车比电动绞车体积小，重量轻。

3）空车推车风缸

风缸是将压缩空气的压力能转换为机械能的气动执行机构。空车推车风缸是调车盘的一个部件，其作用是利用风缸活塞杆向缸外伸出和向缸内缩进，推动调车盘上的导向角钢移动，将空车推移至重车道区域内和将导向角钢拉回原位置。

空车推车风缸主要由缸筒、活塞杆、活塞、前盖、后盖等组成。风缸前后端均有气垫结构，以保证动作平稳。密封采用 Y 形密封圈，活塞杆及缸筒的表面均有较高的光洁度并镀铬，可靠性好。

4）重车推车风缸

重车推车风缸的作用是由风缸活塞杆外伸的作用力将耙装机卸载槽下面的重车逐渐向前推动，使重车通过导轨时得以把重车中心线与重车轨道中心线调正重合，车轮通过左斜轨和右斜轨而离开调车盘，滚上重车轨道。

重车推车风缸的结构、直径均和空车推车风缸相同，只是长度较长，安装在台车车架内，风压为 0.4 MPa，推力为 6.9 kN。

5）风动控制台

风动控制台由多路气阀、油雾器、分水滤风器、消音器、粗滤风包、阀架等组成。

为保证风动系统工作可靠，采取压风两级过滤、注油器润滑的措施。为改善工作环境，采用消音器来降低工作噪声。阀架面对着掘进工作面方向装有钢板防护，以免爆破时炸飞的岩块砸坏零部件。不工作时，应关闭闸阀，避免压风损耗或误动作。

六、$ZMZ_2 - 17$ 型装煤机的结构及原理

$ZMZ_2 - 17$ 型蟹爪装煤机主要由装煤部 1、转载机构 2、回转部 3、传动箱 4、液压装置 5、履带行走部 6 及电动机 7 等组成，如图 12 - 7 所示。

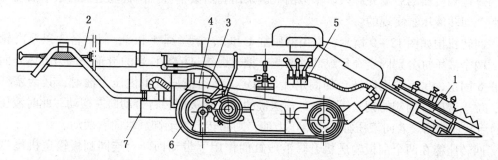

1—装煤部；2—转载机构；3—回转部；4—传动箱；5—液压装置；6—履带行走部；7—电动机

图 12 - 7　$ZMZ_2 - 17$ 型装煤机

1. 装煤部

装煤部由装煤台和左、右装煤耙组成。装煤耙的动作原理如图12－8所示。曲柄圆盘1、连杆3、装煤耙爪2和摇杆5是通过销轴装在一起的，它们之间形成一个铰链四杆机构（又称曲柄摇杆机构）。当圆盘上的伞齿轮被传动时，曲柄做匀速圆围运动，摇杆在360°内摆动，装煤耙则形成一个肾形复合曲线的运动轨迹，这种运动轨迹的特点是每一运动循环可分插入、搂取、扒装、返回4个阶段。插入、搂取时耙爪运动速度低，返回速度高，既能很好地适应耙爪插入，又能充分发挥电动机功率。

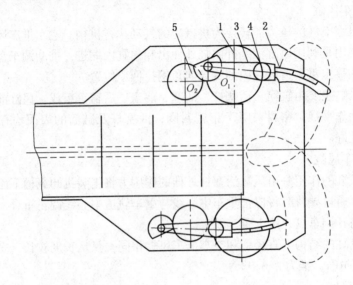

1—曲柄圆盘；2—耙爪；3—连杆；4—曲柄销；5—摇杆

图12－8　装煤耙动作原理图

铲板底面左、右侧各有1个升降油缸，能调节铲板倾角，以适应不同煤堆高度的需要。

装煤耙外壳上安装有拨煤齿，用以破碎大块煤和将煤拨入转载机中。

2. 转载机构

转载机构主要由1台单链刮板输送机和回转部件组成。它的作用是将蟹爪工作机构耙取的煤运到机器的后端并卸入矿车。刮板链采用套筒滚子链。刮板输送机的水平摇动是通过两个回转液压缸实现的。

回转机构如图12－9所示，它由液压缸1和2，钢丝绳4和5，回转台3以及滑轮组成。两个液压缸分别固定在运煤部的两侧，钢丝绳绕过活塞杆端的滑轮一端与缸体外面的支铁6固定，另一端用回转台的固定孔7固定。当给液压缸1供压力油时，其活塞杆伸出，位于液压缸内侧的钢丝绳缩短，输送机的卸载端被回转台带动向左摆动，此时液压缸2的活塞杆缩回。若向液压缸2供给压力油，则回转台带动卸载端向右摆动。

回转座能在两个刮板输送机升降液压缸的作用下带动回转台连同刮板输送机尾端升降，达到调节卸载高度的目的。输送机升降液压缸也用单作用柱塞液压缸，缸体端与行走机架铰接，柱塞杆端与回转座铰接。

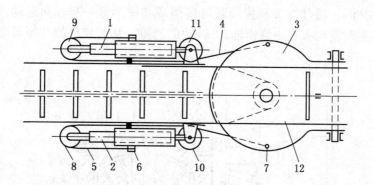

1、2—液压缸；3—回转台；4、5—钢丝绳；6—支铁；7—固定孔；8、9、10、11—滑轮；12—弹性钢板

图 12-9　回转机构动作原理图

3. 传动箱

传动箱将电动机的动力传递到履带行走装置、刮板输送机以及液压系统的液压泵。传动箱由传动轴、中继轴、履带传动轴和差动箱等组成。

1）履带传动轴

如图 12-10 所示，传动轴 6 两端的铜套 18 上套装 1 个空心套 1，空心套借 2 个圆锥滚子轴承支承齿轮 7 和 8，外摩擦片即嵌入齿轮的花键孔内。花键套上安装有内摩擦片 4。空心套外面用长键 22 固定 2 个花键套 9。

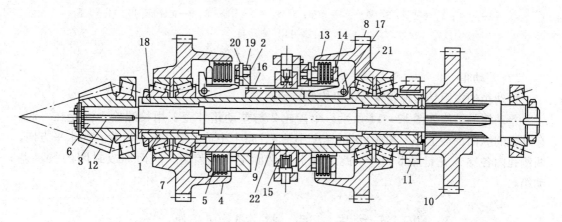

1—空心套；2—螺钉；3—中心孔；4—内摩擦片；5—外摩擦片；6—传动轴；7、8—支承齿轮；
9—花键套；10—齿轮；11—齿轮；12—锥齿轮；13—挡环；14—压环；15—圆环；16—楔形键；
17—钩头；18—铜套；19—螺母；20—弹簧；21—销轴；22—长键

图 12-10　履带传动轴

摩擦片的压紧机构包括挡环 13、压环 14、螺母 19、弹簧 20 和钩头 17 等。钩头用销轴 21 装在花键套 9 的纵向槽内，压环 14 抵在它的上面。当交替放好外摩擦片和内摩擦片后，用挡环 13 将它顶住，挡环用螺母 19 定位。为了防松，在螺母和挡环对正的孔内放入销子和弹簧 20。

两半花键套和它外面的圆环 15 通过楔形键 16 连接，圆环又可与对开的拨动环用螺钉固定。操作手把时，通过拨叉和拨动环可使圆环和楔形键一起轴向运动，并在楔形键与钩头尾端接触时使钩头有一绕销轴 21 转动的趋势，从而使摩擦片压紧于挡环和压环之间。

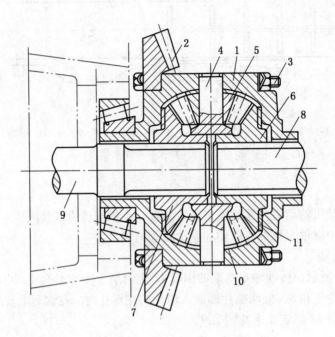

1—外壳；2—伞齿轮；3—螺栓；4—小轴；5、6、7—伞齿轮；8、9—花键轴、10、11—垫圈

图 12-11 差动箱

2）差动箱

差动箱的作用是实现履带行走机构的转弯。

差动箱的结构如图 12-11 所示，伞齿轮 2 与差动箱外壳 1 用长螺栓 3 固定在一起。在外壳的纵向剖面上穿入各成 90°的 4 个小轴 4，每个小轴上滑套着伞齿轮。在水平方向，两侧孔内各穿入花键轴 8 和 9，此二轴上分别固定有伞齿轮，从而形成封闭的行星差动箱。

第二节　局部通风机

一、局部通风机的类型及型号含义

1. 类型

我国煤矿中使用的局部通风机基本有两大系列：一种是 JBT 系列轴流式局部通风机；另一种是 BKJ 或 BKY 系列子午加速型轴流式局部通风机。

2. 型号含义

JBT-51-2 型号含义是：J—异步电动机；B—防爆型；T—局部风机；5—风筒直径 5×100 mm；1—局部通风机的级数；2—电动机的极数。

BKJ 系列和 BKY 系列型号含义是：B—防爆式；K—矿用局部通风机；J—异步电动机；Y—YB 系列高效电动机。

二、局部通风机技术特征

几种局部通风机技术特征见表 12 - 2。

表 12 - 2　局部通风机的技术特征

项　目 \ 型号	JBT - 51 - 2 型	JBT - 62 - 2 型	BKJ66 - 11 No5. 0 型	BKY66 - 11 型
电动机功率/kW	5.5	28	15	11
电压/V	380	380		
转速/(r·min⁻¹)	2900	2900	2950	2950
局部通风机级数	1	2	1	1
局部通风机外径/mm	500	600		550
风量/(m³·min⁻¹)	145	250	240 ~ 420	180
全风压/Pa	1200	3200	1200 ~ 2300	2360
动轮直径/mm			500	430
机重/kg	180	410		180

三、局部通风机的结构及原理

1. 局部通风机的结构

JBT 型局部通风机的进风口安装在外壳的进风侧，其作用是使气流顺利地进入风机，减少进风阻力。前导器使气流进入叶轮前产生预旋转，提高风机效率。前流线体减少进风阻力，防止气流冲击轮毂，降低噪声。工作轮是风机的重要核心部件，起能量转换作用。三相异步防爆电动机作为动力来源。外壳用于安装部件、固定风机、汇集气流。整流器将以轴为中心的旋转气流整成沿轴向流动的气流。二级风机需在外壳的出风侧和扩散器之间加装后整流器。出风口又名锥形扩散器，其作用是降低出风口风速，增加静压力。防护网用于防止较大体积杂物进入风机。

2. 轴流式局部通风机的工作原理

工作轮在电动机驱动下高速旋转，由于通过叶片两侧面的气流质点流速不同，从而产生一个压力差即举力，方向斜指向进风口。气流质点在举力的反作用力作用下，被斜抛向出风口，经整流器整流后排出。气流不断地经进风口进入风机，又不断地被排出，形成循环工作过程，这就是轴流式风机的工作原理。

第三节 小 型 水 泵

一、小型水泵的用途、适用范围

矿山排水是煤矿生产中的一项重要工作，直接关系到矿井能否进行安全生产。掘进工作面常因岩层中、断层中或裂隙中的水涌出而需及时用水泵将水排出，才能保证井巷掘进工作的正常进行。平巷掘进工作面因条件特殊，只需体积小、重量轻、结构简单、便于运输和维护检修的小型水泵就能满足排水需要。B型水泵就是其中的一种，它可供煤矿区段排水，或井底水窝等局部排水使用。Sh型水泵，在煤矿井下可作为浅井的主要排水和辅助排水设备。

二、小型水泵的类型及型号

小型水泵类型有很多，常使用的有B型、Sh型离心式水泵和风动、电动潜水泵。

（1）6B33型水泵的型号含义是：6—水泵吸水口直径；B—单吸单级悬臂式离心清水泵。

（2）2BL－6A型水泵的型号含义是：2—水泵吸水口直径；BL—单级单吸悬臂直联式离心清水泵；6—比转速被10除得的整数；A—叶轮车削代号。

（3）10Sh－13A型水泵的型号含义是：10—水泵吸水口直径；Sh—双吸单级卧式离心清水泵；13—比转速被10除得的整数；A—表示该泵换了不同外径的叶轮。

三、小型水泵的技术特征

小型水泵的技术特征见表12－3。

表12－3 小型水泵的技术特征

型 号	扬程/m	流量/$(m^3 \cdot h^{-1})$	转速/$(r \cdot min^{-1})$	使用风压/MPa	耗气量/$(m^3 \cdot min^{-1})$	耗油量/$(mL \cdot h^{-1})$	电动机功率/kW	允许吸上真空高度/m	机重/kg
B型	8~98	4.5~360	2900				1.1~40	3~8.6	
BL型	8.5~62	4.5~120	2900				1.1~17	3~8.7	
1—17—70型	70	17	4500~5000	0.4~0.5	4~4.5	50			25

四、小型水泵的结构及原理

1. 水泵的结构（以B型水泵为例）

B型单级离心式水泵主要由泵体1、泵盖5、水轮2、泵轴6、托架7和填料、轴承等部件组成，如图12－12所示。

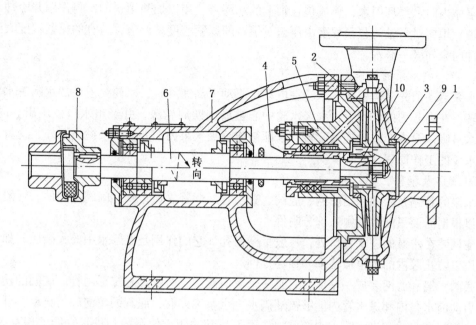

1—泵体；2—水轮；3—密封环；4—轴套；5—泵盖；6—泵轴；7—托架；8—联轴器；9—水轮螺母；10—键

图 12-12 B型单级离心泵结构图

泵体 1 为铸铁制成，外形似蜗壳。在出水口法兰盘上有安装压力表用的螺孔（不安装压力表时用四方螺塞堵住）。泵壳顶部设有放气螺钉，供灌水时排气水。泵体下部有一放水用的螺孔，当泵停止使用时，须将泵内的存水放掉，以防锈蚀或冬季冻裂泵壳。进水口法兰盘上有一安装真空表用的螺孔。泵体在进口方向与叶轮进口配合处装有减漏环，这个环的作用是隔开水泵内的低压区和高压区，以防止水泵内部的叶轮外缘的高压水流回叶轮中部的低压区，造成漏水损失。

水轮 2 为铸铁制成（也有用铜、不锈钢制成的），它安装在泵体的壳腔中，它们之间形成由小到大的水流槽道，使水流流速逐渐缩小而压力逐渐增加。水轮有单密封环及双密封环两种：小口径（水轮吸水口直径）、低扬程的泵为单密封环（只在水轮进口有）；大口径、高扬程的泵为双密封环。水轮借助于水轮螺母 9 和外舌止退垫圈固定在泵轴的一端。外舌止退垫圈能防止水轮螺母松劲。

泵轴 6 用 45 号优质碳素结构钢加工而成，一端固定水轮，另一端装联轴器，由两盘单列向心球轴承支承。

托架 7 由铸铁制成，是整个水泵的支架。它的下部通过地脚螺钉固定于基础上，上部有轴承室和油室，用机械油润滑。轴承室用来安装轴承，两端用轴承端盖压紧。在泵轴上一般还装有挡水圈，它用橡胶制成，用来防止水渗入轴承室内。

填料密封材料装在泵轴穿过泵壳处，用以封闭泵轴和泵壳之间的间隙，防止水从泵内向外大量流失，也防止空气进入泵内而造成启动困难，甚至不能工作。填料密封装置由填料（材质为铅粉油浸石棉绳）、水封环和压盖组成。

水封环是一个有孔的空心圆环，夹在填料中间。环槽正对着泵体上的引水沟，由引水沟从泵体内向水封环引水，形成包在轴上的水环带，用以加强填料的密封作用并冷却和润滑泵轴。填料对泵轴的包紧程度由压盖对填料的压紧程度来调节，适宜的松紧程度大致是每秒钟向泵外滴一滴水。

2. 离心式水泵的工作原理

水泵启动前先灌满引水。水轮在电动机驱动下高速旋转，水轮流道中的水随着水轮一起旋转，在离心力的作用下，水经水轮中心被抛向四周轮缘，并经出水口被压出。同时，外界水被吸入泵内。水轮连续旋转，水即被连续吸入泵内，并连续被抛出泵外，这就是离心式水泵的工作原理。

3. 管路及附件

水泵的管路及附件包括滤网、底阀、直水管、弯管、逆止阀、闸阀等部件。一般小型泵可以根据需要只配装其中一部分附件。

滤网装在水泵的进水管口处，一般呈栅格孔。它的作用是滤除水中的大杂质，如木屑等，用以防止泵内的水道被堵塞和损坏零件。

底阀一般和滤网装成一整体，它是一个单向阀门，有盘形和蝶形两种。底阀的功用是保证启动前水泵内和进水管内能够被灌满水。水泵工作时，底阀的单向阀门自动打开；停泵时，阀门在自重和进水管中水的重力作用下自动关闭，使泵内和进水管能够保存余水，以利再次启动水泵。

水管有钢铁管、橡胶管、塑料管和水泥管等。钢性水管必须配用弯管来改变管路方向。

离心泵在水泵的出水口处装有逆止阀，在扬程较小的情况下也可以不用逆止阀，而采用在出水管口安装拍门。逆止阀和拍门都是一种单向阀门，它们的作用是防止出水管的水倒流，以起到保护水泵的作用。

闸阀装在逆止阀后面的出水管路上，是一个用手轮来调节管路通道大小，甚至完全切断管路通道的部件。改变管路通道的大小，以实现流量的调节和出水管路的启闭。

第四节 混凝土喷射机

一、混凝土喷射机的用途、种类

在煤矿掘进作业中，锚喷支护是一项常用的支护巷道技术，其方法有两种：一种是在巷道掘进后，先向围岩打眼，后在眼内注入砂浆，再在孔内插入锚杆，最后在巷道顶喷上一层水泥砂浆；另一种是喷射混凝土或喷浆支护。锚喷机械就是实现锚喷支护的重要设备。

混凝土喷射机是以压缩空气为动力，使拌和料沿管路吹送至喷头处与水混合，并以 $30\sim120\text{m/s}$ 的速度喷敷到岩石表面上，形成支护巷道的混凝土层。

WG-25 型混凝土喷射机是国内较普遍使用的一种干式喷射机（也可作半湿式使用）。转子—Ⅱ型混凝土喷射机具有结构简单，体积小，劳动强度较低，生产能力高，输送距离远，能自动连续出料等优点。目前，该机在煤矿井下掘进施工中普遍使用。

为了消除干式混凝土喷射机所产生的粉尘对作业人员健康的危害，现已制出湿式喷射机，51 型湿式喷射机就是其中一种。跟迎头喷浆机械手是供井巷掘进、跟迎头喷射混凝土的专用机具，可代替手工操作，有劳动强度低、回弹率降低等特点，并有利于安全和提高喷射混凝土的质量。

二、干式混凝土喷射机的结构及工作原理

1. WG－25 型混凝土喷射机的结构

WG－25 型混凝土喷射机由料罐、输料机构、喷头、油水分离器及车架等部分组成，如图 12－13 所示。

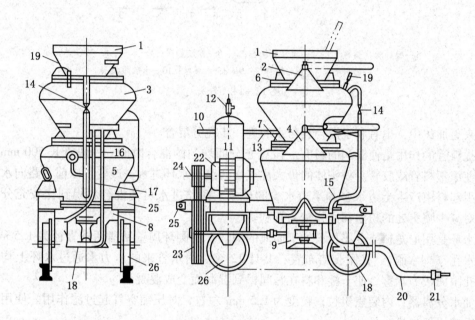

1—料斗；2—上钟形阀门；3—上罐；4—下钟形阀门；5—下罐；6—上密封圈；7—下密封圈；8—输料盘；
9—减速箱；10—主风管；11—油水分离器；12—安全阀；13—供风管；14—旋塞阀；15—吹料管；
16—助吹管；17—辅助通气管；18—喷出弯管；19—排气阀；20—输料管；21—喷头；
22—电动机；23—皮带轮；24—皮带；25—车架；26—车轮

图 12－13　WG－25 型混凝土喷射机

料罐：分上、下罐，上罐的上方接一料斗，下罐与输料机构连接，两罐的入口处均装有钟形阀门。

输料机构：由输料盘、减速箱、蜗轮、蜗杆以及喷出弯管等组成。其传动系统是由电动机经三角皮带传动减速箱端头的大带轮，再由蜗轮、蜗杆通过立轴将动力传给输料盘。输料盘是一个有 12 个直齿的辐射形圆盘，它的转动将干拌和料均匀地送到风罩下部，然后由压缩空气将拌和料从喷出弯管喷出。

喷头：由喷头体 5、水环 4、管接头 2 和 7、拢料管 1 等组成，如图 12－14 所示。

喷头的作用，一是使混合料与水相混合湿润；二是因喷头断面由大到小（管径由 50 mm 变成 35 ~ 40 mm），所以使料束的流速由慢变快，这一增速过程，不仅使喷射过程

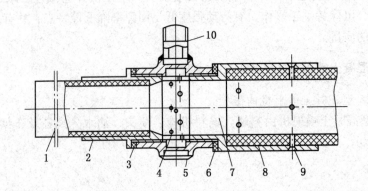

1—拢料管（塑料管）；2—塑料管接头；3、6—橡胶垫圈；4—水环；5—喷头体；

7—输料管接头；8—输料管；9—φ3 木螺丝；10—水管短接头

图 12 -14　喷头

中料束更加集中，也有利于混合料与水的进一步充分混合。

拢料管的作用是使湿润的料有一段更充分而均匀的混合时间。一般管长 500 mm，管子可使用塑料管或胶管。喷头体的最大优点是两路向水环进水，改变了以前一路向水环进水而引起料束产生半边水多和半边水少的现象。两路进水可使混合料得到比较充分的湿润，对减少喷头处的粉尘和回弹较为有利。

水环是用尼龙料或金属材料加工而成的圆环，沿圆环周壁钻凿两排直径为 1.5 mm 的径向水孔（即水眼），孔眼交错布置，共计 12 个。由水管来的压力水通过水环上均匀分布的孔眼而成为水雾，使干拌和料在瞬间得到湿润而变成混凝土。

油水分离器：内装焦炭粒，粒度为 1.5 mm 左右，对压缩空气起过滤作用。使用一定时间后应更换焦炭。

车架：喷射机的各个部件均组装在车架上，车架的下部装有 4 个车轮，适于在600 mm 轨距道上行走。

2. WG -25 型混凝土喷射机的工作原理

如图 12 -13 所示，WG -25 型混凝土喷射机开始运转时，开启上钟形阀门 2，干拌和料从料斗 1 处放入，此时下钟形阀门 4 正关闭着，干拌和料即进入罐 3；然后关闭上钟形阀门，向上罐通入压气；打开下钟形阀门，拌和料便进入下罐 5，在控制下钟形阀门的手把上可加一适当重量的平衡锤，使拌和料进入下罐后立即自行关闭。拌和料从下罐中经输料盘 8、吹料管 15 进入输料管，在压缩空气的作用下沿着输料管 20 压送至喷头 21 处，在与压力水混合后喷向巷道顶、帮岩面上。

这种喷射机的生产能力强，只要连续供料，就可以不断地喷射，工作稳定可靠，部件不易损坏，密封性能良好，施工时粉尘飞扬较少，但它的体积较大、较笨重，上料高度较高，操作比较复杂。

第五节　矿井提升设备

一、矿井提升设备组成

矿井提升设备主要由提升容器、钢丝绳、提升机、井架、天轮、井筒装备以及装卸载附属设备组成。

二、矿井提升设备的分类

（1）按用途分：主井提升设备，专门提升煤炭等有用矿物；副井提升设备，用于提升矸石、升降人员和设备、下放材料等。

（2）按提升容器分：箕斗提升设备，用于主井提升；罐笼提升设备，用于副井提升，对于小型矿井也可用作主井提升。

（3）按提升机类型分：单绳缠绕式提升设备、多绳摩擦式提升设备。

（4）按井筒的角度分：竖井提升设备、斜井提升设备。

（5）按平衡方式分：无尾绳不平衡提升设备、有尾绳平衡提升设备。

三、提升容器及附属装置

提升容器是装运煤炭、矸石、人员、材料和设备的工具。煤矿使用的容器有罐笼、箕斗、矿车、斜井人车和吊桶之分。矿车与斜井人车主要用于斜井。吊桶是立井凿井时使用的提升容器。这里主要介绍在煤矿生产中应用最多的罐笼和箕斗两种容器。

（一）罐笼

罐笼是一种多用途的提升容器，既可用来提升矸石、升降人员、运送材料和设备，也可以提升煤炭。罐笼有普通罐笼和翻转罐笼之分。

1. 普通罐笼的分类

普通罐笼可分为单层、多层和单车、多车以及单绳、多绳等。标准的普通罐笼载荷按固定车厢式矿车的名义载重分为 1 t、1.5 t 和 3 t 三种。

2. 普通罐笼的构造

标准普通罐笼为钢混合式结构。图 12－15 为单绳单层 1 t 标准普通罐笼结构简图，主要由以下几部分组成。

1）罐体

罐体由骨架（横梁 7 和立柱 8）、侧板、罐顶、罐底及轨道等组成。罐笼顶部设有半圆弧形的淋水棚 6 和可以打开的罐盖 14（以供运送长料之用），罐笼两端设有罐门（以保证提升人员的安全）。

2）连接装置

连接装置为双面夹紧楔形绳环，是连接提升钢丝绳和提升容器的装置，包括主拉杆、夹板、楔形环等。图 12－16 为双面夹紧自位楔形绳卡连接装置。两块梯形铁 4 和 5 被两块夹板 2 通过螺栓夹紧，并组成中空的楔壳。钢丝绳绕装在楔形环 1 上并挤入楔壳内卡紧。吊环 3 和调整孔 6、7 用来调绳长，限位板 8 在拉紧钢丝绳之后用螺栓拧紧，以防楔形环松脱。

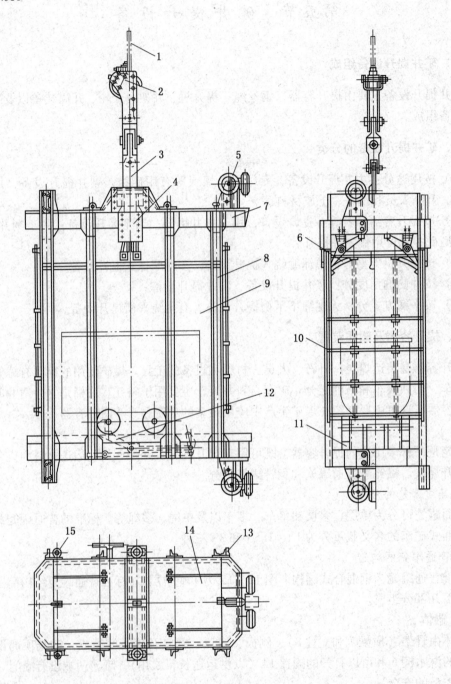

1—提升钢丝绳；2—双面夹紧楔形绳环；3—主拉杆；4—防坠器；5—橡胶滚轮罐耳；
6—淋水栅；7—横梁；8—立柱；9—钢板；10—罐门；11—轨道；12—阻车器；
13—稳罐罐耳；14—罐盖；15—套管罐耳（用于绳罐道）

图 12-15 单绳单层 1t 普通罐笼结构图

3）罐耳

罐耳与罐道配合，使提升容器在井筒中稳定运行，防止发生扭转或摆动。罐耳有滑动罐耳（配合木罐道和钢轨罐道使用）、胶轮滚动罐耳（配合钢组合罐道使用）、套管罐耳（配合钢丝绳罐道使用）等。图 12－17 为橡胶滚轮罐耳组合图。

4）阻车器

在罐笼底部设有可自动开闭的阻车器，防止提升过程中矿车在罐笼内移动或跑出罐笼。

5）防坠器

（1）作用。当提升钢丝绳或连接装置万一断裂时，防坠器可使罐笼平稳地支撑在井筒中的罐道或特设的制动绳上，以免罐笼坠入井底，造成重大的事故。多绳罐笼不设置防坠器。

（2）组成。防坠器一般由 4 部分组成：开动机构、传动机构、抓捕机构和缓冲机构。当发生坠罐时，开动机构动作，并通过传动机构传递到抓捕机构，抓捕机构将罐笼支承在井筒中的支承物上，罐笼下坠的动能由缓冲器来吸收。

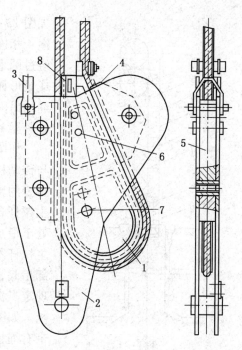

1—楔形环；2—夹板；3—吊环；4、5—梯形铁；
6、7—调整孔；8—限位板

图 12－16　双面夹紧自位楔形绳卡连接装置

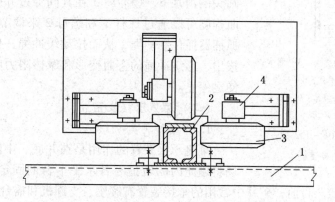

1—罐道梁；2—组合罐道；3—橡胶滚轮；4—支承座

图 12－17　橡胶滚轮罐耳

（3）种类。根据防坠器的使用条件和工作原理，防坠器可分为木罐道切割式防坠器、钢轨罐道摩擦式防坠器、制动绳摩擦式防坠器。木罐道和钢轨罐道防坠器中，罐道既是罐笼运行的导向装置，又是防坠器抓捕罐笼的支承物。制动绳防坠器需专设制动绳作支承物，罐道绳不能作防坠器支承用。实践证明，这种防坠器性能较好。

（4）制动绳防坠器的结构及工作原理。以 BF－152 型标准防坠器为例，其系统布置

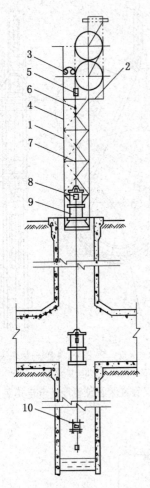

1—锥形杯；2—导向套；3—圆木；
4—缓冲绳；5—缓冲器；6—连接器；
7—制动绳；8—抓捕器；9—罐笼；
10—拉紧器

图 12-18 BF-152 型
防坠系统布置图

如图 12-18 所示，制动绳 7 的上端通过连接器 6 与缓冲绳 4 相连，缓冲绳通过装于天轮平台上的缓冲器 5 后，绕过圆木 3 自由地悬垂于井架的一边，绳端用合金浇铸成锥形杯 1，以防止缓冲绳从缓冲器中全部拔出。制动绳的另一端穿过罐笼 9 上的抓捕器 8 之后垂于井底，用拉紧器 10 固定在井底水窝的固定梁上。

如图 12-19 所示，BF-152 型防坠器的开动机构与传动机构是相互连在一起的组合机构。它采用垂直布置的弹簧 1 作开动机构。正常提升时，钢丝绳拉起主拉杆 3，通过横梁 4、连板 5，使两个拨杆 6 的下端处于最底位置，此时，弹簧 1 受拉。当发生断绳时，主拉杆不再受拉力，在弹簧 1 的作用下，拨杆 6 的端部抬起，使滑楔 2 与制动绳 7 接触，并挤压制动绳实现定点抓捕。

如图 12-20 所示，抓捕器采用两个斜度为 1:10、带有绳槽的滑楔 3 的楔形抓捕器。正常情况下，滑楔与穿过抓捕器的制动绳每边有 8 mm 间隙，断绳后滑楔被拨杆的端部抬起上移消除间隙并挤压制动绳实现抓捕。

如图 12-21 所示，缓冲器中有 3 个小轴 5，两个带圆头的滑块 6，缓冲绳 3 在其间穿过并受到弯曲，绳弯曲程度可以通过螺杆 1 和螺母 2 来调节。发生断绳时，抓捕器抓住制动绳，从而拉动缓冲绳，使之从缓冲器中拔出，靠缓冲绳的弯曲变形和摩擦阻力吸收罐笼的动能使之停止。

（二）罐笼承接装置

1. 作用和种类

罐笼承接装置的作用是在井底、中间水平及井口车场将罐笼内的轨道与各水平平台的固定轨道衔接起来，便于矿车出入罐笼。目前，矿井中常用的承接装置有罐座、支罐机和摇台两种。由于罐座的操作性能较差，易造成蹲罐事故，新设计的矿井已不再采用。

2. 摇台

如图 12-22 所示，摇台安装在通向罐笼进出口处。当罐笼停于装卸载位置时，动力缸 3 中的压缩空气排出，装有轨道的钢臂 1 靠自重绕轴 5 转动落下搭在罐笼底座上，将罐笼内轨道与车场轨道连接起来。矿车进出罐笼后，压缩空气进入动力缸 3，推动滑车 8，滑车 8 推动摆杆前的滚子 10，使轴 5 转动而使钢臂抬起。

当动力缸发生故障或因其他原因不能动作时，也可临时用手把 2 进行人工操作。此时要将销子 7 去掉，并使配重 4 的重力大于钢臂部分的重力。这时钢臂的下落靠手把 2 转动轴 5，抬起靠配重 4 实现。

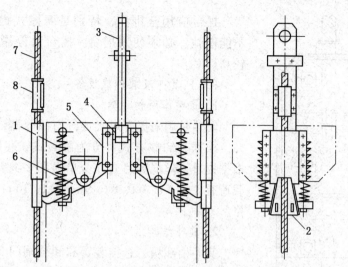

1—弹簧；2—滑楔；3—主拉杆；4—横梁；5—连板；6—拨杆；7—制动绳；8—导向套

图 12 – 19　BF – 152 型防坠器

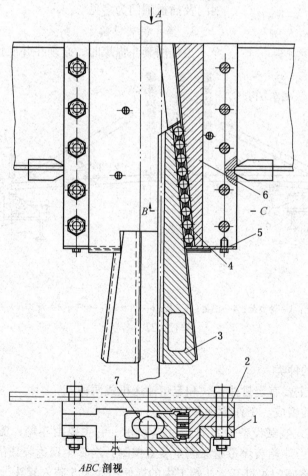

ABC 剖视

1—上壁板；2—下壁板；3—滑楔；4—滚子；5—下挡板；6—背楔；7—制动钢丝绳

图 12 – 20　抓捕器结构图

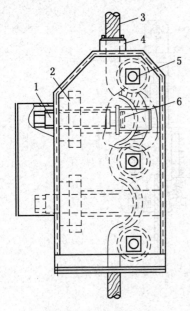

1—螺杆；2—螺母；3—缓冲绳；
4—密封；5—小轴；6—滑块

图 12－21　缓冲器

摇台应用范围广，特别是摩擦式提升机，钢丝绳不能松弛，必须使用摇台。摇台对停罐的准确性要求较高。

（三）箕斗及装卸载设备

1. 箕斗作用和种类

箕斗是用来提升煤炭或矸石的容器，通常只用于主井，根据其卸载方式可分为翻转式、底卸式和侧卸式。根据提升钢丝绳数目箕斗分单绳和多绳箕斗。箕斗容积载荷有 3 t、4 t、6 t、8 t、9 t、12 t、16 t、20 t、25 t 等规格。

2. 箕斗结构

箕斗由斗箱、悬挂装置和卸载闸门 3 部分组成。斗箱由直立的槽钢与横向槽钢组成框架，四侧由钢板焊接，其外用钢筋加固而成。卸载闸门以扇形、下开折页平板闸门及插板闸门为多见。

3. 箕斗装载设备

当采用箕斗提煤时，必须在井底设置装载设备。

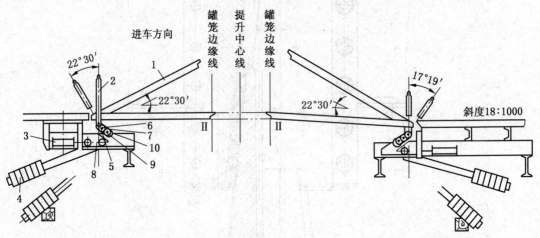

1—钢臂；2—手把；3—动力缸；4—配重；5—轴；6—摆杆；7—锁子；8—滑车；9—摆杆套；10—滚子

图 12－22　摇台

1）装载设备的种类

箕斗装载设备主要有定量斗箱式和定量输送机式两种。

2）装载设备的组成、工作原理和特点

（1）定量斗箱式装载设备。如图 12－23 所示，它主要由斗箱、溜槽、闸门、控制缸和测重装置等组成。斗箱装煤量是靠测重装置控制，当箕斗到达装载位置时，通过控制元件开动控制缸 2，将闸门 4 打开，斗箱 1 中的煤便沿溜槽 5 装入箕斗。

（2）定量输送机装载设备。如图 12－24 所示，它主要由煤仓、定量输送机、活动过渡溜槽、中间溜槽、负荷传感器、煤仓闸门等组成。定量输送机 2 安放于负荷传感器 6

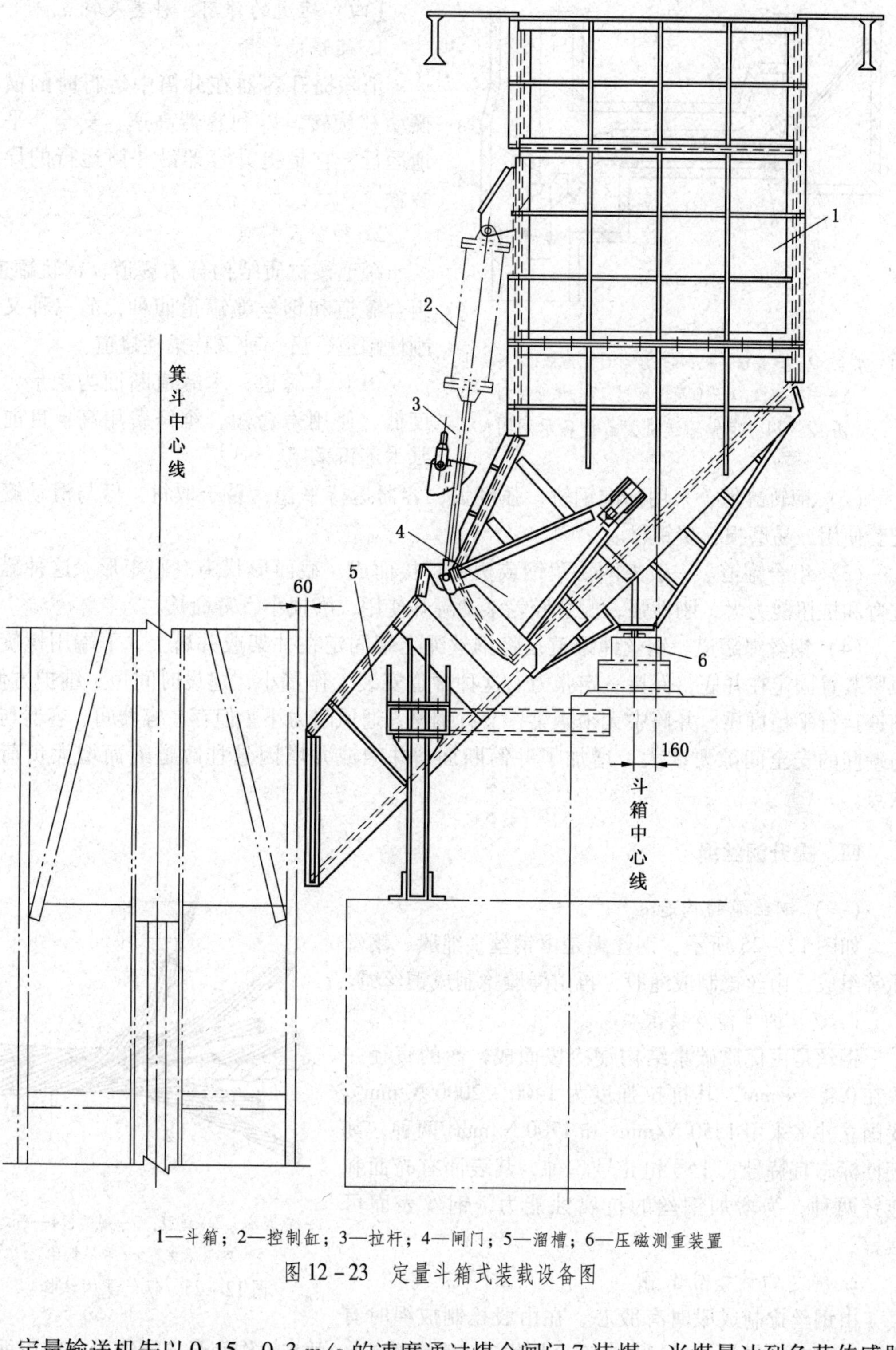

1—斗箱；2—控制缸；3—拉杆；4—闸门；5—溜槽；6—压磁测重装置

图 12-23　定量斗箱式装载设备图

上，定量输送机先以 0.15~0.3 m/s 的速度通过煤仓闸门 7 装煤，当煤量达到负荷传感器调定值时，负荷传感器发出信号，煤仓闸门关闭，带式输送机停止运行。待空箕斗到达装煤位置时，带式输送机以 0.9~1.2 m/s 的速度运行，将煤装入箕斗。

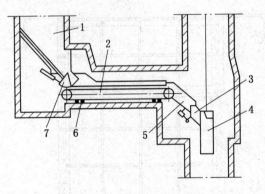

1—煤仓；2—定量输送机；3—活动过渡溜槽；4—箕斗；
5—中间溜槽；6—负荷传感器；7—煤仓闸门

图 12-24 定量输送机装载设备示意图

（四）罐道的作用、种类及特点

1. 罐道的作用

消除提升容器在井筒中运行时的横向摆动和旋转，以利容器高速、安全、平稳地运行，它是提升容器沿井筒运行的导向装置。

2. 种类及特点

罐道按材质结构分木罐道、钢轨罐道、组合罐道和钢丝绳罐道四种，前三种又称刚性罐道，后一种又称柔性罐道。

（1）木罐道。木罐道断面为矩形，强度低、使用寿命短，维修费用高，目前已基本不再采用。

（2）钢轨罐道。采用标准钢轨，强度大，容器运行平稳，易于取材，但与滑动罐耳配套使用，易磨损，费钢材。

（3）组合罐道。一般由两块角钢或槽钢焊接而成，截面形状为空心矩形。这种罐道抗弯和抗扭能力大，刚性强，配合胶轮滚动罐耳使用，磨损小，寿命长。

（4）钢丝绳罐道。钢丝绳罐道是将钢丝绳上端固定在井架或井塔上，下端用螺旋式拉紧装置固定在井底，保持一定张力。这种罐道安装工作量小，建设时间短，维护方便，高速运行平稳可靠，井筒中无须罐梁，节省钢材，通风阻力小。但存在容器间、容器与井筒壁间的安全间隙要求大，增加了井筒断面，井架或井塔因悬挂罐道绳而增大负荷等缺点。

四、提升钢丝绳

（一）钢丝绳的构造

如图 12-25 所示，钢丝绳是由钢丝、绳股、钢丝绳等组成，由丝捻制成绳股，再由绳股捻制成钢丝绳。

1. 钢丝的性能及技术指标

钢丝是由优质碳素结构钢冷拔而成，丝的直径一般在 0.4~4 mm，其抗拉强度为 1400~2000 N/mm^2。我国立井多采用 1550 N/mm^2 和 1700 N/mm^2 两种，其韧性标志有特号、Ⅰ号和Ⅱ号 3 种，其表面有光面和镀锌两种。为增加钢丝的抗腐蚀能力，钢丝表面可镀锌。

2. 绳芯的种类与作用

由钢丝捻制成股时有股芯，在由股捻制成绳时有

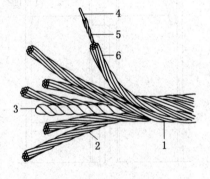

1—钢丝绳；2—绳股；3—绳芯；4—股芯；
5—内层钢丝；6—外层钢丝

图 12-25 钢丝绳的结构

绳芯。股芯一般为钢丝，绳芯有金属绳芯和纤维绳芯。绳芯的作用是支持绳股，减少绳股的变形，使钢丝绳富于弹性。纤维绳芯还能储存油，起润滑作用，以减少工作时钢丝间的磨损和防止钢丝锈蚀。

（二）钢丝绳的分类及特点

1. 按股在绳中的捻向分

左捻钢丝绳：股在绳中以左螺旋方向捻制。

右捻钢丝绳：股在绳中以右螺旋方向捻制。

一般采用捻向的原则是钢丝绳在滚筒上缠绕时方向一致，以免松捻（左右旋按螺纹旋向法则判断）。

2. 按丝在股中和股在绳中捻向的关系分

同向捻（顺捻）：丝在股中和股在绳中的捻向相同。

交互捻（逆捻）：丝在股中的捻向与股在绳中的捻向相反。

同向捻钢丝绳表面光滑，与天轮、滚筒接触面积大，磨损均匀，弯曲应力小，使用寿命长，断丝后断头翘起易发现，但易打结和松散。矿井提升中一般多采用同向捻绳。

3. 按钢丝在股中相互接触的情况分

点接触钢丝绳：一般以相同直径钢丝制造时，股中内外层钢丝以等捻角不等捻距捻制而成，如图 12-26a 所示。由于钢丝间为点接触，有压力集中和二次弯曲现象，易磨损。

线接触钢丝绳：一般股中内外层钢丝直径不同，内外层钢丝以等捻距不等捻角捻制而成，丝间呈线接触状态，如图 12-26b 所示。西鲁型（标记为 X）、瓦林吞型（标记为 W）、填充型（标记为 T）均为线接触钢丝绳。这种钢丝绳与点接触绳相比，较柔软，不易产生应力集中，使用寿命长，但股中内层钢丝较外层承受的拉力大。

面接触钢丝绳：它是线接触式绳股经过特殊挤压加工，使钢丝产生塑性变形而呈面接触状态，然后捻制成绳。这种绳结构紧密，表面光滑，强度高，耐磨损，抗腐蚀，寿命长。

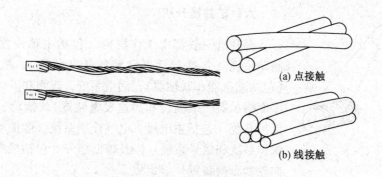

(a) 点接触

(b) 线接触

图 12-26 股中钢丝接触情况示图

4. 按绳股断面形状分

圆股绳：绳股断面为圆形，如图 12-27c 所示。这种绳易于制造，价格低，矿井提升中应用最多。

三角股绳：绳股断面形状为三角形，如图 12-27a 所示。这种绳承压面积大，耐磨损，强度高，寿命长。

椭圆股绳：绳股断面形状为椭圆形，如图12-27b所示。这种绳有较大的支承面积和良好的抗磨性能，但稳定性较差，不易承受较大的挤压力。

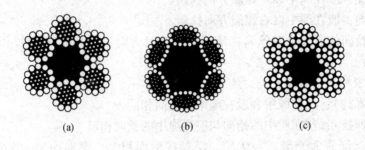

(a)　　　　　　　(b)　　　　　　　(c)

图12-27　钢丝绳断面图

五、井架和天轮

1. 井架的作用与种类

（1）井架的作用。井架用来支承天轮和承受全部提升载荷，固定罐道和卸载曲轨。

（2）井架的种类。目前矿井使用的井架主要有以下两种：金属井架；钢筋混凝土井架。

2. 天轮的作用与种类

（1）天轮的作用。天轮安装在井架上，用来支承连接提升机卷筒与提升容器之间的提升钢丝绳，提升容器及提升载荷的重量，并作钢丝绳导向用。

（2）天轮的类型。按材质及结构分为铸铁天轮、铸钢天轮、钢模压冲制天轮；按是否带衬垫分为不带衬垫天轮和带衬垫天轮；按固定与否分为固定天轮和游动天轮。

六、矿井提升机

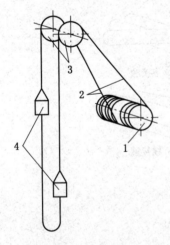

1—滚筒；2—钢丝绳；
3—天轮；4—容器
图12-28　缠绕式提升机
工作原理示意图

提升机一般都由工作机构（包括主轴装置和离合器），制动系统（包括制动器和液压传动装置），机械传动系统（包括减速器和联轴器），润滑系统，观测和操纵系统（包括深度指示器、操纵台和测速发电装置），拖动、控制和安全保护系统（包括主电机、电气控制系统、微拖动装置、自动保护系统和信号系统）以及辅助部分（包括机座、机架、导向轮和车槽装置）等组成。

（一）单绳缠绕式提升机

主轴上有两个滚筒，一个为固定滚筒，另一个为游动滚筒，固定滚筒与主轴固接，游动滚筒通过离合器与主轴相连，其优点是两个滚筒可以相对转动，便于调节绳长或更换水平。

1. 单绳缠绕式提升机工作原理

如图12-28所示，将提升钢丝绳的一端固定到提升机滚筒上，另一端绕过井架上的天轮与提升容器相连，利用两个滚筒上的钢丝绳缠绕方向的不同，当驱动提升机滚筒转动时，钢丝绳在滚筒上缠绕和放出，实现容器的提升和下放，完成提升任务。

2. 单绳缠绕式提升机的类型

过去我国生产的 KJ 型、JKA 型单绳缠绕式提升机是仿苏改进的产品，现已停止生产。20 世纪 70 年代后期我国自行设计生产了 JK 型系列产品，并得到大量的应用。

3. 缠绕式提升机的型号含义

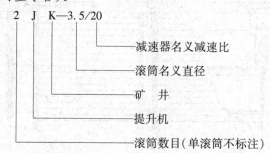

$$2 \quad J \quad K—3.5/20$$

```
                          ┌── 减速器名义减速比
                       ┌── 滚筒名义直径
                    ┌── 矿井
                 ┌── 提升机
              └── 滚筒数目（单滚筒不标注）
```

4. 缠绕式提升机的主要结构及工作原理（以 JK 型双滚筒提升机为例）

1）主轴装置

主轴装置是提升机的工作和承载部件，用来缠绕提升钢丝绳、承受提升过程的各种正常的和非正常的载荷。对于双滚筒提升机，还承担更换水平、调节钢丝绳长度。JK 型提升机的主轴装置如图 12 - 29 所示，主要由卷筒、主轴、主轴承等主要部件组成。图中右边的滚筒为固定滚筒，左边为游动滚筒，其左侧装有齿轮式调绳离合器。

卷筒包括轮毂、轮辐、筒壳、挡绳板、制动盘、木衬、离合器及尼龙套等。卷筒筒壳的外面设有木衬，并通过螺栓与筒壳固定。木衬的作用为钢丝绳的软垫，以减少钢丝绳的磨损和变形。木衬表面必须车制螺旋式绳槽，以引导钢丝绳有规则地排列。目前，有的提升机直接在滚筒上车槽，但须相应增加筒壳的厚度。

固定滚筒 9 的右轮毂用切向键 10 固定在主轴 11 上，左轮毂滑装在主轴上，该轮毂上有油杯，应定期注油。游动滚筒 5 的右轮毂经过尼龙轴套滑装在主轴上，其上装有润滑油杯，应定期注入润滑油。游动滚筒的左轮毂用切向键固定在主轴上，其上装有液压齿轮调绳离合器 3，并通过它实现游动滚筒与主轴的连接与脱开。

2）调绳离合器（轴向移动式油压齿轮式快速调绳装置为例）

（1）调绳离合器的作用及类型。

调绳离合器的作用是使游动滚筒与主轴连接或脱开，便于调节绳长或更换水平时，主轴带动固定滚筒转动，而游动滚筒被固定不动。调绳离合器其类型有齿轮调绳离合器（包括轴向移动式和径向移动式调绳离合器）、蜗轮蜗杆离合器和摩擦离合器。目前应用最多的为轴向移动式齿轮调绳离合器。

（2）油压齿轮式快速调绳装置的结构及原理。

图 12 - 30 为 JK 系列提升机上的油压齿轮式快速调绳装置。它是由 3 个调绳液压缸 4、外齿轮 6、内齿圈 8、连锁阀 13 及油压控制回路组成。游动滚动左轮毂通过切向键与主轴固联，沿轮毂 3 的圆周上分布 3 个孔；外齿轮 6 活动地套装在轮毂 3 上，沿其圆周分

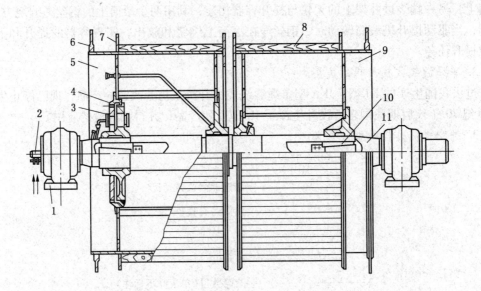

1—主轴承；2—密封头；3—调绳离合器；4—尼龙套；5—游动滚筒；6—制动盘；
7—挡绳板；8—木衬；9—固定滚筒；10—切向键；11—主轴

图12-29　主轴装置

布3个孔，并与轮毂上的3个孔对应；3个调绳液压缸4分别放置在轮毂与外齿轮对应的3个孔内。调绳液压缸的活塞10及活塞杆11与右端盖固接，并固定在轮毂3上，左缸盖连同缸体4一起用螺钉固定在外齿轮6上，并可在轮毂的孔内左右移动；内齿圈8固定在滚筒轮辐上，并可与外齿轮6啮合，游动滚筒上力的传递过程为：

主轴上的力矩通过切向键→轮毂3并通过油缸→齿轮6与内齿圈8的啮合→轮辐9→卷筒。

如图12-31所示，调绳液压缸工作时，活塞10及活塞杆11与轮毂3及主轴1固联不动，液压缸4带动外齿轮6左右移动。当向液压缸左腔供油、右腔回油时，缸体带动外齿轮一起向左移动，使外齿轮与内齿圈脱离啮合，此时游动滚筒与主轴做相对转动，进行调节绳长或更换钢丝绳。当向液压缸右腔供油，左腔回油时，缸体带动外齿轮一起向右移动，使外齿轮与内齿圈啮合，使游动滚筒与主轴连接，滚筒随主轴一起转动。

连锁阀用螺栓固定在外齿轮6上，其目的是防止提升机在运转时外齿轮6自动外移，脱开与内齿圈的啮合，造成事故。如图12-32所示。提升机正常工作时，在弹簧7的下压力作用下，活塞销8插入轮毂11的环形槽中，防止外齿轮自行外移。调绳时，压力油自阀体1的左侧下部的孔进入，推动活塞销8克服弹簧7的阻力上移，即从轮毂槽中拔出，解除闭锁，此时r才与j相通，压力油输入调绳液压缸的左腔，打开调绳离合器。

调绳离合器的液压控制系统如图12-31所示，打开离合器时，离合器的左腔进油，右腔回油。进油：$K→n→m→s→q→r→j→i→h→g→f→e→$左腔；回油：右腔$→d→c→b→a→L→$油箱。合上离合器时，离合器右腔进油，左腔回油。进油：$L→a→b→c→d→$右腔；回油：左腔$→e→f→g→h→i→j→p→s→m→n→K→$油箱。

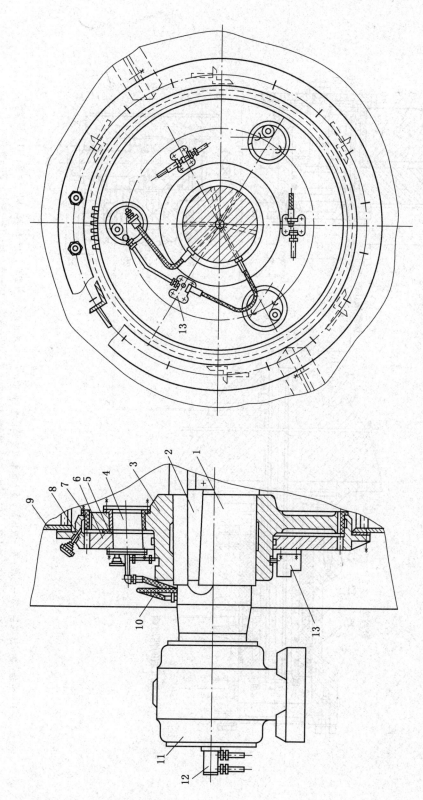

图 12 - 30　轴向移动式调绳离合器

1—主轴；2—键；3—轮毂；4—液压缸；5—橡胶缓冲垫；6—齿轮；7—尼龙瓦；8—内齿轮；9—滚筒轮毂；10—油管；11—轴承座；12—密封头；13—联锁阀

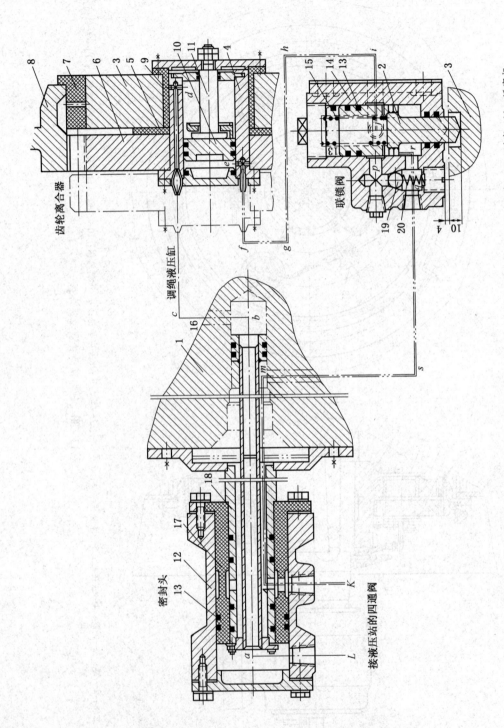

齿轮离合器

调绳液压缸

密封头

接液压站的四通阀

联锁阀

1—主轴；2—活塞销；3—轮毂；4—液压缸；5—橡胶缓冲垫；6—齿轮；7—尼龙瓦；8—内齿轮；9—缸套；10—活塞；11—活塞杆；
12—密封体；13—O形密封圈；14—阀体；15—弹簧；16—空心管；17—轴套；18—空心轴；19—钢球；20—弹簧

图12-31　调绳离合器的液压控制系统

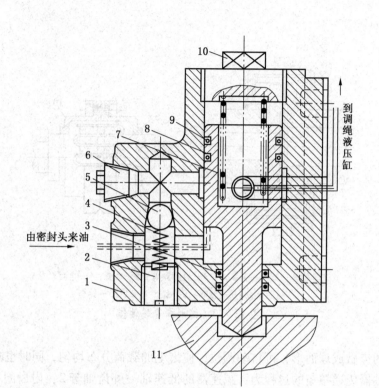

1—阀体；2—螺塞；3、9—O 形密封圈；4、7—弹簧；5—钢球；
6—锥体螺塞；8—活塞销；10—螺母；11—轮毂

图 12–32　联锁阀

3）联轴器

联轴器是用来连接两旋转部分的轴，使其同步旋转，并传递动力（力矩）。提升机使用的联轴器有：

（1）蛇形弹簧联轴器。用于连接电动机的轴与减速器高速轴。由于弹簧的作用，减轻扭矩由电动机传递到减速器输入轴上时在启动、减速和安全制动过程中的冲击和振动。

如图 12–33 所示，两个轴套 1 和 6 分别安装在减速器输入轴端和电动机轴端，轴套外缘都开有同样数目和大小的槽，在槽中嵌入蛇形弹簧 3，蛇形弹簧联轴器就是用它将电动机的扭矩传递到减速器上。弹簧罩 2 与 4 用螺栓连接。联轴器内需注入润滑油脂，以减轻弹簧与槽齿间的摩擦。在靠近电动机的一面有密封装置，防止漏油。

（2）齿轮联轴器。用于连接主轴与减速器的低速轴。这种联轴器能传递较大的扭矩，且能补偿两轴线间的微小误差，但不能缓和冲击。

如图 12–34 所示，齿轮联轴器主要由外齿轴套 1 和 2、内齿圈 3 和 4、端盖 5 和 6 及连接螺栓组成。外齿轴套 1 和 2 分别用键安装在减速器低速轴和主轴上。内齿圈 3 和 4 分别与外齿轮啮合，内齿圈的法兰用螺栓连接。为减轻两轴轴线的倾斜和不同心造成的影

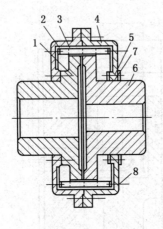

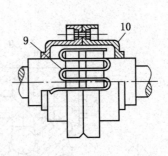

1—减速器轴套；2、4—弹簧罩；3—蛇形弹簧；5—端盖；6—电动机轴套；

7—密封装置；8—油杯；9—蛇形弹簧；10—轴套

图 12-33　蛇形弹簧联轴器

响，外齿轮的齿做成球面形，可自动调位，使齿上的载荷分布均匀，同时也减轻轴承的负担。齿轮联轴器传递扭矩的过程为：减速器的低速轴→外齿轴套 2→内齿圈 4→连接螺栓（若干）→内齿圈 3→外齿轴套 1→主轴。端盖内装有密封圈 7 和 8 以防止润滑油由联轴器内漏出。联轴器上开有一注油孔，平时用塞钉塞住。

（二）多绳摩擦式提升机

1. 多绳摩擦式提升机工作原理和特点

如图 12-35 所示，多绳摩擦式提升机是将数根（一般是 4 根或 6 根）钢丝绳 2 同时搭放在主导轮（又称摩擦轮）1 上，钢丝绳两端各悬挂一提升容器。当电动机通过减速器带

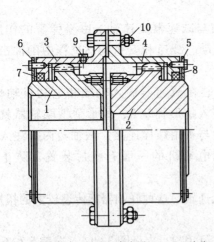

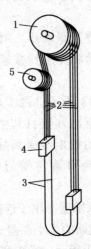

| 1、2—外齿轴套；3、4—内齿圈；5、6—端盖； | 1—主导轮；2—提升钢丝绳；3—尾绳； |
| 7、8—密封圈；9—油孔；10—连接螺栓 | 4—提升容器；5—导向轮 |

图 12-34　齿轮联轴器　　　　　图 12-35　多绳摩擦式提升机工作原理示意图

动主导轮旋转时，借助主导轮上的摩擦衬垫与钢丝绳之间的摩擦力，使钢丝绳随滚筒一起转动，实现提升容器的上升和下放。

多绳摩擦式提升设备有井塔式和落地式两种布置方式。井塔式是把提升机安装在井塔上。图 12–36 是落地式摩擦式提升示意图。我国多绳摩擦式提升机多采用井塔式。

多绳摩擦式提升机与单绳缠绕式提升机相比，其主要优点是：

（1）由于采用多根钢丝绳共同承受终端载荷，每根绳平均载荷较小，绳径较细，因而主导轮直径显著减小，又因主导轮不起容绳作用，其宽度也小，故提升机质量和外形尺寸均大幅度减小，节约了钢材，减小了机房面积。

（2）由于多绳摩擦式提升机运动件的转动惯量小，可使用转速较高的电动机和较小传递比的减速器。

（3）偶数根钢丝绳左右捻各半，提升容器扭转减小，减小了罐耳与罐道的摩擦。

（4）钢丝绳搭放在主导轮上，减少钢丝绳的弯曲次数，改善了钢丝绳的工作条件，提高了钢丝绳的使用寿命。

（5）由于多根绳同时被拉断的可能性极小，提高了安全性，因而提升罐笼上可不设防坠器。

（6）提升高度不受滚筒容绳量的限制，故适用深井提升。

其缺点有：

（1）多根钢丝绳的悬挂、更换、调整、维护检修工作复杂，而且当一根钢丝绳损坏时，需要更换所有的钢丝绳。

（2）绳长不能调节，不适应多水平提升。

多绳摩擦式提升机型号含义（以 JKM–2.25×4（Ⅱ）A 为例）：

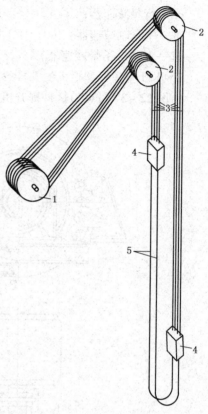

1—主导轮；2—天轮；3—提升钢丝绳；
4—提升容器；5—尾绳

图 12–36　落地式摩擦式提升示意图

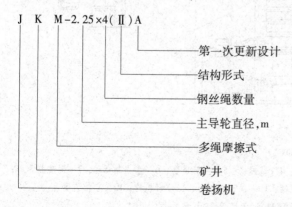

J　K　M–2.25×4(Ⅱ)A

第一次更新设计
结构形式
钢丝绳数量
主导轮直径，m
多绳摩擦式
矿井
卷扬机

Ⅰ—行星减速器；

Ⅱ—平行轴减速器；

Ⅲ—直联（不带减速器）。

2. JKM 型多绳摩擦式提升机的结构

由图 12 – 37 可见，这种提升机由主轴装置 5（包括主导轮、主轴、主轴承）、减速器 4、

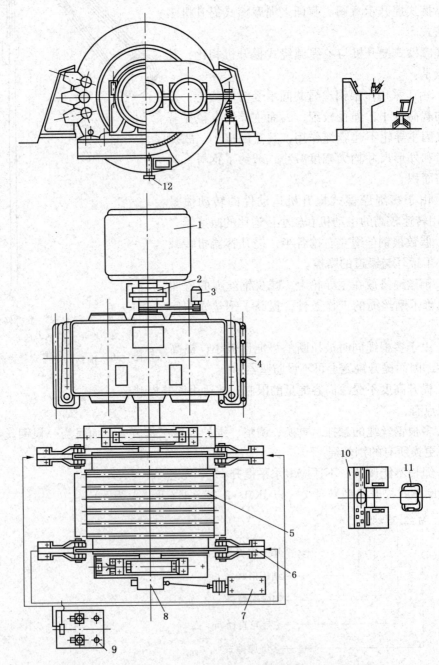

1—电动机；2—弹簧联轴器；3—测速发电机；4—减速器；5—主轴装置；6—盘式制动器；7—深度指示器；

8—圆盘指示器发送装置；9—液压站；10—斜面操纵台；11—司机椅；12—车槽装置

图 12 –37 JKM 型多绳摩擦式提升机

电动机1、制动装置（盘式制动器6、液压站9）、深度指示器7等主要部分组成，其制动装置、联轴器及操纵等部分与JK型提升机相同。多绳摩擦式提升机不同于缠绕式提升机的结构，如主轴装置、导向轮、减速器等都有所不同。

1）主轴装置

如图12-38所示，主轴装置由主导轮、主轴及主轴承3部分组成。

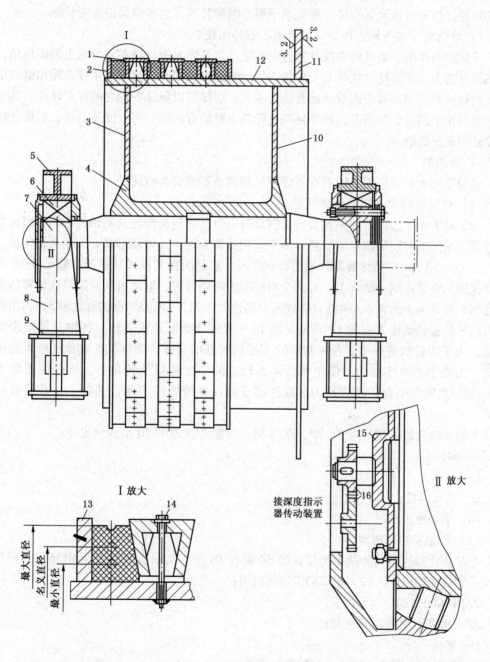

1—固定衬块；2—摩擦衬块；3、10—轮辐；4—轮毂；5—轴承盖；6—主轴承；7—主轴；8—轴承座；
9—垫板；11—制动盘；12—筒壳；13—挡板；14—螺栓；15—联结器；16—更换齿轮对

图12-38 JKM-2.25/4型多绳摩擦式提升机主轴装置

主导轮由筒壳 12、轮辐 3 和 10、轮毂 4、制动盘 11 构成。筒壳由厚 20～30 mm 的 16Mn 钢板焊制，其上用倒梯形的固定压块（铸铝或塑料制）将摩擦衬垫压紧并固定于主导轮表面上，摩擦衬垫形成衬圈，再车出绳槽。摩擦衬垫是与钢丝绳接触并传递摩擦力的重要零件，它承担着提升容器及其载荷、钢丝绳、尾绳等的全部重力，以及运行时产生的动载荷。因此，要求摩擦衬垫具有足够的抗压强度、较好的耐磨性和较高的摩擦系数。常用的摩擦衬垫材料是聚氯乙烯、聚氨基甲酸乙酯橡胶等，也可用运输胶带代用。

2）导向轮（主导轮直径 2 m 以下的不带导向轮）

导向轮的作用一是可调整提升容器中心距；二是增大钢丝绳在主导轮上的围包角，以提高提升能力。导向轮的数目与主导轮上钢丝绳的根数相同，其中一个导向轮用键固定在轴上与轴一起转动，其余则游动地套装在轴上，这样可以保证各轮之间相对转动。游动导向轮套与轮轴间用黄油润滑，每个导向轮轮毂上都装有油杯，可方便地加油，以保证轮套与轮轴间充分润滑。

3）减速器

多绳摩擦式提升机的减速器有带弹簧基础和不带弹簧基础两种。

（1）弹性基础中心驱动式减速器。

为了减少由于启动、加减速及安全制动时动负荷对传动齿轮及基础的影响，减速器采用弹簧支承基础和液压减震器装置。由于采用弹簧支承，其传动形式必须用共轴传动。

图 12－39 为 ZG 型弹簧基础减速器示意图。它是两级共轴式减速器，输出轴 10 与输入高速轴 1 安装在同一轴线上，有两个对称的中间轴装置，电动机的动力经联轴器传递给高速轴 1 和高速小齿轮 2、两侧对称的两个高速大齿轮 3、两根对称的弹性轴 5，再由低速小齿轮 8 传递到低速大齿轮 12 和输出轴 10，从而带动提升机运转。各轴全部采用滚柱轴承。由于齿轮制造误差，使 4 对齿轮很难同时都啮合好，弹性轴 5 在承受较大的扭矩时会产生微小的弹性变形，使中间传动齿轮之间产生相应的转角差，从而使齿轮 2 和 12 分别与之紧密啮合，载荷均匀。减速器安放在弹簧构成的弹性基础上，并装有减震器 6。

共轴式减速器的型号为 ZG 型、ZGH 型，其意义以 ZGH-70 型为例说明：

Z—圆柱形；

G—共轴式；

H—圆弧齿轮；

70—中心距，cm。

（2）行星齿轮减速器。

行星齿轮减速器共分两个型号，即 ZZ 型和 ZK 型，其示意图如 12－40 所示，其型号意义分别以 ZZDP1000（2）和 ZKP3 为例说明：

ZZDP1000（2）

ZZ—重载行星齿轮减速器；

D—单级；

P—派生型，即第一级为平行轴圆柱齿轮；

1000—内齿轮分度圆直径，mm；

（2）—二级减速。

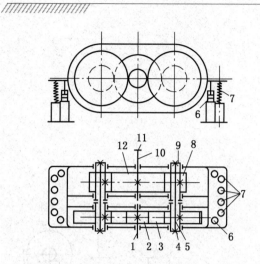

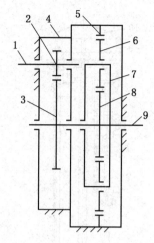

1—高速轴；2—高速小齿轮；3—高速大齿轮；4—高速轴套；
5—弹性轴；6—液压减震器；7—弹性机座；8—低速小齿轮；
9—低速轴套；10—输出轴；11—刚性联轴器；12—低速大齿轮

图 12-39 ZG 型弹簧基础减速器示意图

1—输入轴；2—高速级小齿轮；3—高速级大齿轮；4—壳体；5—内齿轮；6—第二级行星齿轮；7—行星架；8—第二级太阳轮；9—输出轴

图 12-40 ZZDP、ZKP 型减速器示意图

ZKP3

ZK—矿井提升机用行星齿轮减速器；

P—派生型，即第一级为平行轴圆柱齿轮；

3—机座号，用 1~7 表示，承载能力从小到大。

（三）深度指示器

深度指示器的作用是：指示提升容器在井筒中的运行位置；当容器接近井口或井底停车位置时，发出减速信号；限制提升容器过卷，当提升容器过卷时，深度指示器上的过卷开关能切断安全保护回路，进行安全制动；在减速阶段，通过限速装置进行过速保护。

目前我国单绳缠绕式提升机上的深度指示器有牌坊式（立式）和圆盘式两种。KJ 型提升机采用牌坊式。JK 型提升机可选用牌坊式和圆盘式任一种。对于多绳摩擦式提升机采用带有调零补偿机构的深度指示器。另外，还有轴编码器式数字深度指示器和直接从钢丝绳上提取信号的深度指示器。

1. 牌坊式深度指示器

如图 12-41 所示，牌坊式深度指示器由 4 根立柱 13、两根丝杠 5、两个圆盘 15、数对齿轮及蜗轮蜗杆等组成。牌坊式深度指示器传动系统如图 12-42 所示。

如图 12-41 所示，提升机主轴的转动是通过锥齿轮对带动传动轴、直齿轮副 3、伞齿轮副 2，使两根垂直的丝杠 5 做相反方向转动，并带动套在丝杠上的两个螺母 14 上下移动。深度指示器丝杠的转数与提升机主轴的转数成正比，而主轴转数与提升容器在井筒中的位置相对应。因此指针的位置与提升容器的位置相对应，完成提示容器位置的任务。

提升容器接近井口到达减速位置时，移动的螺母 14 上的凸块托住信号拉条 7 上的销子，将信号拉条抬起，拉条上的角板碰撞减速开关 8 的滚子，使提升机减速。同时信号杆上的铃锤 9 产生偏移，螺母继续上移，于是信号杆上的销就从凸块上脱落下来，铃锤敲响

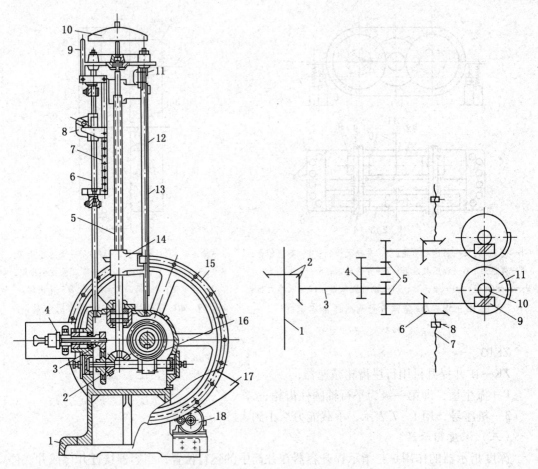

1—机座；2—伞齿轮；3—齿轮；4—离合器；5—丝杠；6—立杆；7—信号拉条；8—减速限位开关；9—铃锤；10—信号铃；11—过卷限位开关；12—标尺；13—支柱；14—螺母指针；15—限速圆盘；16—蜗轮蜗杆组；17—限速凸轮板；18—限速自整角机

图 12-41　牌坊式深度指示器结构

1—主轴；2—锥齿轮；3—传动轴；4、5—齿轮；6—锥齿轮；7、8—丝杠和螺母指针；9、10—蜗杆蜗轮；11—限速圆盘

图 12-42　牌坊式深度指示器传动系统

信号铃 10，向司机发出减速信号。此时，在限速圆盘下部装有减速行程开关，到减速位置时限速圆盘上的撞块挤压减速行程开关，发出声光信号，并使提升机投入减速运行。

当容器过卷时，螺母 14 上的碰铁顶开深度指示器上部的过卷限位开关 11，或限速圆盘上的撞块碰压在圆盘下部的过卷行程开关，进行安全制动。

深度指示器的限速圆盘 15 上装有限速凸轮板 17，它与限速自整角机 18 配合，参与减速阶段的速度控制。

2. 圆盘式深度指示器

圆盘式深度指示器由两部分组成，即深度指示器传动装置（发送部分）和深度指示盘（接收部分）。

图 12-43 为圆盘式深度指示器的传动装置。传动轴 1 用法兰盘与减速器输出轴相连，

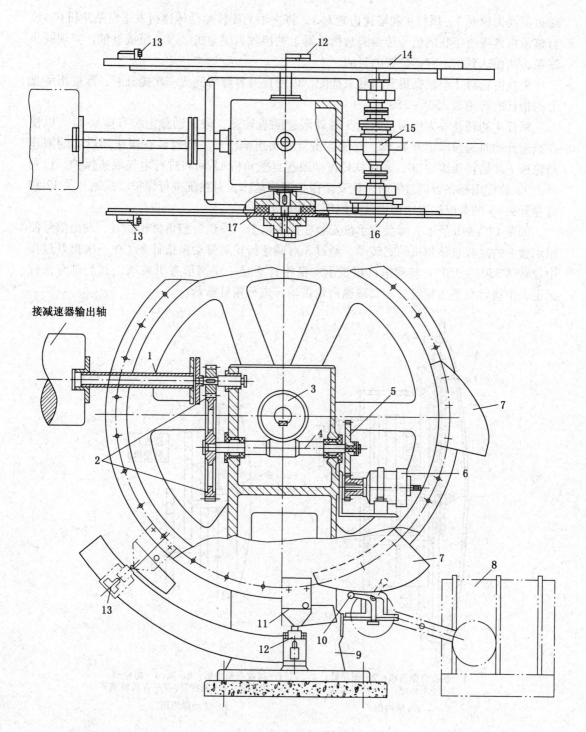

1—传动轴；2—更换齿轮对；3—蜗轮；4—蜗杆；5—增速齿轮对；6—发送自整角机；7—限速凸轮板；
8—限速变阻器；9—机座；10—滚轮；11—撞块；12—减速开关；13—过卷开关；14—后限速圆盘；
15—限速用自整角机；16—前限速圆盘；17—摩擦离合器

图12-43 圆盘式深度指示器的传动装置

通过更换齿轮对2、蜗杆4和增速齿轮对5，将主轴的旋转运动传递给发送自整角机6。该自整角机再将所接收的信号传给圆盘指示器上的接收自整角机，二者组成电轴，实现同步联系，从而达到指示容器位置的目的。

更换齿轮对2应根据提升高度来选配，以使提升容器每完成一次提升时，深度指示盘上的指针的转角为250°～350°。

蜗杆4的转动一方面通过蜗轮3带动限速圆盘转动，限速圆盘上装有撞块11，以便在减速开始时碰撞减速开关12，并使连击铃发出声响信号。同时装在限速圆盘上的限速凸轮板7开始挤压滚轮10，通过杠杆拨动限速自整角机15回转进行电气限速保护。过卷开关13的作用是在容器过卷时，使安全保护回路动作，对系统进行保护。减速开关12和过卷开关13的装配位置须根据具体使用条件确定。

如图12-44b所示，圆盘指示盘安装在操纵台上，发送自整角机转动时，发出信号使指示盘上的接收自整角机随之转动，经过3对减速齿轮对带动粗指针5（在一次提升过程中仅转动250°～350°）转动进行粗指示。精指针6是一块圆形有机玻璃，其上刻有指针标记，由接收自整角机经过一对减速齿轮带动，进行精针指示。

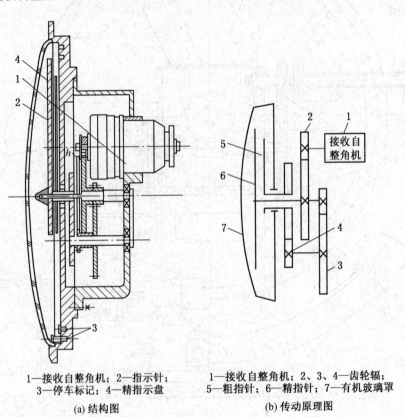

1—接收自整角机；2—指示针；
3—停车标记；4—精指示盘

(a) 结构图

1—接收自整角机；2、3、4—齿轮辐；
5—粗指针；6—精指针；7—有机玻璃罩

(b) 传动原理图

图12-44 深度指示器

3. 多绳摩擦式提升机深度指示器的调零

多绳摩擦式提升机由于钢丝绳搭放在摩擦轮上，工作中不可避免地会出现钢丝绳蠕动或滑动现象，钢丝绳与摩擦轮衬垫间会出现相对位移，这就使深度指示器的指针与提升容器在井筒中的位置不能对应。因此，多绳摩擦式提升机深度指示器需要设置调零机构。

调零就是指每提升一循环后，在停车期间，自动校正一次，把指针调到零位，以防误差积累。

如图 12-45 所示，在正常工作状态下调零电动机 31 并不转动，故与之相连的蜗杆 30、蜗轮 29 与圆锥齿轮 10 都不转动，此时由主轴传来的动力经轴 1 和 4 使差动轮系的圆锥齿轮 7、8、9 转动，再使轴 11、14 和丝杠 17 转动，粗针 18 便指示容器的位置。为更精确反映提升容器在临近停车前的位置，设置了一个精针 27 及刻度盘 28。在井筒中距离容器卸载位置前 10 m 处，安装一个电磁感应继电器，以控制电磁离合器 25。当提升容器在井筒中经过电磁感应继电器时，电磁离合器 25 合上，精针开始转动直到停车（约转 330°）。刻度盘上每格表示 1 m，与所积累的由于钢丝绳蠕动或滑动所产生的误差无关。如果钢丝绳由于蠕动或滑动而使容器已到达卸载位置而指针尚未到零位或已超过零位，自整角机 32 的转角与预定零位不对应，便会输出一相应的电压，通过电控系统使调零电动机 31 运转，此时因提升机已停止运转，故齿轮 6、7 不动，蜗杆 30 和蜗轮 29 便带动轴 11、14 和丝杆 17 转动，直到指针返回预定零位为止。这时指针的位置与容器位置一致，自整角机的电压也为零，调零电机停转，调零结束。

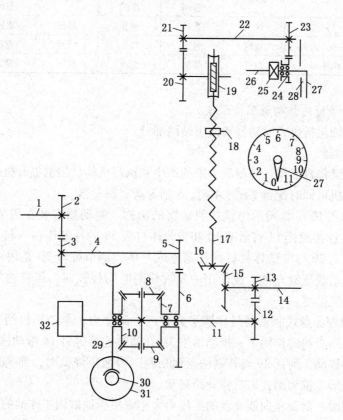

1、4、11、14、22、26—轴；2、3、5、6、12、13、20、21、23、24—齿轮；7、8、9、10、15、16—圆锥齿轮；
17—丝杆；18—粗针；19、30—蜗杆；25—电磁离合器；27—精针；28—刻度盘；
29—蜗轮；31—调零电动机；32—自整角机

图 12-45 多绳摩擦式提升机深度指示器调零原理图

（四）制动系统

1. 制动系统的作用及类型

制动系统的作用是：

（1）正常停车制动，即在提升终了或停车时闸住提升机。

（2）正常工作制动，在减速阶段参与提升机的速度控制。

（3）安全制动，即当提升机工作不正常或发生紧急事故时，迅速而及时地闸住提升机。

（4）调绳制动，即双滚筒提升机在调绳或更换水平时闸住活滚筒，松开固定滚筒。

提升机制动系统由制动器（通常称为闸）和传动装置两部分组成。制动器是直接作用到制动轮或制动盘上产生制动力矩的部分，按结构可分为块式制动闸与盘式制动闸；传动装置是控制、调节或解除制动的机构，按制动力的来源可分为重锤重力、弹簧、液压和气动等。我国国产提升机的制动装置见表12-4。

表12-4 制动装置类型

序号	机型系列	工 作 制 动			安 全 制 动		
		制动闸	传动机构		制动闸	传动机构	
			抱闸	松闸		抱闸	松闸
1	KJ（2~3）系列	块闸	重锤	油压	块闸	重锤	油压
2	KJ（4~6）系列	块闸	气压	气压	块闸	重锤	气压
3	JK、JKM 等	盘闸	弹簧	油压	盘闸	弹簧	油压

2. 盘式制动系统的结构及工作原理

盘式制动系统包括盘式制动器和液压站两部分。

1）盘式制动器

盘式制动器又称盘形闸，是制动力矩的产生和执行机构。根据提升机所需制动力矩的不同，一台提升机可同时配置2副、4副、6副等盘式制动器。

（1）结构。图12-46所示为盘式制动器的结构。制动器安装在机架上，液压缸21内装有活塞10，连接螺栓14将活塞10和带筒体衬板28的柱塞连在一起，碟形弹簧2套装在柱塞上，闸瓦29与带筒体衬板的柱塞连成一体，调节螺母20是用来调整闸瓦间隙的。第一次向制动液压缸充油，或使用中发现松闸时间较长时，需将通气螺钉22拧松，将制动缸内的空气排尽。

（2）工作原理。盘式制动器是靠碟形弹簧产生制动力，靠油压松闸的。当压力油充入压力腔时，在压力油的作用下，推动活塞10并通过连接螺钉14带动柱塞28和闸瓦29压缩弹簧2向左移动，闸瓦29离开制动盘而松闸。当液压降低时，弹簧逐渐消除在松闸状态时的压缩变形，推动闸瓦向右移动而制动。

在制动状态时，闸瓦压向制动盘的正压力大小取决于油缸内工作油的压力大小，当缸内压力为最小值时（一般不等于零，有残压），弹簧力几乎全部作用在活塞上，此时的制动力最大，呈全制动状态。反之，当工作油压为系统最大油压时，则为全松闸状态。

2）液压站

液压站的作用是：

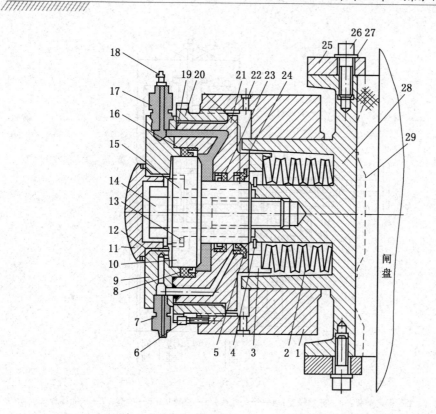

1—制动器体；2—碟形弹簧；3—弹簧垫；4、5—挡圈；6—锁紧螺栓；7、17—油管接头；
8、12、13、16、19、23—密封圈；9—后缸盖；10—活塞；11—后盖；14—连接螺栓；
15—活塞内套；18—短节；20—调节螺母；21—液压缸；22—放气螺钉；24—油封；
25—压板；26—螺钉；27—垫圈；28—带筒体衬板；29—闸瓦

图 12 - 46　盘式制动器在制动盘上配置示意图

（1）在工作制动时，向盘式制动器提供所需的油压，以获得不同的工作制动力矩。

（2）在安全制动时，使盘式制动器迅速回油，实现二级安全制动。

（3）为双滚筒提升机的调绳离合器提供压力油。

下面以 $TY_1 - D/S$ 液压站（D 适用于多绳摩擦式提升机及单绳单滚筒提升机，S 适用于单绳双滚筒提升机）为例，说明工作制动力矩的调节原理。

该液压站是通过电液调压装置控制溢流阀的液流压力，调节盘式制动器液压缸的油压，从而实现制动力矩调节的。如图 12 - 47 所示，电液调压装置和溢流阀有如下两个作用：

（1）定压：确定液压站所需的最大工作油压。旋动溢流阀上部的调压螺栓 9，可调整定压弹簧 10 对阀 8 的压紧程度。当系统的油压超过所需的最大值时，压力油便经过 $C \rightarrow D \rightarrow A$ 推开锥形阀 8，从滑阀 12 的中孔回油，这样在小孔 B 上下就形成了压差。D 腔的压强低于 C 腔的压强，在不平衡压强的作用下，滑阀 12 上移，部分压力油从 $K \rightarrow C \rightarrow$ 滑阀下部回油，从而保持系统的压力不超过实际需要的工作油压。

（2）调压：使向盘形闸供油的工作油压按需要在 p 范围内变化。油泵产生的压力油从 $K \rightarrow C \rightarrow B$ 孔 $\rightarrow D$ 腔，滑阀 12 受 C 腔、D 腔油压及辅助弹簧 11 的作用，以一定的开启

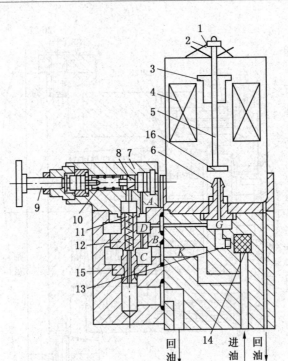

1—固定螺母；2—十字弹簧；3—可动线圈；4—永久磁铁；5—控制杆；6—喷嘴；7—中孔螺母；
8—导阀；9—调压螺栓；10—定压弹簧；11—辅助弹簧；12—滑阀；13—节流阀；
14—滤芯；15—双体锥套；16—挡板

图 12-47　溢流阀和电液调压装置的调压原理图

度处于平衡状态。若 D 腔压力小于 C 腔，滑阀上移，使滑阀与阀座间的开启度加大，则经回油管的回油量增大，于是，C 腔及 K 管的压力下降，使滑阀处于新的平衡位置，K 管压力保持某一定值。反之，若 D 腔压力大于 C 腔，则滑阀下降，开启度减小，使 C 腔及 K 管油压上升，滑阀在另一位置上处于平衡状态。总之，在调压过程中，溢流阀的滑阀跟随 D 腔内压力变化而经常处于上下运动状态，其平衡状态是暂时的、相对的。

由此可见，只要使 D 腔压力变化，就能引起 K 管处压力也就是液压站压力的变化，达到调节系统压力的目的，而 D 腔压力变化则是受电液调压装置来控制的。

电液调压装置是一个电气机械转换器，它将输入的电信号转换成机械位移。如图 12-47 所示，控制杆 5 受十字弹簧 2 的作用有向上移动的趋势，在控制杆 5 上还固定有一可动线圈 3。当有直流电通过线圈时，在永久磁铁 4 的作用下，线圈带动控制杆一起下移，使控制杆下部的挡板 16 与喷嘴 6 之间的距离减小，此时，液压站的油泵正常工作，而 G 腔和 D 腔压力由于喷流量减少而增高。当电流达到最大值时，喷嘴被挡板全部盖住，G 腔、D 腔压力达到最大值。相反，当电流减小时，控制杆在十字弹簧作用下上移，喷嘴喷油量加大，G 腔、D 腔压力随之降低。而输入动线圈的电流是由司机操纵制动手柄，改变自整角机的输出电压来控制的。

综上所述，液压站的工作原理可归纳如下：

TY_1 - D/S 液压站主要组成部分如图 12-48 所示。由电机 1、液压泵 2、网式滤油器

序号	名称
G_5	电磁阀22E₁-25B
G_4	电磁阀22E₁-25BH
G'_3	电磁阀23D-25B
G_3	电磁阀23D-25B
G_2	电磁阀24D-25B
G_1	电磁阀2D-25B
9	单向阀
8	弹簧蓄能器
7	溢流阀
6	减压阀
5	液动换向阀
4	电液调压装置
3	纸质滤油器
2	液压泵
1	电机

各电磁阀工作状态

各阀动作情况 工作类型	G_1	G_2	G_3	G'_3	G_4	G_5	备注
正常工作	-	-	+	+	+	-	（+）表示通电
井中紧急制动	-	-	+	+	延时+	-	
井口紧急制动	-	-	+	+	+	延时-	
调绳离合器　打开	+	+					（-）表示断电
固定卷筒转动	+	-					
合上	+	-					

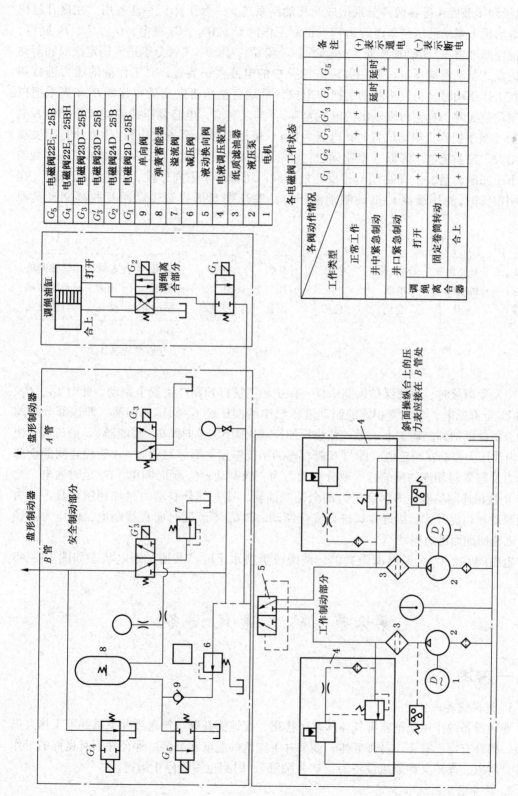

图12-48　TY₁-D/S液压站工作原理图

3、电液调压装置 4 等各两件分别组成两套油路系统，一套工作，一套备用。在提升过程中，电动机 1 带动液压泵 2 连续运转。正常工作时 G_3、G'_3、G_4 有电，G_1、G_2、G_5 断电，液压油经滤油器 3、液动换向阀 5、电磁阀 G_3 和 G'_3，由 B、A 管分别进入固定滚筒和游动滚筒的盘式制动器液压缸，利用并联在油路中的电液调压装置，对工作油的压力进行调节。在工作制动时，司机将制动手把向里拉，带动自整角机发出的电压减小（当手把拉至全制动位置时，自整角机发出的电压为零）。与之对应，电液调压装置动线圈的输入电流降低（当手把到全制动位置时，电流为零），挡板上移（至最大位），压力油自喷嘴喷出量增大，使系统油压降低（全制动时，油压值最低）。此时，盘式制动器闸瓦在弹簧的作用下压向制动盘，实现制动。相反，松闸时，司机将手把向外推，系统油压升高（在全松闸位置时，油压最高），推动制动液压缸活塞压缩盘形弹簧带动闸瓦脱离制动盘而松闸。

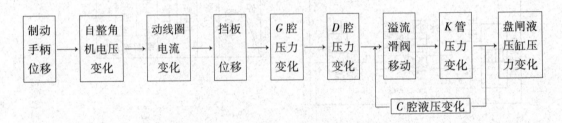

当发生事故时，电气保护回路中任一保护触点被打开而产生安全制动，此时 G_1、G_2、G_3、G'_3 全部断电，与 A 管相连的制动液压缸中的油压经 G_3 阀迅速回油，即该部分闸的制动力矩全部加到制动盘上；另一路液压油经减压阀 6、单向阀 9、蓄能器 8、液流阀 7 使 B 管内油压力控制在一定值，即与 B 管相连的闸仅施加一部分制动力。A 管相连闸的全部制动力及与 B 管相连的闸的这一部分制动力为一级制动；G_4 延时断电，G_5 延时通电，此时与 B 管相连制动器中的剩余压力油全部回油箱，这一部分制动力也加到制动盘上，为二级制动。当提升容器接近井口进行安全制动时，G_4 不经延时而直接断电，使压力油经 B 管迅速回油而迅速制动。

电磁阀 G_1、G_2 为调绳而设置的，调绳或更换水平时，其通、断电状态如图 12 - 48 中表。

第六节　矿山通风设备

一、概述

1. 通风设备的作用

通风设备的作用是把有害气体从井下排出，把地面新鲜空气送到井下供井下工作人员呼吸，稀释有毒、有害、易爆气体，调节井下空气的温度和湿度，保证井下有良好的工作条件。所以，煤矿又称通风设备为"矿井肺脏"，时刻也不能停止运行。

2. 矿井通风系统

图 12 - 49 为矿井通风系统简图。装在地面的通风机 1 运转后，在通风机入口处形成

负压，由于外界大气压作用，使井下空气产生流动。外界新鲜空气进入风井 2，流经井底车场 3，通过运输大巷 5 到达工作面 6，在这里混入了各种各样的有害气体和煤尘而成为污浊气体，流经回风巷 7，最后经出风井 8 和风道 9，由通风机 1 排出矿井。因为通风机连续运转，外界新鲜空气不断输入矿井，有害气体不断排出，从而达到矿井通风的目的。

3. 矿用风机分类

（1）按风机的工作原理分为轴流式（气体从轴向进轴向出）和离心式（气体从轴向进径向出）。

（2）按风机的用途分为主要通风机（负责全矿或某一区域通风任务）和局部通风机（负责掘进工作面或加强采煤工作面通风）。

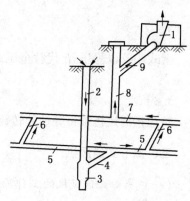

1—通风机；2—入风井；3—井底车场；
4—石门；5—运输平巷；6—工作面；
7—通风平巷；8—出风井；9—风道
图 12-49　矿井通风系统简图

（3）按风机的叶轮数目分为单级（只有一个叶轮）和双级（有两个叶轮）。

（4）按产生风压大小分为低压风机（全压小于 1000 Pa）、中压风机（全压在 1000 ~ 3000 Pa）和高压风机（全压在 3000 ~ 15000 Pa）。

二、通风机的工作参数

1. 风量

风量是指通风机在单位时间内排出的气体体积，用 Q 表示，单位为 m^3/s 或 m^3/h。

2. 风压

通风机的风压分静压、动压和全压，单位为 Pa。

（1）静压（H_j）：指单位体积空气在通风机中的势能增量。静压用来克服通风系统的阻力，是风机全压中的有效部分。

（2）动压（H_d）：指单位体积空气在通风机中的动能增量。动压是空气在通风机出口以某一速度流出时的损失。

（3）全压（H）：指单位体积空气在通风机中所获得的总能量，即 $H = H_j + H_d$。

3. 功率

（1）轴功率（N）：指电动机传递给通风机轴的功率，即通风机的输入功率。

（2）有效功率（N_x）：指单位时间内空气自通风机中所获得的实际能量，即通风机的输出功率。

$$N_x = QH/1000$$

式中　Q——风机风量，m^3/s；

　　　H——全压，Pa。

4. 效率

由于风机在运转过程中要产生流动损失、泄漏损失和机械损失等，因此通风机的轴功率不可能全部转变为有效功率，即有效功率总比轴功率小。有效功率与轴功率的比值，叫作通风机的效率，用 η 表示。

$$\eta = \frac{N_x}{N} = \frac{QH}{1000N}$$

上式中若以静压 H_j 代替全压 H，则所求的效率称为静压效率，用 η_j 表示：

$$\eta_j = QH_j/1000$$

5. 转速

转速指通风机轴每分钟的转数，用 n 表示，单位为 r/min。

三、离心式通风机

（一）离心式通风机的工作原理

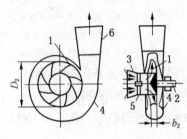

图 12 - 50 离心式通风机

如图 12 - 50 所示，当电动机带动风机轴旋转时，叶轮 1 上的叶片推动叶道中的空气旋转，空气在离心力的作用下做离心运动，以较高的速度和较低的压力从叶轮的四周甩出，汇集于螺壳形机壳 4 内，经扩散器 6 排出风机。同时，在叶轮的进口处产生低于大气压的负压，于是井下空气在大气压力作用下由进风口 3 进入，经前导器进入叶轮补充流失的气体，形成连续不断的风流。

（二）离心式通风机的结构及性能

图 12 - 51 所示是离心式通风机设备的各个部件。构成离心式通风机的主要部件有叶轮 1、螺线形机壳 2、扩散器 3、轴 4、前导器 7 及吸风口 12。叶轮装在轴 4 上，轴承一为止推轴承 5，另一为径向轴承 6。电动机与轴 4 用齿轮联轴器 9 连接，形成直接传动（也有用三角带间接传动）。前导器 7（有的风机没有前导器）是用来调节风流进入风机叶轮时的方向，进而调节通风机的风压和风量。

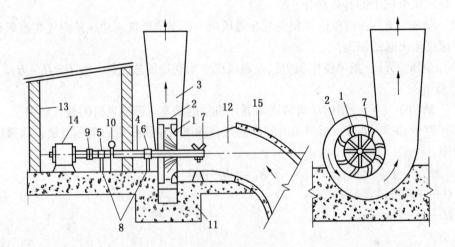

1—机轮；2—螺线形机壳；3—扩散器；4—轴；5—止推轴承；6—径向轴承；7—前导器；8—支架；
9—齿轮联轴器；10—制动器；11—基础；12—吸风口；13—支架；14—电机；15—风硐

图 12 - 51 离心式通风机示意图

目前矿山常用离心式通风机有 K4 - 73 型、4 - 72 - 11 型。大型矿井通风采用 K4 - 73 型离心式通风机，中小型矿井多采用 4 - 72 - 11 型。

1. K4 - 73 型通风机

1）型号含义

如 K4 - 73 - 02№32 型通风机的型号含义如下：

K—矿用通风机；

4—通风机在最高效率点时的全压系数乘 10 并取整；

73—通风机在最高效率点的比转速；

0—通风机进口为双面吸入；

2—通风机的设计顺序号为第二次；

№32—通风机机号，叶轮直径为 3200 mm。

2）K4 - 73 - 02 型通风机结构

如图 12 - 52 所示，该型风机的叶轮由叶片、前盘及中盘组成，每侧有 12 片后倾机翼型叶片焊接于弧锥形的前盘与中盘之间。机壳为两开式，上部用钢板加筋焊接而成，

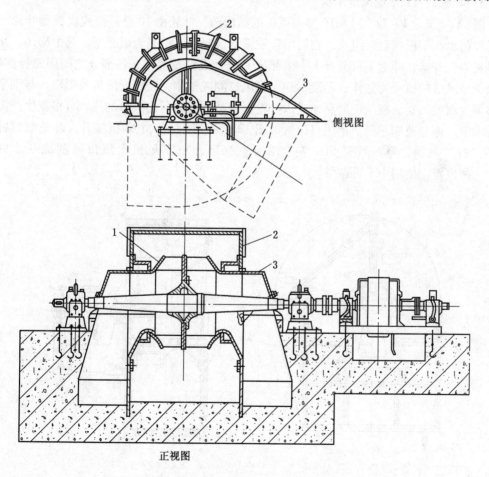

1—叶轮；2—外壳；3—进风口

图 12 - 52　K4 - 73 - 02 型矿井离心式通风机

下部由使用单位在安装时用水泥浇注而成。K4 型风机可以两端出轴传动，采用双电动机传动。

2. 4 - 72 - 11 型通风机

1）型号含义

如 4 - 72 - 11№16D 右 90°型通风机的型号含义为：

4—通风机在最高效率点时的全压系数乘 10 并取整；

72—通风机在最高效率点的比转速；

1—单吸入；

1—第一次设计；

№16—通风机机号，叶轮直径为 1600 mm；

D—传动方式为 D 式；

右 90°—旋转方向为右旋，出风口角度为 90°。

该型风机有№2.8 ~ 20 共 12 个机号。

2）4 - 72 - 11 型通风机结构

图 12 - 53 为 4 - 72 - 11№16 型通风机的结构图。叶轮由 10 个后曲式机翼型叶片、双曲线型前盘和平板型后盘组成，它们用优质锰钢板制成。机壳为蜗壳型，其中№16、№20 的风机为三开式，即上下可分开，上半部分又可分成左右两半，各部分之间用螺栓连接。其余机号风机的机壳为整体，不能拆卸。进风口制成整体，装于通风机的侧面，与轴平行的截面为曲线形状，使气流顺利地进入叶轮，以减少阻力。出风口的位置可根据生产需要进行调整，调整范围不等。出风口位置如图 12 - 54 所示，从电动机端看，叶轮顺时针旋转用"右"表示，逆时针转用"左"表示。№16、№20 风机出风口可制成 0°、90°、180°三种位置，使用中不可调整。

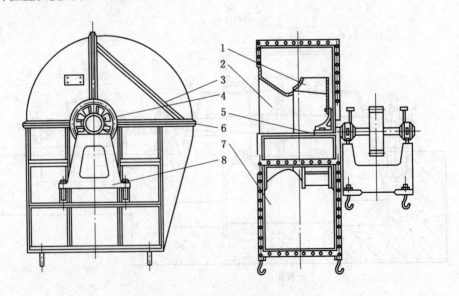

1—叶轮；2—集风器；3—三开箱式机壳；4—胶带轮；5—机轴；6—轴承；7—出风口；8—轴承架

图 12 - 53　4 - 72 - 11№16 型离心式通风机的结构

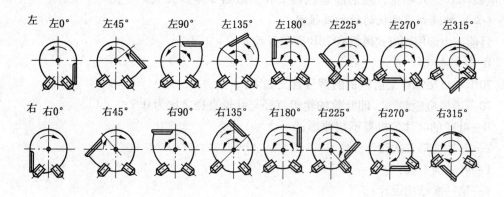

图 12-54 离心式通风机基本出风口位置示意图

3）传动方式

风机传动方式用字母表示（图 12-55），A 式为无轴承电动机直接传动；B 式为悬臂支承，皮带轮在中间；C 式为悬臂支承，皮带轮在轴承外侧；D 式为悬臂支承，联轴器传动；E 式为双支承，皮带轮在外侧；F 式为双支承联轴器传动。

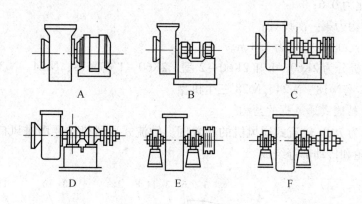

图 12-55 离心式通风机传动方式

四、轴流式通风机

（一）轴流式通风机的工作原理

图 12-56 为轴流式通风机简图，当叶轮被电动机带动旋转时，由于叶片与叶轮旋转平面间有一定的角度，叶片对空气产生推动作用，使其向右运动，这时在叶轮的出口侧气体形成具有一定流速和压力的高压区，在入口侧形成一个低压区，压差促使空气沿轴向流入，并沿轴向流出，即空气经集风器

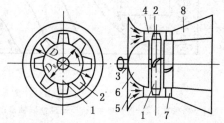

1—轮毂；2—轮叶；3—机轴；4—圆筒形机壳；5—集风器；6—流线体；7—整流器；8—环形扩散器

图 12-56 轴流式通风机简图

5、流线体 6 流入叶轮，然后经整流器 7 和扩散器 8 排到大气。

（二）轴流式通风机的结构及性能

目前矿山常用轴流式风机有 70B 型和 K 型。

1. 型号含义

70B$_2$–11No18D 型通风机的型号含义如下：

70—通风机轮毂比，即叶轮的轮毂直径与叶轮直径之比为 0.7；

B—叶轮的叶片为机翼不扭曲形；

2—叶片为第二次设计；

1—叶轮为 1 级；

1—第一次结构设计；

No18D—风机机号，叶轮直径为 1.8m，D 式传动。

该型风机有 No12 和 No18 两个机号（一级叶轮）；70B$_2$—21 型风机有 No12、No18、No24、No284 个机号。

2K60–1No18 型通风机的型号含义如下：

2—双级叶轮；

K—矿用通风机；

60—轮毂比为 0.6；

1—风机结构为第一次设计；

No18—机号，叶轮直径为 1.8 m。

2K60 型风机分为 2K60–1 和 2K60–2 型。2K60–1 有 No18、No24、No30、No36 四个机型；2K60–2 有 No18、No24、No28 三个机型。

2. 70B$_2$ 型轴流式通风机的结构

图 12–57 为 70B$_2$ 轴流式通风机的布置图。轴流式通风机主要由进风口、主体风筒、扩散风筒、叶轮和传动部等组成。

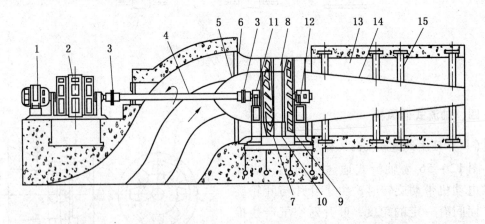

1—励磁机；2—同步电动机；3—挠性联轴器；4—空心转动轴；5—流线体；6—集风器；7—一级叶轮；
8—中间整流器；9—二级叶轮；10—主体风筒；11—支承滚动轴承；12—止推滚动轴承；
13—扩散风筒；14—扩散风筒芯筒；15—拉筋板

图 12–57　70B$_2$ 型轴流式通风机

1）进风口

进风口的作用是使气体均匀地轴向流入叶轮，以减少气流冲击损失。它由集风器6和流线体5组成。

2）主体风筒

主体风筒是用钢板制成，一级的在筒内装有前整流器（前导叶）和后整流器（后导叶），叶片各为11片；二级的在筒内装有叶片为双片的中间整流器(中导叶)和11片的后整流器(后导叶)。

整流器是由导叶组成的固定圆筒。圆筒内径与叶轮轮毂直径相同，沿圆筒表面均匀排列的导叶是等宽的，并以一定的角度固定不动。整流器的作用是改变和调整气流的方向，使之更好地沿轴向流动。

3）扩散风筒（扩散器）

扩散风筒是一个断面逐渐扩大的筒体，一般用砖或混凝土砌成，用拉筋板与芯筒连接。它的作用是将动压的一部分转变为静压，减少空气动压损失，提高效率。

4）叶轮

叶轮上装有16片机翼型不扭曲的叶片，用螺栓和锥形螺帽固定在轮毂上。叶片的固定如图12-58所示，叶片1的柄杆部分插入轮毂的孔内，用锥形螺帽3固定在轮毂2上，再用防松垫片4和防松螺母拧紧，然后盖上侧板6，防止煤尘和水进入。

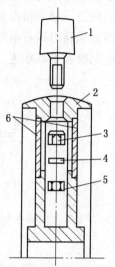

1—叶片；2—轮毂；3—锥形螺帽；4—垫片；5—螺母；6—侧板

图12-58 轴流式通风机叶片的固定方法

叶片的安装角度可根据风量和风压的需要来调整。在轮毂上刻有安装角度，第一级叶轮轮毂上刻有10°、15°、20°、25°、30°、35°、40°；在第二级叶轮上刻有10°、15°、20°、25°、30°、35°、40°、45°。安装角的定位如图12-59所示，用叶片尖端与轮毂上的刻度对齐。风机的性能主要取决于安装角的大小，安装角越大，获得风量也越大。每级叶轮上的所有叶片的角度要保持一致，否则易引起气流不均匀，甚至出现脱流。

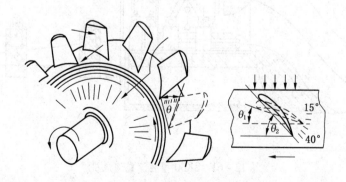

图12-59 叶片安装定位图

5）传动部

如图 12-60 所示，传动部由轴承、传动轴、主轴和联轴器等组成。支承与止推都采用滚动轴承，径向负荷用双列调心滚子轴承，两端轴向负荷由圆锥滚子轴承承受、轴承用润滑脂润滑。轴承箱由铸铁支架支承，与主体风筒连接成一体，能增加其稳定性和耐震性。各轴承箱内接有温度计，可遥测轴承温度。传动轴系空心轴，两端有挠性联轴器，分别与电动机和主轴相连。

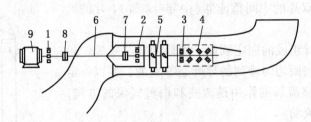

1、2、3—滚动轴承；4—止推滚柱轴承；5—主轴；6—传动轴；7、8—齿轮联轴器；9—电动机

图 12-60　轴流式通风机传动示意图

3. 2K60 型轴流式通风机的结构

如图 12-61 所示，该风机叶片由扭曲面的机翼叶片和扭曲型的中后导叶组成，叶片采用镁铝合金材料制成，每级叶轮装有 14 片叶片。叶片安装角可在 15°~45°内调节。为适应管网阻力的变化，风机具有较宽广的高效率区，并可采用改变叶片数量调节风机性能。叶轮上的叶片既可装成均为 14 片的两级，也可装成均为 7 片的两级，或一级为 14 片，另一级为 7 片。

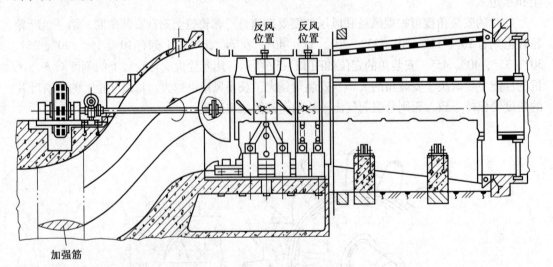

图 12-61　2K60 型轴流式通风机

该机配备有效的反转反风装置，不用反风道。风机装有 4 台导叶执行器，中、后导叶各两台，用来调整导叶安装角以利反风。

五、反风装置

当进风口附近、通风井筒以及井底车场等处发生火灾时，会产生大量燃后气体（CO_2、CO），这些废气随风流进入工作面将危及人的生命，造成严重事故。为避免上述地区火灾蔓延，措施之一是使风流反向。《煤矿安全规程》规定，主要通风机必须装有反风设备，要求在 10 min 内改变巷道中的风流方向，反风量不得低于正常风量的 60%。

通风机的反风方法有两种，一种是利用反风道反风，另一种是利用风机反转反风。

（一）离心式通风机的机房布置和反风装置

离心式通风机的反风方法目前只能利用反风道反风，图 12－62 是有两台离心式通风

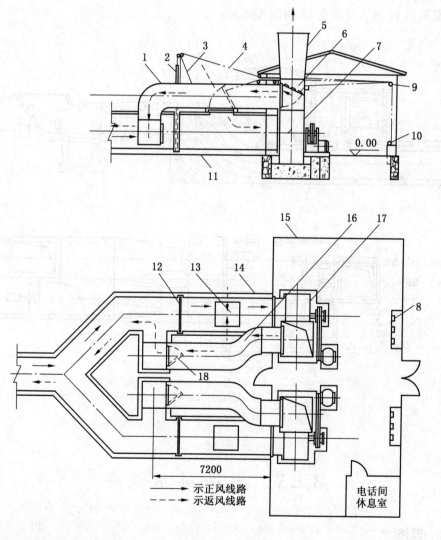

→ 示正风线路
- - → 示返风线路

1、16—反风道；2、12—垂直闸门；3—闸门架；4—钢丝绳；5—扩散器；6—反风门；7、17—通风机；
8、10—手摇绞车；9—滑轮组；11、14—进风道；13—水平风门；15—通风机房；18—检查门

图 12－62　两台离心式通风机机房布置图

机机房布置图。通风机装在机房内，扩散器穿出屋顶，两台对称布置，一台左旋，一台右旋。用启闭垂直闸门来控制风机与风道相通或隔断，以便两台风机倒换使用。正常通风时，由出风井来的风流按箭头方向进入风机，而后由风机经扩散器排向大气。反风时，水平风门 13、反风门 6、垂直闸门 12、检查门 18 均处于虚线位置，此时外界空气经水平风门、进风道、反风道压入井下。

（二）轴流式通风机的机房布置和反风装置

轴流式通风机的反风有风机反转和反风道反风两种方法，但风机反转反风只适用于个别类型的风机。图 12－63 是两台轴流式通风机机房布置图，利用风门 13 的启闭来控制风机与风道相通或隔开，以便两台风机倒换使用。正常通风时，风流由进风道进入风机入口前的弯道，经风机后由扩散风道排出。反风时，将反风门放至图中虚线位置，在风机并未改变转动方向的情况下，风流由百叶窗 8 经反风门 14 进入进风道 12，通过风机 1 由扩散风筒经反风门 11 进入反风道 17 而压入井下。

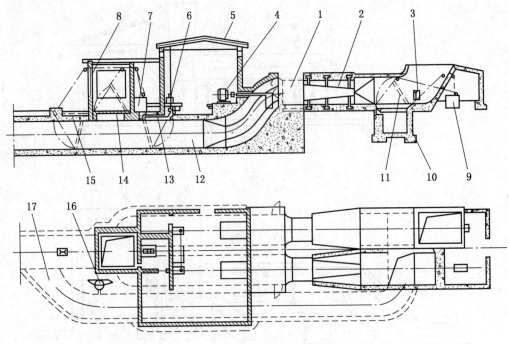

1—风机；2—扩散风筒；3—检查门；4—电动机；5—机房；6、7、9—风门绞车基础；8—百叶窗；
10、17—反风道；11、14、15—反风门；12—进风道；13—风门；16—测孔
图 12－63 两台轴流式通风机机房布置图

第七节 矿井排水设备

一、概述

（一）矿井主排水设备的作用

矿水积聚在巷道中不但影响生产，而且威胁着工作人员的健康和安全，因此需要把矿

水及时排出。有时井下生产也需用水（如水力采煤、灭尘等），这就需要供水。矿井生产过程中，不论排水或供水，都由排水设备来完成。

单位时间内涌入矿井水的体积量叫作矿井绝对涌水量，单位为 m^3/h。

涌水量的大小受水文地质、地形特征、气候条件、地面和地下积水等因素的影响，各矿涌水量不同，一个矿在不同季节也不同，雨季和融雪期出现高峰，高峰期间的涌水量称为最大涌水量，平时的涌水量称为正常涌水量。

（二）矿井主排水设备的组成

矿井主排水设备主要由离心式水泵、电动机、启动设备、管路、管路附件和仪表等部分组成，如图 12-64 所示。

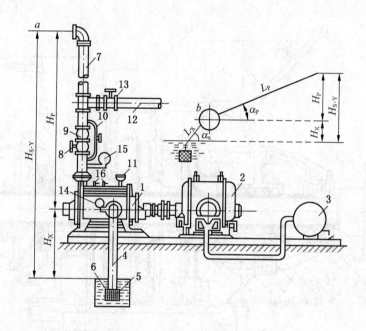

1—离心式水泵；2—电动机；3—启动设备；4—吸水管；5—滤水器；6—底阀；
7—排水管；8—闸阀；9—逆止阀；10—旁通管；11—灌引水漏斗；12—放水管；
13—放水闸阀；14—真空表；15—压力表；16—放气水嘴

图 12-64　矿井主排水设备示意图

装在吸水管末端的滤水器是防止水中的杂质吸入泵内。滤水器内装有底阀，作用是当向泵内灌注引水（用以启动）或水泵停止运转时，使水泵和吸水管中的水不致漏掉。

装在排水管上的闸阀用来调节水泵的流量和扬程。在水泵启动时应把它关闭，以降低电动机的启动电流。

逆止阀的作用是在水泵突然停止运转（例如突然停电等）或在关闭闸阀停泵时，使水泵免受冲击而遭到损坏。

在水泵初次启动之前，用灌水漏斗向泵内灌注引水。同时，泵内的空气由放气水嘴放掉。当水泵再次启动时，可通过旁通管由排水管向水泵灌水。

压力表和真空表分别用来检测排水管中的压力和吸水管中的真空度。

二、离心式水泵的工作原理、性能参数及型号含义

(一) 离心式水泵的工作原理

图 12－65 为一多级离心式水泵的结构图。水泵的转子是由装在一根轴上的若干个叶轮 1 组成，叶轮上有一定数目的叶片。水泵启动前，必须首先用水灌满泵腔及吸水管。当水泵的转子被电动机拖动后，位于叶轮 1 中的水受到叶片的作用向叶片外缘运动，使其压力和运动速度增高，即使水增加了能量，然后经导水圈和返水圈 4 进入次级叶轮入口，并在次级叶轮中继续增加能量，直至由最后一级叶轮流出，汇集在泵壳排水段 5 中，经水泵出口进入排水管排至地面。

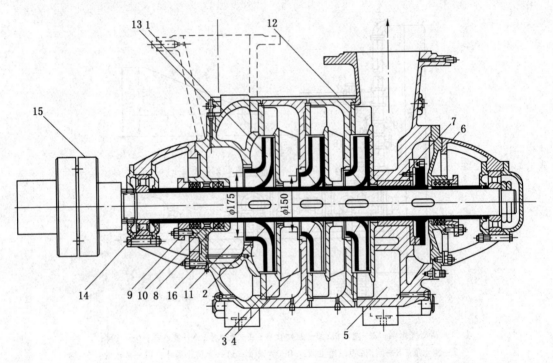

1—叶轮；2—密封环；3—导叶；4—返水圈；5—排水段；6—平衡盘；7—平衡盘衬环；8—填料；9—压盖；10—水封环；11—进水段；12—中段；13—放气孔；14—轴承；15—联轴器；16—水封管

图 12－65　200D43×3 型离心式水泵结构图

(二) 离心式水泵的性能参数

1. 流量

水泵在单位时间内所排出水的体积，称为水泵的流量。流量用 Q 表示，单位为 m^3/s、m^3/min、m^3/h。

2. 扬程

单位重量的水流经水泵后增加的能量，也就是水泵的扬水高度，称为水泵的扬程（也称压头）。用 H 表示，单位为 m。

3. 功率

水泵在单位时间内所做功的大小，叫水泵的功率。功率用 N 表示，单位为 kW。

（1）水泵的轴功率。电动机传递给水泵轴的功率，即水泵的输入功率，用 N_z 表示。

（2）水泵的有效功率。水泵传递给水的功率，即水泵的输出功率，用 N_x 表示。

4. 效率

水泵的有效功率与轴功率之比，称为水泵的效率，用 η 表示。

5. 转速

水泵轴每分钟的转数，用 n 表示，单位为 r/min。

6. 允许吸上真空度

离心式水泵在工作时，能够吸上水的最大吸水扬程，称为水泵的允许吸上真空度。因为水在吸水管内有压力损失和速度水头损失，因此实际吸水扬程小于允许吸上真空度。

（三）D 型离心式水泵的型号含义

如 200D43×3 型水泵的型号含义如下：

200—水泵吸水口直径（mm）；

D—单吸多级垂直分段式；

43—单级扬程数（43 m）；

3—级数为 3 级。

三、D 型离心式水泵的构造及安全运转

D 型离心式水泵是在 DA 型水泵基础上改进的产品，适用于矿井排水。

（一）D 型离心式水泵的构造

D 型水泵由转子部分、定子部分、轴承部分和密封部分所组成。

1. 转子部分

（1）联轴器。联轴器是实现两轴对接的传动装置。

（2）泵轴。用 45 号优质碳素钢制成，为防止泵轴锈蚀，在轴外设有轴套借以延长泵轴的使用寿命。

（3）叶轮。叶轮是离心式水泵的主要部件，通过它把机械能传递给水，把水送到一定高度或距离。叶轮的形状和直径的大小，直接影响水泵的流量和扬程，D 型水泵的第一级叶轮直径稍大些，其余叶轮形状完全相同。

（4）平衡盘。平衡盘的作用是消除水泵的轴向推力。

2. 定子部分

定子部分主要由吸水段、中段、排水段、轴承体及尾盖等部分组成。用拉紧螺丝将吸水段、中段、排水段连接为一体，各段之间用纸垫密封，吸水口为水平方向，排水口则垂直向上。

3. 轴承部分

口径 50～125 mm 的 D 型泵采用单列滚子轴承，用润滑脂润滑；口径 150～200 mm 的 D 型泵采用巴氏合金轴承，用机械油润滑。为了防止水进入轴承，轴承采用 O 形耐油橡胶密封圈及挡水圈。

4. 密封部分

（1）密封环（又称口环）。叶轮在高速旋转时，必然与泵壳有间隙，为了减少此间

隙的漏损，提高水泵的效率，在叶轮吸水口的外圆装有大密封环（大口环），背侧的轮毂上装有小密封环（小口环），其作用就是防止高压水循环。密封环是一种易磨损零件，用平头螺栓固定在叶轮的吸水处，磨损后可随时更换新件，从而延长叶轮的使用寿命。

（2）填料装置（又称填料箱）。它的作用是封闭泵轴穿出泵壳时的间隙，防止漏水漏气。另外还可以起到部分支承泵轴，引水润滑、冷却泵轴的作用。填料装置由填料座、填料、水封环和压盖组成。填料在水封环两侧缠绕在泵轴上，用压盖将其压紧，松紧程度可用螺栓调节。

（二）离心式水泵的安全运转

为保证水泵能安全运转，需要注意以下事项：

（1）滤水器最上端距离吸水面不能小于 1 m，以防止吸入的水中含有空气，造成水泵不上水。

（2）水泵上装置的压力表、真空表的指针指数要正常，如指针有大幅度不正常的摆动，应立即停车。

（3）水泵的响声要正常，如果不正常要立即停泵检查。

（4）轴承温度最高不能超过 70 ℃；电动机温度不得超过电动机的额定温升；填料箱与外壳不烫手。

（5）填料完好，松紧合适，运行中应持续滴水。

第八节　矿山压气设备

一、概述

（一）矿山压缩空气设备的组成

压缩空气设备主要由启动设备、空压机及其附属装置（包括滤风器、冷却系统、储气罐等）和空气管道等部分组成，如图 12-66 所示。

（二）活塞式空压机的工作原理

图 12-67 为 L 型活塞式空压机的构造图，其工作原理为：电动机直接带动曲轴 2 旋转，然后通过连杆 3 与十字头 4 使曲轴的旋转运动转变为活塞 8 的往复直线运动。当活塞由外止点向内止点开始运动时，气缸内活塞外侧处于低压状态，空气通过吸气阀 13 进入气缸，开始吸气过程。当活塞由内止点向外止点返回运动时，吸气阀关闭，气缸内的空气被压缩而压力升高，此过程为压缩过程。当压力超过排气阀 14 外的气压时，在压力差的作用下排气阀打开，压力不再增高，压缩过程结束，开始排气过程。当活塞到达外止点时排气过程完毕。活塞返行，缸内残留的空气开始膨胀。当压力低于吸气阀外的空气压力时，吸气阀又打开重新吸气，

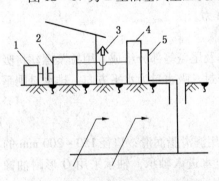

1—电动机；2—空压机；3—滤风器；
4—储气罐；5—输气管

图 12-66　矿井压缩空气设备的组成

此时完成一个循环。气体经Ⅰ级气缸压缩后排至中间冷却器，然后进入Ⅱ级气缸再次压缩后排入储气罐。这样活塞重复往返直线运动，不断地把压缩气体送入储气罐中以供使用。

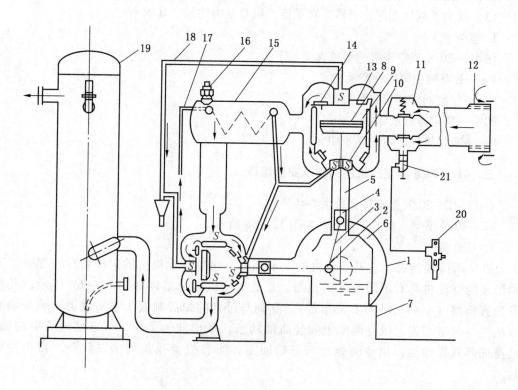

1—皮带轮；2—曲轴；3—连杆；4—十字头；5—活塞杆；6—机身；7—底座；8—活塞；9—气缸；
10—填料箱；11—减荷阀；12—滤风器；13—吸气阀；14—排气阀；15—中间冷却器；16—安全阀；
17—进水管；18—出水管；19—储气罐；20—压力调节器；21—减荷阀组件

图 12 - 67　L 型活塞式空压机的构造示意图

（三）活塞式空压机的分类

按气缸作用，可分单作用空压机和双作用空压机；按气缸数，可分为单缸、双缸和多缸空压机；按压缩级数，可分为单级、两级和多数空压机。

二、空压机的参数、性能特点及型号含义

1. 参数

（1）排气量。排气量是指单位时间内空压机排出的空气折算到吸气状态下的空气体积。根据排气量便于各种性能的空压机进行比较。

（2）功率。单位时间内所消耗的功称为功率，其单位是千瓦（kW）。

（3）效率。效率是衡量空压机经济性能的指标。

2. L 型空压机的性能特点

目前我国矿山常用的空压机是 L 型活塞式空压机。这种空压机有 5 种规格，即 3 L - 10/8、4 L - 20/8、5 L - 40/8、7 L - 100/8 和 8 L - 60/8 型。

L 型空压机的特点是：

（1）结构紧凑，两连杆在一个曲轴上，曲轴较短；

（2）气缸成 90°角，气阀及管路安装方便，管路短、流动阻力较小；

（3）动力平衡性能好，机器运转平稳，机身受力均匀，基础小。

3．型号含义

如 4L－20/8 型空压机的型号含义如下：

4——L 系列中第四种产品；

L——气缸的排列形式为直角型；

20——额定排气量 20 m^3/min；

8——额定排气压力约 0.8 MPa。

三、4L－20/8 型空压机的构造及安全运转

（一）4L－20/8 型空压机的主要部件

4L－20/8 型空压机的主要部件如图 12－68 所示。

1．机身部件

机身用铸铁制成，它是空压机的支承部分，也是传动机构的定位和导向部分。不同形式的空压机具有不同形状的机身。L 型空压机机身结构如图 12－69 所示，其外形为直角型（立列与卧列 L 型布置）。立列与卧列的颈部制成十字头滑道，颈部端面以法兰与气缸相连，机身两侧上安装曲轴轴承，取出前轴承座，可方便地装拆曲轴。机身底部兼作油池，用地脚螺栓与基础固定，所有检查孔盖均垫以软垫，使机身密封。

2．曲轴部件

曲轴（图 12－70）的作用是传递电动机的转矩。它是用球墨铸铁制成，仅有一个曲拐，曲臂上固定两块平衡铁，曲轴的外伸端有锥度，借此方便地拆装皮带轮。曲轴的后端插有传动齿轮液压泵用的小轴，并经过小轴上的蜗杆、蜗轮传动，带动柱塞式液压泵。曲轴内钻有油孔，以使液压泵排出的润滑油通向各润滑部位。

3．连杆部件

连杆（图 12－71）通常用球墨铸铁制成，包括杆体、大头和小头 3 部分。杆身有贯穿大小头的油孔，大头为分开式，嵌有巴氏合金的钢背瓦片，装于连杆大头孔中。小头轴衬为一整圆轴（铜）套，穿入十字头与十字头销相连。连杆的作用是将曲轴的旋转运动转换为活塞的往复直线运动。

4．十字头部件

十字头是连接活塞杆与连杆的运动机件，装在滑道上，起导向和保证活塞杆进行直线运动的作用，如图 12－72 所示。十字头用球墨铸铁制成，沿纵向以螺纹与活塞杆相连，垂直于纵向的圆孔内装十字头销。

5．气缸部件

气缸由缸体、缸盖（图 12－73）和缸座组成。缸体为双层壁，由铸铁制成，分内外两层，两层之间的空间形成流通冷却水的水套。气腔两侧上面装有气缸盖 1，气缸盖上有阀室 7，以便安装吸气阀、排气阀组。气缸盖 1 用双头螺栓与气缸体 2 连接在一起，气缸

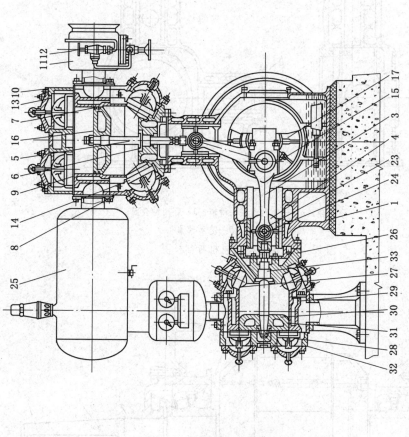

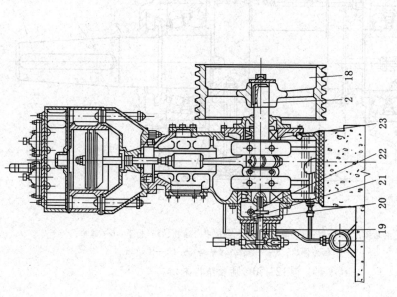

图 12 - 68　4L - 20/8 型空压机剖视图

1—机身；2—曲轴；3—连杆；4—十字头；5—活塞杆；6—一级填料箱；7—一级活塞环；8—一级填料箱；9—一级气缸；10—一级气缸盖；11—减荷阀组件；12—压力调节器；13—一级吸气阀组；14—一级排气阀组；15—连杆抽瓦；16—一级活塞；17—连杆螺栓；18—三角皮带轮；19—齿轮泵组件；20—注油器；21—驱动注油器蜗轮及蜗杆；22—驱动注油器蜗轮及蜗杆；23—十字头销；24—二级气缸；25—中间冷却器；26—二级活塞；27—二级吸气阀组；28—二级填料箱；29—二级排气阀组；30—二级活塞；31—二级活塞；32—二级气缸盖；33—二级填料箱

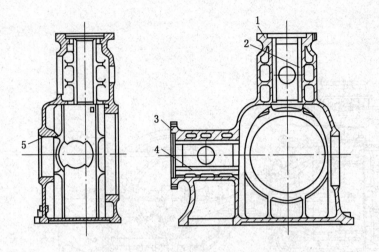

1—立列贴合面；2—立列十字头滑道；3—卧列贴合面；
4—卧列十字头滑道；5—滚动轴承孔

图 12-69 L型空压机机身剖视图

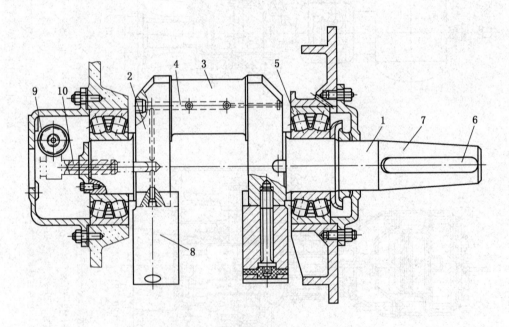

1—主轴颈；2—曲臂；3—曲拐颈；4—曲轴中心油孔；5—轴承；6—键槽；
7—曲轴外伸端；8—平衡铁；9—蜗轮；10—传动轴

图 12-70 曲轴结构图

体的下部用螺栓和气缸座连接。

6. 气阀部件

活塞式空压机上使用的是随着气缸内空气压力的变化而自动启闭的自动阀，分为吸气

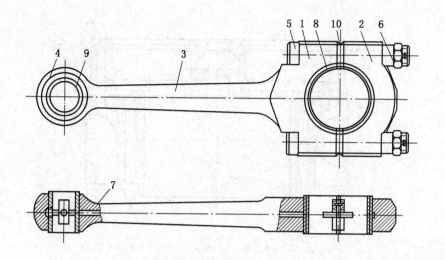

1—大头；2—大头盖；3—杆体；4—小头；5—连杆螺栓；6—连杆螺母；
7—杆体油孔；8—大头瓦；9—小头瓦；10—垫片

图 12 – 71　连杆的构造

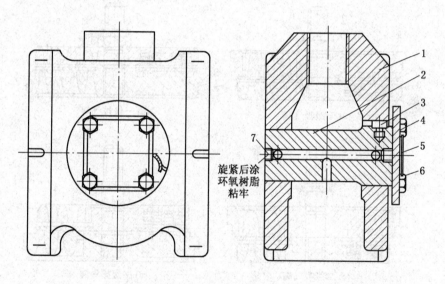

旋紧后涂
环氧树脂
粘牢

1—十字头体；2—十字头销；3—螺钉键；4—螺钉；5—盖；6—止动垫片；7—螺塞

图 12 – 72　十字头结构

阀和排气阀两种，如图 12 – 74 所示。阀片为直径不同的几个环状薄片，均匀分布的弹簧使阀片紧紧地压在阀座和阀盖上，并保持良好的密封性。

7. 活塞部件

活塞部件（图 12 – 75）采用铸铁锥型盘状活塞，活塞杆的一端制成锥形体，插入活塞的锥形孔内，用冠形螺母拧紧，并插入开口销，以防松动。活塞杆的另一端借螺纹与十字头相连，用螺纹拧入的深浅来调节气缸中活塞和气缸盖、气缸座之间

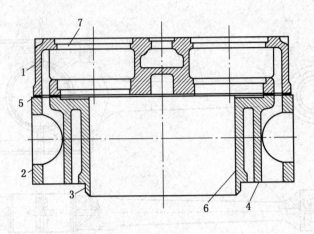

1—气缸盖；2—气缸；3—气缸的突肩；4—气缸的装置面；
5—橡胶石棉垫；6—气缸境面；7—气缸阀室

图 12－73　缸体和缸盖

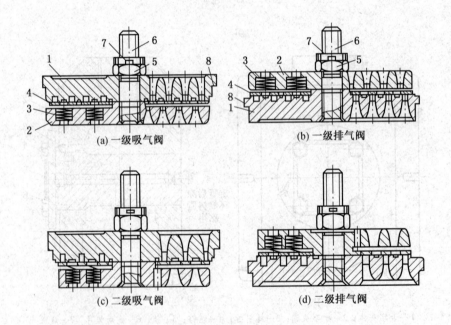

1—阀座；2—阀盖；3—弹簧；4—阀片；5—冠形螺母；6—螺栓；7—开口销；8—垫片

图 12－74　气阀结构

的间隙。

8. 填料部件

L 型空压机采用金属填料，如图 12－76 所示。分成三瓣的密封环 4 和挡油环 6 用弹簧 5 紧贴在活塞杆上，以防止气缸内的压缩空气往机身外泄漏而阻止活塞杆上的润滑油进入缸内。

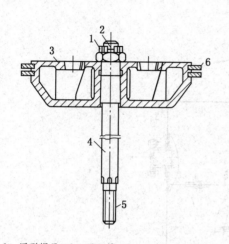

1—冠形螺母；2—开口销；3—活塞；4—活塞杆；
5—与十字头连接螺纹；6—活塞环

图 12 - 75　活塞及活塞杆

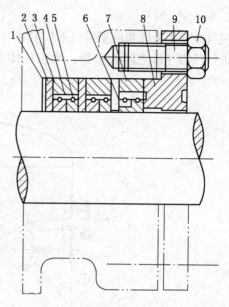

1—垫片；2—垫圈；3—隔环；4—密封环；5—弹簧；
6—挡油环；7—隔环；8—压盖；9—螺栓；10—螺帽

图 12 - 76　填料结构

（二）4L - 20/8 型空压机附属装置

1. 滤风器

滤风器的作用是清除空气中的杂质。滤网由多层波状铁丝网组成，其上浸有锭子油，混浊空气通过时，灰尘黏附于铁丝网上。滤风器的结构如图 12 - 77 所示。

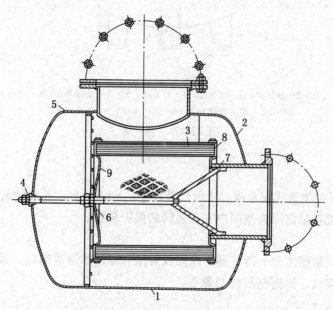

1—筒体；2、5—封头；3—滤网；4、6—螺母；7—叉；8—后盖；9—前盖

图 12 - 77　滤风器

2. 储气罐

储气罐是用来缓和由于排气不均匀和不连续而引起的压强波动；储备一定量的压缩空气，维持供需气量之间的平衡；除去压缩空气中的油和水。储气罐的结构如图 12-78 所示。

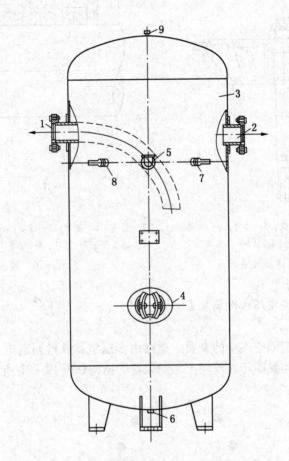

1—进气口；2—出气口；3—储气罐；4—检查孔；5—装安全阀套管；6—放油水管；
7—压力调节器管接头；8—压力表管；9—方头螺栓

图 12-78　储气罐

3. 安全阀

L 型空压机采用弹簧式安全阀，Ⅰ级的装在中间冷却器上，Ⅱ级的装在储气罐上。安全阀是保证空压机在额定压力范围内安全运转的保护装置。

4. 冷却系统

冷却系统由气缸壁水套、冷却器、水泵及管路和冷却水池等组成。其作用是降低功率消耗，净化压缩空气，提高空压机的效率。

5. 润滑系统

空压机各部润滑的作用是减少摩擦面的磨损，降低摩擦的能量消耗，密封气缸的工作容积等。

（三）空压机的安全运转

为保证空压机能安全运转，需要注意以下事项：

（1）注意各部声响和振动情况，特别要经常对气阀的声响进行"听诊"。

（2）注意观察注油器油室的油量是否足够，机身油池内的油面是否在油尺规定的范围内，各部供油情况是否良好。

（3）注意观察电气仪表的读数和电动机的温度。

（4）空压机每工作两小时，需将中间冷却器、后冷却器内的油水排放一次，每班将储气罐内的油水排放一次。

（5）注意检查各部温度和压力表的读数，润滑油压强在 0.1～0.3 MPa 之间，不能低于 0.1 MPa；冷却水排水温度最高不能超过 40 ℃；机身内油温不超过 60 ℃；各级排气温度不超过 160 ℃；各仪表读数均在要求范围内。

（6）若发现冷却水中断、润滑油中断、排气压强突然上升、安全阀失灵、声音不正常及其他异常情况时，应立即停车处理。

第十三章

润滑系统

一、摩擦及摩擦分类

1. 摩擦

一个物体相对另一个有关联的物体运动时受到阻力的现象称为摩擦，把相对运动的表面叫作摩擦面，把产生的阻力叫摩擦力。它们之间的关系：

$$F = fN$$

式中　F——摩擦力；

　　　f——摩擦系数；

　　　N——正压力。

2. 摩擦的分类

摩擦根据运动形式可分为滑动摩擦和滚动摩擦；根据运动状态可分为静摩擦和动摩擦；根据物体的材质可分为金属与金属、金属与非金属以及非金属之间的摩擦；根据摩擦面之间有无润滑剂以及润滑剂的存在状态可分为干摩擦、边界摩擦、液体摩擦和混合摩擦。

二、润滑及润滑材料

良好而合理的润滑能减轻各种形式的磨损，合理的润滑是保证机器正常运转和延长使用寿命的重要一环。而正确地选择润滑材料，也是解决润滑问题的一个重要方面。

（一）润滑材料的作用和分类

1. 润滑材料的作用

凡是能减少机械零件的摩擦和磨损，并且具有一定承载能力的物质，都可以称润滑材料（又称润滑剂）。润滑材料对机器的正常运转起着以下重要作用：

（1）减少磨损。在两摩擦面间形成具有一定承载能力的油膜，变干摩擦为润滑剂薄膜内部分子之间的内摩擦，从而大大降低摩擦系数，减少了磨损，也降低了机器的功率消耗。

（2）散热冷却。长时间的摩擦导致摩擦面发热和升温，如果没有冷却措施，就会发生烧瓦等事故。温度的升高还导致黏着磨损，加剧腐蚀磨损。而采取适当的润滑方式，利用压力循环润滑油润滑，就可以带走摩擦面的热量，起散热和冷却作用。

（3）冲洗污垢。润滑油在流动中，能把配合间隙中的金属屑或其他硬粒杂质冲走，将它们带回油箱或滤油器中，从而减少磨粒磨损。

（4）密封和保护。在狭小间隙中的润滑油和润滑脂可以起密封作用。同时，润滑剂还能隔离空气中的水分、氧、灰尘和其他有害介质，防止它们侵入摩擦副，起防锈和保护作用。

（5）卸载减振。作用在摩擦面上的负荷，通过油膜均匀地分布在摩擦面，减少了压应力。另外，充填在摩擦面间的润滑剂还能起阻尼和减振作用，不但可延长零件的使用寿命，还能有效地减少噪声污染。

2. 润滑材料的主要类型

润滑材料的主要类型如下：

（1）液体润滑剂：矿用润滑油、合成润滑油和乳化液。

（2）半液体润滑剂（润滑脂）：有机润滑脂和无机润滑脂。

（3）固体润滑剂：无机固体润滑剂（软金属、金属化合物）和有机固体润滑剂。

（二）润滑油

润滑油是使用最广泛的润滑材料，它分为矿物油与合成油两类。

1. 润滑油的主要理化指标

1）黏度

黏度是衡量流动物质内部单位面积上内摩擦力大小的尺度。润滑油的黏度可以用动力黏度、运动黏度和条件黏度 3 种方法来表示。我国常用运动黏度表示油品的质量指标。

（1）动力黏度。液体在一定剪切应力作用下流动时，所加于液体的剪切应力与剪切速率之比称为动力黏度，单位为 Pa·s。

（2）运动黏度。流体的动力黏度与其同温度下密度的比值，称为流体的运动黏度，用 V_t 表示，单位是 m^2/s 或 mm^2/s。

2）闪点与燃点

把润滑油加热，油蒸汽与周围空气就形成混合油气，以火焰接近而产生短促闪火的最低温度称为闪点。如果继续加热润滑油，随着油气蒸发量加大，闪火时间加长，能使闪火延续 5 s 时的温度叫燃点。燃点一般比闪点高 30 ~ 40 ℃。根据测定仪器不同，闪点分开口闪点和闭口闪点两种，开口闪点比闭口高，润滑油多采用开口闪点。

3）凝点

由于润滑油的黏度随温度的降低而增大，同时溶解在油品内的石蜡遇冷而发生结晶，使得润滑油的流动性随温度的降低而降低，当温度降低到一定程度时油便失去了流动性。使润滑油冷却到失去流动性时的最高温度称为凝点。

凝点标志着润滑油抗低温的能力。使用凝固后的润滑油，运行阻力增加，润滑性能显著降低。因此，在低温下工作的机器，如冷冻机和在寒冷地区工作的露天机械，都应选用低凝点润滑油。

4）酸值

中和 1 g 润滑油中的酸性物质所需的氢氧化钾毫克数称为酸值，单位是 mg/g。

酸值是反映润滑油对金属腐蚀性的指标。酸值大小还可以判断使用中的润滑油的变质程度。润滑油在使用一段时间后，由于氧化而变质，酸值增大。当酸值超过一定限度，就应当更换。

5）水分

润滑油所含水分的质量占试油总质量的百分数，称为水分。

水分在润滑油中不但起加剧腐蚀的作用，还降低油膜强度、加速氧化过程、促进添加剂沉淀，并且使油的绝缘性能下降。因此，润滑油中只允许含有微量水分。

6）灰分

油品在规定条件下燃烧后所剩下的不燃物质称为灰分，以灰烬占试样质量的百分数来表示。

灰分是油品洗涤精制是否正常的指标。灰分能使高温条件下工作的润滑油在机械零件上形成积炭，使磨损加快。

7）机械杂质

润滑油中所有的沉淀物和悬浮物，如尘埃、金属屑等，总称为机械杂质。用质量的百分数表示其含量。

机械杂质的含量表明了润滑油的纯净程度。在黏度相同条件下，油的颜色越浅、越透明，油质越纯。机械杂质起磨料作用，使磨损加快。它还破坏油膜、堵塞油路、降低油的绝缘性能。所以，润滑油中应不含或仅含微量机械杂质。

8）氧化安定性

润滑油的抗氧化能力，称为氧化安定性。润滑油的工作温度最好不超过 60 ℃。

2. 常用润滑油的种类

下面介绍几种煤矿机械常用的润滑油：

1）机械油

机械油属于中等黏度的滑润油，按其在 40 ℃时的运动黏度（mm^2/s）值，分为 N7、N10、N22、N32、N46、N68 和 N100 号等牌号。机械油性能一般，能满足一般机械的润滑要求，所以被广泛使用。煤矿机械多属中低速传动，在轻载和中载条件下，可用机械油进行润滑。

2）透平油（又称汽轮机油）

透平油的性能优于机械油，它有较高的纯度、较好的抗氧化性和抗乳化性，但价格较高。按 50 ℃时的平均黏度（mm^2/s），分为 20、30、40、45、55 等牌号。透平油在煤矿机械中主要用于某些要求较高的机械传动、液力联轴器和一般的液压系统中。

3）压缩机油

压缩机油的特点是具有较高的黏度、高闪点和良好的氧化安定性，用于空压机和风动工具气缸的润滑。按 40 ℃时的运动黏度（mm^2/s），往复式压缩机油分 N68、N100、N150 三个牌号。

4）齿轮油

齿轮油广泛用于齿轮传动的润滑，一般具有比较高的黏度和承载能力。

5）液压油

液压油用于液压传动系统，要求有合适的黏度、良好的黏温性和润滑性能、良好的氧化安定性和抗锈性、抗乳化性，对橡胶密封元件有良好的密封性能。

（三）润滑脂

润滑脂俗称黄油，是由矿物润滑油和金属皂等稠化制成的一种半固体润滑材料。实际上，它是稠化了的润滑油。

1. 润滑脂的主要理化指标

1）针入度

针入度是指在试验条件下，标准圆锥体沉入润滑脂的深度。润滑脂的牌号是根据针入度的数值范围来划分编号的。

用针入度可以评价润滑脂的软硬程度。针入度愈小，润滑脂的稠度和硬度愈大，流动性愈差，承载能力就愈强，但不易进入摩擦表面，且内摩擦系数大，耗能多。反之，针入度大的润滑脂稠度小，容易进入摩擦面，用于克服内摩擦的能量消耗也较小，但承载能力也较低，易从摩擦面中挤出。针入度还用来评价润滑脂的机械安定性，即检查润滑脂工作前的针入度与工作一定次数后针入度数值之差，差值越小，机械安定性越好。

2）滴点

润滑脂在规定的加热条件下，从脂杯中流出第一滴油或 25 mm 脂柱时的温度称滴点。滴点反映润滑脂的抗热能力。从滴点的高低可以大致判定润滑脂适用的温度范围。为防止润滑脂在工作时熔化流失，一般使润滑脂的工作温度比其滴点低 20 ~ 30 ℃，甚至更多。表 13 - 1 列出了几种常用润滑脂的滴点。

表 13 - 1　几种常用润滑脂的滴点

名　　　称	滴点/℃
烃基脂（凡士林）	40 ~ 70
钙基脂	75 ~ 95
钙钠基脂	120 ~ 135
钠基脂	140 ~ 150
锂基脂	170 ~ 185

3）抗水性

抗水性反映润滑脂对水温环境的适应能力。以少量润滑脂加水掺和，若乳化、变稀，则抗水性差；若油水互不溶，水仍呈珠状，则抗水性好。

除上述指标外，润滑脂还有分油量、游离酸和碱、还原性、化学安定性、防护性等理化指标。

2. 常用的几种润滑脂

1）钙基润滑脂（代号 ZG）

钙基润滑脂是用脂肪酸钙稠化中等黏度的矿物润滑油，并用水（含量 1.5% ~ 3.5%）作为胶溶剂制成的。它的特点是抗水性强，价格低廉，但使用寿命短，需要经常补充新脂。它既不能用于高温（一般工作温度不超过 60 ℃），也不能用于太低的温度。钙基润滑脂对煤矿井下中温、中载、潮湿条件下工作的机械，是十分适宜的润滑材料，所以用量很大，是中熔点通用润滑脂。

钙基润滑脂共有 5 个牌号，牌号高的针入度小、稠度和硬度大。

2）复合钙基脂（代号 ZFG）

复合钙基脂以醋酸钙代替水作为胶溶剂，不含水分，其工作温度可达 120 ~ 150 ℃，具有耐高温、抗水性强、胶体安定性和化学安定性好等优点，所以适用于高温、潮湿的工作条件。复合钙基脂有 4 个牌号。

3）钠基润滑脂（代号 ZN）

钠基润滑脂是用钠皂（脂肪酸钠）稠化中等黏度的矿物润滑油而成的。它是高熔点通用润滑脂，具有耐高温和使用寿命长的优点，工作温度 100 ~ 120 ℃。其缺点是抗水性极差，遇水即形成乳化液而失去润滑作用，因而不能用在潮湿环境。在贮存时，应防止受潮，以免变质。它适用于工作温度较高、中等载荷、环境干燥的润滑部位。钠基润滑脂有3个牌号。

4）钙钠基润滑脂（代号 ZGN）

钙钠基润滑脂是以钙钠混合皂稠化中等黏度矿物润滑油而成的，其性能介于钙基脂与钠基脂之间，工作温度在 100 ℃ 左右，不能用于低温，其耐潮性优于钠基而不及钙基。在煤矿机械中，钙钠基脂用于工作温度较高的中载和较重载荷的滚动轴承的润滑。钙钠基脂只有两个牌号。

5）锂基润滑脂（代号 ZL）

锂基润滑脂是以脂肪酸锂稠化中等黏度矿物油而成，它耐潮、耐寒、耐高温，胶体安定性和化学安定性好，使用寿命长，是一种性能优良的高效润滑脂。因此，它广泛应用于大功率采煤机和刮板输送机的电动机轴承，以及带式输送机托滚轴承等重要润滑部位。锂基润滑脂共有 5 个牌号。

6）钢丝绳润滑脂

钢丝绳润滑脂是用固体烃类稠化高黏度矿物润滑油而成的深褐色油膏，它具有黏附力强（在较高气温下能牢固地黏附在钢丝绳表面，低温时不龟裂脱落），有较好的抗水性、防锈性和渗透性，专门用作钢丝绳的润滑和防护。按照用途，又可分为钢丝绳表面脂和钢丝绳麻芯脂两种。

（四）固体润滑剂

具有润滑作用的固体粉末、薄膜或复合材料称为固体润滑剂，它能替代润滑油脂隔离摩擦表面，起到减少摩擦和磨损的作用。固体润滑剂的摩擦系数一般较润滑油脂高，附着能力差，但其耐高温性能极佳。在多数情况下，固体润滑剂仅作为辅助润滑剂，或作为添加剂来改善其他润滑剂的耐高温和抗压性能。

三、润滑方式及润滑系统的主要装置

1. 润滑方式

（1）手工加油（或脂）方式。利用油壶、油枪（脂枪）和脂杯将润滑剂送到润滑部位的方式。

（2）飞溅（油池、油浴）润滑。依靠旋转的机体（如齿轮、曲周）或附加于轴上的甩油盘、甩油片等，将油池中的油甩起，使油溅落到润滑部位上的方式。

（3）油环和油链润滑。利用套在轴上的油环或油链将油带起，供给润滑部位的润滑方式。

（4）油绳、油垫润滑。利用虹吸管原理和毛细管作用实现的润滑方式。

（5）强制给油润滑。利用柱塞泵将润滑油间歇地压向润滑点的润滑方式。

（6）油雾润滑。利用压缩空气将润滑油喷出并雾化后，送入润滑点。

（7）压力循环润滑。利用油泵使润滑油获得一定压力，润滑油被输送到各润滑点，用过的油回到油箱经冷却、过滤后供循环使用的润滑方式。

2. 润滑系统的主要装置

润滑系统的主要装置有油箱、油泵、油管、滤油器和指示装置等。

四、润滑系统的密封

密封在润滑系统中的作用是防止机器内的润滑油外漏和相邻独立隔室之间串油，防止环境中的尘埃、水分及其他杂质进入润滑系统。根据密封对象是否运动，分为固定密封（例如机壳端盖上的密封、油管接头中的密封）和运动密封（如穿过机壳的轴与机壳间的密封）；根据是否采用密封材料充填（如常见的迷宫式密封），分非接触密封和接触密封（使用密封圈的密封）。

五、煤矿固定机械的润滑

（一）提升机的润滑

1. 提升机润滑系统的组成和原理

提升机压力润滑系统是由两套液压泵装置、过滤器、压力继电器、压入及流出管路等部件组成，如图 13 – 1 所示。

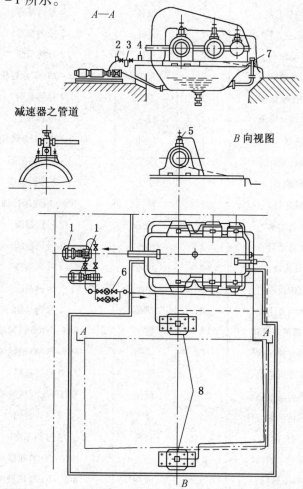

1—电动机、液压泵；2—薄片过滤器；3、4—压力继电器；5—供油指示器；6—关闭阀；7—油标管；8—主轴承；

实线—送油管；虚线—回油管

图 13 – 1 提升机润滑系统图

两套液压泵装置，其中一套工作，一套备用。当电动机启动后带动液压泵转动，液压泵从减速器的油池吸油，压力油经过滤器后分别输送到主轴承、减速器各轴承和减速器内齿轮的啮合面等润滑点进行润滑。

系统中装有冷却器，当油温升高到 50 ℃时电接点温度计发出信号，打开冷却器；当油温降到 40 ℃以下时，冷却器关闭。

2. 提升机各部位润滑及有关要求

提升机各部位润滑及有关要求见表 13 - 2。

表 13 - 2　提升机各部位润滑要求

编号	注油（脂）部位	注油点个数/个	注油方式	应使用油（脂）名称、牌号	第一次注油量
1	液压站油箱	1	倾注	N32 ~ N46 液压油	490 L
2	游动滚筒轴套	2	油杯	2 号钙基脂	1.6 kg
3	游动滚筒尼龙套	1	油杯	2 号钙基脂	0.6 kg
4	固定滚筒左支轮	1	油杯	2 号钙基脂	0.5 kg
5	主轴滚动轴承		油枪	2 号钙基脂	3/4 腔
6	主轴滑动轴承	2	集中	N120 ~ 320 工业齿轮油	循环
7	主电动机滚动轴承	2	手工	2 号钙基脂	3/4 腔
8	主电动机滑动轴承	2	倾注	N46 机械油	15 L
9	减速器	1	倾注	N120 ~ 320 工业齿轮油	540 ~ 780 L
10	弹簧联轴器	1	手工	1 ~ 2 号钙基脂	10 kg
11	齿轮联轴器	1	手工	1 ~ 2 号钙基脂	15 kg
12	微拖减速器	1	倾注	N680 蜗轮蜗杆油	20 L
13	微拖电机轴承	2	手工	2 号钙基脂	3/4 腔
14	离合器移动毂	2	油枪	2 号钙基脂	0.2 kg
15	离合器齿块	2	油枪	2 号钙基脂	0.6 kg
16	离合器内齿圈	1	手工	2 号钙基脂	涂一层
17	离合器调绳液压缸	3	油杯	2 号钙基脂	0.1 kg
18	深度指示器传动齿箱	1	倾注	N68 ~ N100 机械油	10 ~ 15 L
19	深度指示器丝杆与丝母	2	油刷	N68 ~ N100 机械油	刷遍
20	深度指示器齿轮对	1	手工	2 号钙基脂	刷遍
21	深度指示器传动轴轴承	2	倾注	N100 ~ 120 机械油	0.2 L
22	深度指示器传动锥齿轮	1	手工	2 号开式齿轮油	0.1 L
23	盘形闸缸体	4 ~ 16	油杯	2 号钙基脂	0.05 kg
24	各操作手柄下销轴	多处	壶浇	N68 ~ N100 机械油	注满
25	司机座椅下转轴	1	壶浇	N68 ~ N100 机械油	注满

（二）通风机的润滑

通风机的主要润滑部位是轴承。根据工作环境、负荷和温度的要求，通风机的轴承用润滑脂较好。通风机各部位润滑及有关要求见表13－3。

表13－3 通风机的润滑要求

注油部位	注油点数	润滑材料牌号	润滑方法	注油周期
传动齿轮	2	1号或2号钙基润滑脂，2号或3号锂基润滑脂	油杯	每日一次
主轴轴承	2	1号或2号钙基润滑脂，2号或0号锂基润滑脂	油杯	每日一次
齿轮联轴器	2	齿轮油加20％钙基润滑脂	手工	节日检修时更换
电动机轴承（滚动）	2	1号或2号钙基润滑脂或2号及3号锂基润滑脂	手工	3～6个月更换
电动机轴承（滑动）	2	30号机械油	油壶	每周一次

（三）空压机的润滑

1. 空压机传动机构的润滑系统

传动机构的润滑是靠压力润滑系统来进行的，如图13－2所示。其润滑过程：机身油池→粗过滤器→冷却器→液压泵→滤油器→曲轴中心孔→连杆大头瓦→连杆小头→十字头导轨。

主轴两端的主轴承是靠机身油池飞溅的油来润滑。

2. 气缸润滑系统

如图13－3所示，气缸的润滑是靠注油器将油压入气缸进行润滑，油进入气缸后排走。气缸润滑油一般选用压缩机油，传动机构一般用机油。

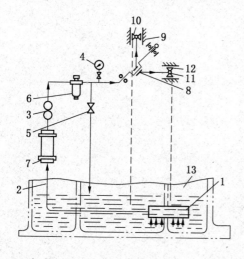

1—粗滤油器；2—润滑油冷却管；3—齿轮油泵；4—压力表；5—油压调节阀；6—滤油器；7—润滑油冷却器；8—连杆大头瓦；9—立缸十字头销及衬套；10—立缸十字头滑道；11—卧缸十字头销及衬套；12—卧缸十字头滑道；13—机身油池

图13－2 空压机润滑循环油路图

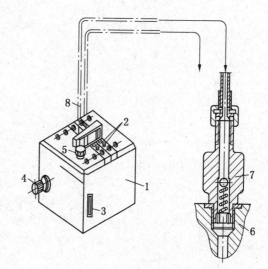

1—注油器；2—调节螺钉；3—油位指示器；4—手动注油手轮；5—加油口；6—气缸；7—逆止阀；8—油管

图13－3 空压机气缸注油器供油系统

（四）水泵的润滑

煤矿当前应用的多为离心式排水泵，也有吊泵和深井水泵等，其润滑点主要是水泵的两个轴承和电动机的两个轴承。

水泵及其电动机大多采用滚动轴承。由于煤矿工作环境潮湿，应采用 3 号钙基润滑脂或采用 3 号复合钙基润滑脂作为润滑材料，不可采用钠基润滑脂，以免润滑脂因潮湿而乳化失效。用油环润滑的滑动轴承，应采用 22 号或 32 号透平油作润滑材料，30 号机械油可作为代用润滑剂。

滚动轴承每周用油杯加油一次，滑动轴承每班都要用油壶加油一次。水泵的填料，在使用之前应该用润滑油浸煮一次，以达到润滑的目的。

第四部分
中级矿井维修钳工技能要求

第十四章

机 械 制 图

第一节 螺 纹

一、螺纹的结构要素

1. 牙型

通过螺纹轴线的剖面上螺纹的轮廓形状，称为螺纹的牙型。图14-1所示的螺纹为三角形牙型，此外还有梯形、锯齿形和矩形等牙型。

2. 公称直径

公称直径是代表螺纹尺寸的直径，指螺纹大径的基本尺寸。螺纹的直径有3种（图14-1）：

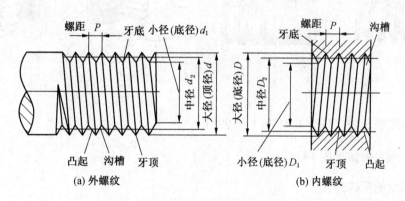

图14-1 螺纹的结构要素

大径——与外螺纹牙顶或内螺纹牙底相切的假想圆柱的直径，代号为 D（内螺纹）和 d（外螺纹）。

小径——与外螺纹牙底或内螺纹牙顶相切的假想圆柱的直径，代号为 D_1（内螺纹）和 d_1（外螺纹）。

中径——通过牙型上沟槽和凸起宽度相等处的一个假想圆柱的直径，代号为 D_2（内螺纹）和 d_2（外螺纹）。

3. 线数（n）

螺纹有单线和多线之分：沿一条螺旋线形成的螺纹称为单线螺纹（图14-2a）；沿两条以上螺旋线形成的螺纹称为多线螺纹（图14-2b）。

4. 螺距（P）和导程（P_h）

螺纹相邻两牙在中径线上对应点的轴向距离称为螺距；同一条螺旋线上的相邻两牙在中径线上对应两点间的轴向距离称为导程。单线螺纹的导程等于螺距（图14-2a，$P_h = P$）；双线螺纹的导程等于2倍螺距（图14-2b，$P_h = 2P$）。

5. 旋向

螺纹有右旋和左旋之分。沿旋进方向观察时，顺时针旋转时旋入的螺纹为右螺纹，右螺纹为常用的螺纹（图14-3b）；逆时针旋转时旋入的螺纹为左螺纹（图14-3a）。

外螺纹和内螺纹成对使用，但只有当上述5个要素完全相同时，才能旋合在一起。

为了便于设计和制造，国家标准对螺纹的牙型、公称直径和螺距都做了规定，凡是这3个要素都符合标准的称为标准螺纹，牙型符合标准、直径或螺距不符合标准的称为特殊螺纹，牙型不符合标准的称为非标准螺纹。螺纹按用途可分为紧固连接螺纹、传动螺纹、管螺纹和专门用途螺纹。

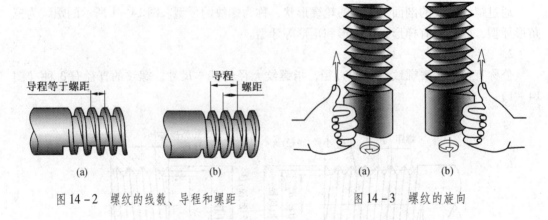

图14-2　螺纹的线数、导程和螺距　　　　图14-3　螺纹的旋向

二、螺纹表示法（GB/T 4459.1—1995）

螺纹的规定画法见表14-1。

三、螺纹的标注方法

螺纹采用规定画法后，在图上看不出它的牙型、螺距、线数和旋向等结构要素，需要用标记加以说明。国家标准对各种常用螺纹的标注进行了规范，见表14-2。

螺纹标记和标注时应注意：

（1）普通螺纹的螺距有粗牙和细牙两种，粗牙螺距不标注，细牙必须注出螺距。

（2）左旋螺纹要注写LH，右旋螺纹不注。

（3）螺纹公差带代号包括中径和顶径公差带代号，如5g、6g，前者表示中径公差带代号，后者表示顶径公差带代号。如果中径与顶径公差带代号相同，则只标注一个代号。

（4）普通螺纹的旋合长度规定为短（S）、中（N）、长（L）3组，中等旋合长度

（N）不必标注。

表 14 - 1　螺 纹 的 规 定 画 法

名称	规 定 画 法	说 明
外螺纹	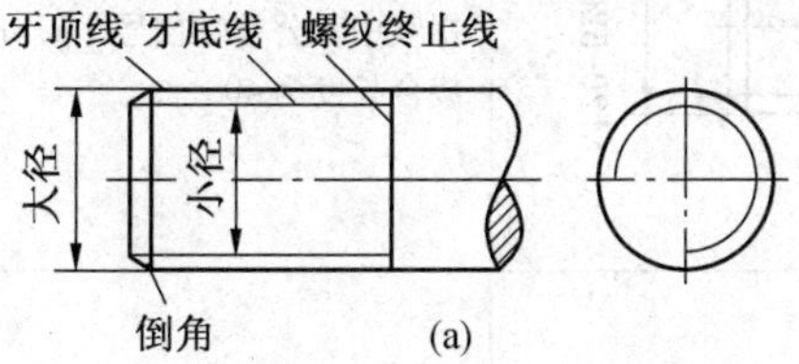 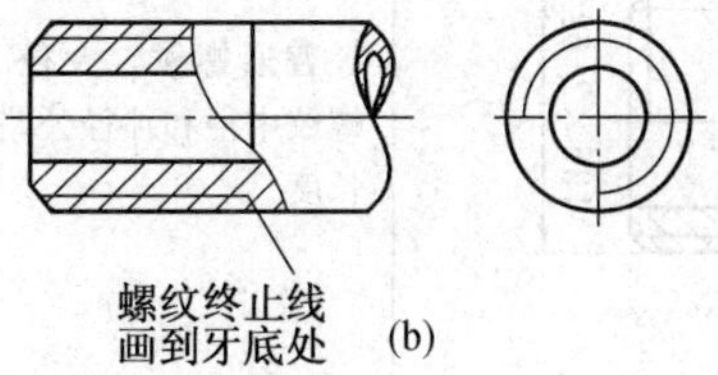	1. 牙顶线（大径）用粗实线表示 2. 牙底线（小径）用细实线表示，在螺杆的倒角或倒圆部分也应画出 3. 投影为圆的视图中，表示牙底的细实线只画约 3/4 圈，此时轴上的倒角省略不画 4. 螺纹终止线用粗实线表示
内螺纹	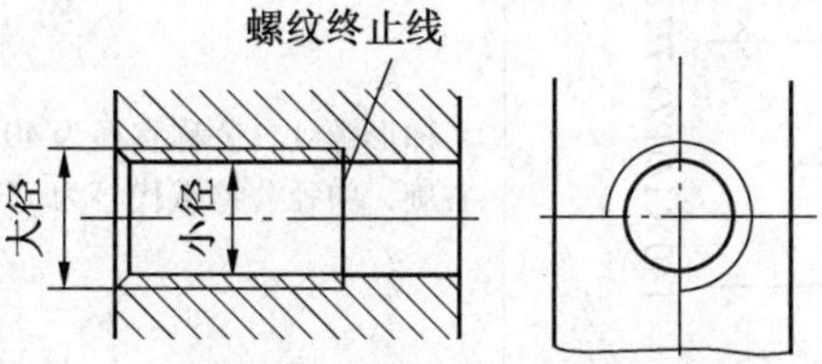 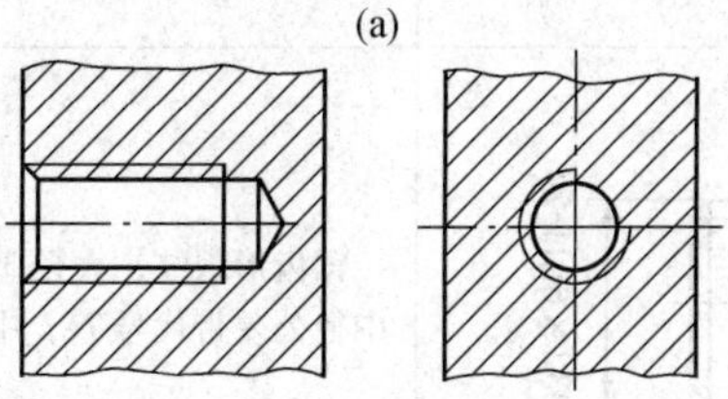	1. 在剖视图中，螺纹牙顶线（小径）用粗实线表示，牙底线（大径）用细实线表示；剖面线画到牙顶线粗实线处 2. 在投影为圆的视图中，牙顶线（小径）用粗实线表示，表示牙底线（大径）的细实线只画约 3/4 圈；孔口的倒角省略不画
螺纹牙型	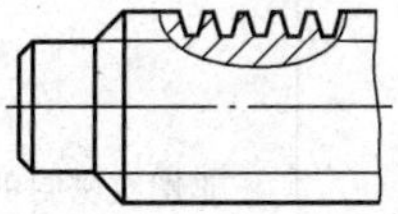	当需要表示螺纹牙型时，可采用剖视或局部放大图画出几个牙型
螺纹旋合	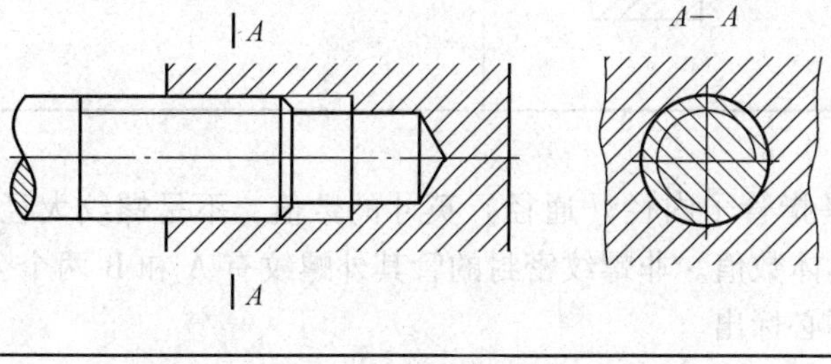	1. 在剖视图中，内外螺纹的旋合部分按外螺纹的画法绘制 2. 未旋合部分按各自的规定画法绘制，表示大小径的粗实线与细实线应分别对齐

表14-2 常用螺纹标注示例

螺纹类别	特征代号	标 注 示 例	标 注 的 含 义
普通螺纹（粗牙）	M	M20-5g6g-40	普通螺纹，大径20，粗牙，螺距2.5，右旋；螺纹中径公差带代号5g，顶径公差带代号6g；旋合长度为40
普通螺纹（细牙）	M	M36×2-6g	普通螺纹，大径36，细牙，螺距2，右旋；螺纹中径和顶径公差带代号同为6g，中等旋合长度
梯形螺纹	Tr	T40×14(P7)-7H	梯形螺纹，公称直径为40，导程14，螺距7，右旋，中径公差带代号为7H，中等旋合长度
锯齿形螺纹	B	B32×6LH-7e	锯齿形螺纹，大径32，单线，螺距6，左旋；中径公差带代号7e，中等旋合长度
非螺纹密封的管螺纹	G	G1A G1	非螺纹密封的管螺纹，尺寸代号1，外螺纹公差等级为A级

（5）管螺纹的尺寸代号是指管子内径（通径）英寸的数值，不是螺纹大径，画图时大小径应根据尺寸代号查出具体数值。非螺纹密封的管其外螺纹有A和B两个公差等级，内螺纹只有一个公差等级，不必标出。

第二节 齿 轮

一、圆柱齿轮的规定画法

根据 GB/T 4459.2—2003 规定的齿轮画法，齿顶圆和齿顶线用粗实线绘制，分度圆和分度线用点画线绘制，齿根圆和齿根线用细实线绘制（也可省略不画），如图 14−4a 所示。在剖视图中，当剖切平面通过齿轮的轴线时，轮齿一律按不剖处理，齿根线画成粗实线（图 14−4b）。当需要表示斜齿或人字齿的齿线形状时，可用 3 条与齿线方向一致的细实线表示（图 14−4c）。

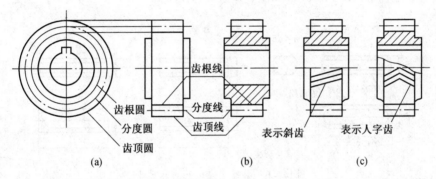

图 14−4 圆柱齿轮的画法

二、圆锥齿轮的规定画法

如图 14−5 所示，单个直齿圆锥齿轮主视图常采用全剖视，在投影为圆的视图中规定用粗实线画出大端和小端的齿顶圆，用点画线画出大端分度圆。齿根圆及小端分度圆均不必画出。

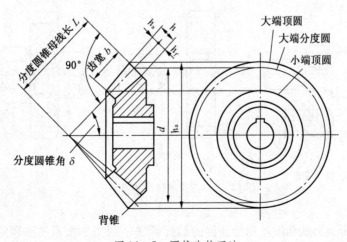

图 14−5 圆锥齿轮画法

第三节 键 和 销

一、键连接

键是用来连接轴和装在轴上的传动零件（如齿轮、带轮），起传递转矩作用的常用标准件。应用较广的键有普通平键和半圆键。

键是标准件，使用最多的普通平键的尺寸和键槽的剖面尺寸，可按轴径查阅相关国家标准。

普通平键的形式有 A、B、C 三种，其形状和尺寸如图 14-6 所示。在普通平键的标记中，A 型平键省略"A"字，而 B 型、C 型应写出"B"或"C"字。

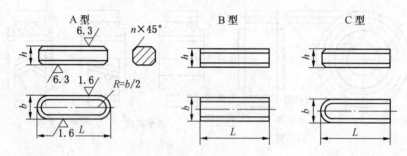

图 14-6 普通平键的形式和尺寸

普通平键标记示例：

键 18×100　GB/T 1096

表示 $b = 18$ mm，$h = 11$ mm，$L = 100$ mm 的圆头普通平键。

键 C18×100　GB/T 1096

表示 $b = 18$ mm，$h = 11$ mm，$L = 100$ mm 的单圆头普通平键（C 型）。

图 14-7a 所示为轴和齿轮的键槽及其尺寸标注。

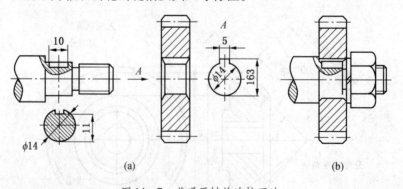

图 14-7 普通平键的连接画法

图 14-7b 所示为轴和齿轮用键连接的装配画法。剖切平面通过轴和键的轴线或对称面，轴和键均按不剖形式画出。为了表示轴上的键槽，采用了局部剖视。键的顶面和轮毂

键槽的底面有间隙，应画两条线。

二、销连接

销也是常用的标准件，通常用于零件间的连接或定位。常用的销有圆柱销、圆锥销和开口销等。开口销与带孔螺栓和槽形螺母一起使用，将它穿过槽形螺母的槽口和带孔螺栓的孔，并将销的尾部叉开，可防止螺纹连接松脱。

图 14 - 8 所示为常用 3 种销的连接画法，当剖切平面通过销的轴线时，销作不剖处理。

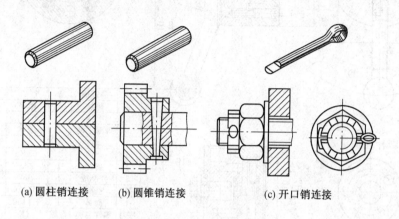

(a) 圆柱销连接　　(b) 圆锥销连接　　(c) 开口销连接

图 14 - 8　销连接的画法

第四节　读　装　配　图

一、读装配图的基本要求

（1）了解装配体的名称、用途、结构及工作原理。

（2）了解各零件之间的连接形式及装配关系。

（3）搞清各零件的结构形状和作用，想象出装配体中各零件的动作过程。

二、读装配图的方法和步骤

1. 概括了解

（1）根据标题栏和明细表，可知装配体及各组成零件的名称，由名称可略知它们的用途，由比例及件数可知道装配体的大小及复杂程度。

由图 14 - 9 的标题栏及明细表可知，图形所表达的装配体为分配阀，是机器附件之一，它可以控制做功介质（压缩空气）的通路，使机器中某些部件按要求动作。该装配体共由 10 种零件组成，体积不大，也不太复杂。

（2）根据装配图的视图、剖视图、剖面图，找出它们的剖切位置、投影方向及相互间的联系，初步了解装配体的结构和零件之间的装配关系。

图 14 - 9 所示分配阀共采用 4 个基本视图，主视图由 A - A 旋转剖得来，表示了件 1、

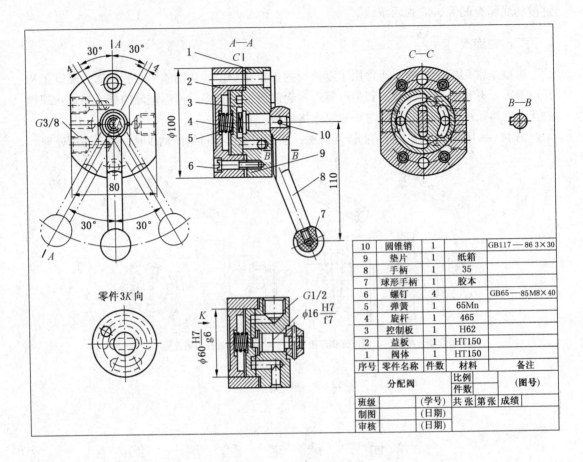

图 14 - 9 分配阀装配图

件 2、件 3 等主要零件之间的关系。左视图采用 C - C 全剖视图，从另一个方向表示了件 2、件 3 和件 4 之间的关系及介质的通道的形状。右视图表示了分配阀的外形。俯视图采用全剖，表明介质的通道。为表示控制板上控制槽的形状，用 K 向视图单独表示了件 3。B - B 为移出剖面，反映手柄上部的截面形状。

2. 分析零件

利用件号、不同方向或不同疏密的剖面线，把一个一个零件的视图范围划分出来，找对投影关系，想象出各零件的形状，了解它们的作用及动作过程。对于某些投影关系不易直接确定的部分，应借助于分规和三角板来判断，并应考虑是否采用了简化画法或习惯画法。

分析图 14 - 9 可以看出，阀体 1 与盖板 2 之间用 4 个 M8 的螺钉连接，整个分配阀可用两个螺钉固定在机器上。当手柄 8 转动时，通过圆锥销 10 带动旋杆 4 转动，旋杆 4 与阀体的配合为 $\phi 16H7/f7$。旋杆头部削扁部分，同控制板 3 上的长行槽配合，当旋杆转动时，带动控制板转动，使控制板上的圆弧形分配槽处于不同的位置，起到分配做功介质的作用，如图 14 - 10 所示。当控制板处于图 14 - 10a 位置时，介质经 1 孔（$G1/2$）通过分配槽进入 2 孔（$G3/8$），使机器上某部件朝一个方向运动，回气经 3 孔至 4 孔排入大气；

当控制板处于图14-10b所示位置时，介质同样由1孔进入，经分配槽进入3孔，使机器上某部件向另一方向运动，回气经由2孔至4孔排入大气；当控制板处于图14-10c位置时，即手柄处于中间位置，分配阀停止工作，不起分配作用。

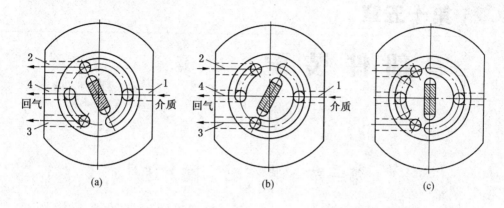

图14-10　控制板的位置

分配阀手柄左右运动的极限位置各为30°，由手柄及阀体端面凸出部分所保证，如图14-11所示。弹簧5使控制板端面与阀体平面紧密贴合，由于控制板上开有通孔，使板的两面压力平衡，保证接触更均匀，密封性更好。

3. 综合归纳

在概括了解及分析的基础上，对尺寸、技术条件等进行全面的综合，使对装配体的结构原理、零件形状、动作过程有一个完整、明确

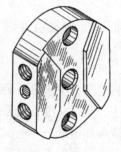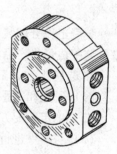

图14-11　阀体轴测图

的认识。实际读图时，上述三步是不能截然分开的，常常是边了解、边分析、边综合，随着各个零件分析完毕，装配体也就可综合阅读清楚了。

第十五章

零部件装配

第一节　装配概述

一、装配工艺过程

1. 装配分类

装配工作分部装和总装，部装就是把零件装配成部件的装配过程；总装就是把零件和部件装配成最终产品的过程。

2. 装配前的准备工作

（1）研究和熟悉装配图，了解设备的结构、零件的作用以及相互的连接关系。

（2）确定装配方法、顺序，准备所需的装配工具。

（3）对零件进行清理和清洗。

（4）对某些零件要进行修配密封试验或平衡工作等。

3. 调整、精度检验和试车

（1）调整是指调节零件或部件的相对位置、配合间隙和结合松紧等。

（2）精度检验指几何精度和工作精度的检验。

（3）试车是设备装配后，按设计要求进行的运转试验，包括运转灵活性、工作温升、密封性、转速、功率、振动和噪声等的试验。

4. 油漆、涂油和装箱

按要求的标准对装饰表面进行喷漆，用防锈油对指定部位加以保护和准备发运等工作。

二、装配方法

为使相配零件得到要求的配合精度，视不同情况可利用以下 4 种装配方法：

（1）互换装配。在装配时各配合零件不经修配、选择或调整即可达到装配精度。

（2）分组装配。在成批或大量生产中，将产品各配合副的零件按实测尺寸分组装配时，按组进行互换装配以达到装配精度。

（3）调整装配法。在装配时，改变产品中可调整零件的相对位置或选用合适的调整件，以达到装配精度。

（4）修配装配法。在装配时，修去指定零件上预留修配量，以达到装配精度。

三、装配工作要点

（1）清理和清洗。清理是指去除零件残留的型砂、铁锈及切屑等；清洗是指对零件表面的洗涤。这些都是装配不可缺少的工作内容。

（2）加润滑剂。相配表面在配合或连接前，一般都需加润滑剂。

（3）配合尺寸准确。装配时，对较重要的配合尺寸进行复验或抽验，尤其对过盈配合，装配后不再拆下重装的零件，这常常是很必要的。

（4）做到边装配边检查。当所装配的产品较复杂时，每装完一部分就应检查是否符合要求。在对螺纹连接件进行紧固的过程中，还应注意对其他有关零部件的影响。

（5）试车时的事前检查和启动过程的监视。试车总意味着机器将开始运动并经受负荷的考验，不能盲目从事，因为这是最有可能出现问题的阶段。试车前全面检查装配工作的完整性、各联接部分的准确性和可靠性、活动件运动的灵活性及润滑系统是否正常等。在确保都准确无误和安全的条件下，方可开车运转。机器启动后，应立即观察主要工作参数和运动件是否正常运动。主要工作参数包括润滑油压力、温度、振动和噪声等。只有当启动阶段各运动指标正常、稳定，才能进行试运转。

第二节 固定连接的装配

一、螺纹连接的预紧、防松及其装配

螺纹连接是一种可拆的固定连接，它具有结构简单、连接可靠、装拆方便等优点，因而在机械中应用极为普遍。

1. 螺纹连接的预紧

为了达到螺纹连接的紧固和可靠，对螺纹副施加一定的拧紧力矩，使螺纹间产生相应的摩擦力矩，这种措施称为对螺纹连接的预紧。拧紧力矩可按下式求得：

$$M_1 = KP_0D \times 10^{-3}$$

式中 M_1——拧紧力矩；

　　K——拧紧力矩系数（有润滑时 K 取 0.13～0.15，无润滑时 K 取 0.18～0.21）；

　　P_0——预紧力，N；

　　D——螺纹公称直径，mm。

拧紧力矩可按表 15-1 查出后，再乘以一个修正系数（30 钢为 0.75；35 钢为 1；45 钢为 1.1）求得。

表 15-1 螺纹连接拧紧力矩

基本直径 d/mm	6	8	10	12	16	20	24
拧紧力矩 M/(N·m)	4	10	18	32	80	160	280

2. 控制螺纹拧紧力矩的方法

（1）利用专门的装配工具。如指针式力矩扳手、电动或风动扳手等，这些工具在拧紧螺纹时，可指示出拧紧力矩的数值，或到达预先设定的拧紧力矩时，自动终止拧紧。

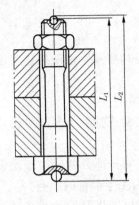

图 15 - 1　测量螺栓伸长量

（2）测量螺栓伸长量。如图 15 - 1 所示，螺母拧紧前，螺栓的原始度为 L_1，按规定的拧紧力矩拧紧后，螺栓的长度为 L_2，根据 L_1 和 L_2 伸长量的变化可以确定拧紧力矩是否正确。

（3）扭角法。扭角法的原理与测量螺栓伸长法相同，只是将伸长量折算成螺母被拧转的角度。

3. 螺纹连接的装配与防松

（1）装配前要仔细清理工作表面、锐边倒角并检查是否与图样相符。旋紧的次序要合理，方形和圆形的连接顺序一般是从中间向两边对称扩展。

（2）螺纹连接的防松装置。螺纹本身有自锁作用，正常情况下不会脱开，但在冲击、振动、变负荷或工作温度变化很大的情况下，为保证连接的可靠必须采取有效的防松措施。

① 增加摩擦力防松。如图 15 - 2 所示，它采用双螺母锁紧或弹簧垫圈防松，结构简单、可靠，应用很普遍。

② 机械防松装置。图 15 - 3a 为开口销和带槽螺母装置，多用于变载及振动处。图 15 - 3b 为止动垫圈装置，止动垫圈的内圆凸出部嵌入螺杆外圆的方缺口中，待圆螺母拧紧后，再把垫圈外圆凸出部弯曲成 90°紧贴在圆螺母的一个缺口内，使圆螺母固定。图 15 - 3c 为带耳止动垫圈装置，用于受力不大的螺母防松处。图 15 - 3d 为串联钢丝装置，用时应使钢丝的穿绕拧紧螺纹。

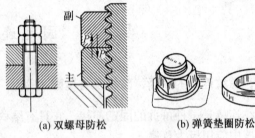

(a) 双螺母防松　　(b) 弹簧垫圈防松

图 15 - 2　增加摩擦力防松

③ 点铆法防松。这种方法拆后的零件不能再用，故只能在特殊需要的情况下应用。

④ 胶接法防松。在螺纹连接面涂厌氧胶，拧紧后，胶粘剂固化，即可粘住，防松效果良好。

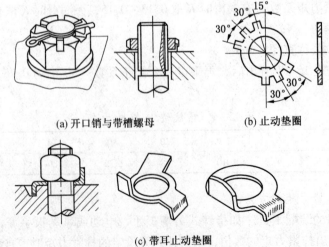

(a) 开口销与带槽螺母　　　　(b) 止动垫圈

(c) 带耳止动垫圈

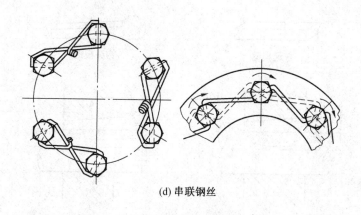

(d) 串联钢丝

图 15 - 3 机械防松装置

二、键连接装配

键是用于连接传动件，并能传递转矩的一种标准件。按键的结构特点和用途不同，分为松键连接、紧键连接和花键连接 3 大类。

1. 松键连接的装配

松键连接是靠键的侧面来传递转矩的。松键连接所采用的键有普通平键、导向键、半圆键和花键等。普通平键连接如图 15 - 4 所示。

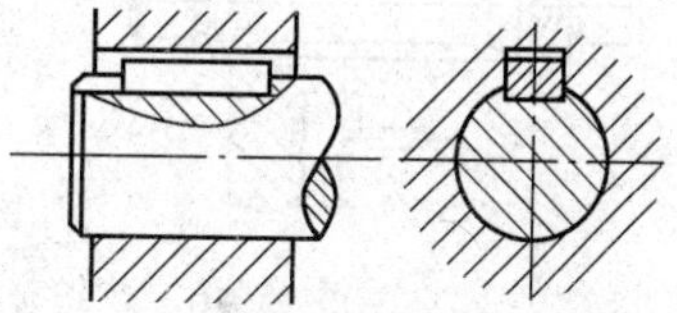

松键装配要点：

（1）清除键和键槽毛刺，以防影响配合的可靠性。

（2）对重要的键，应检查键侧直线度，键槽对轴线的对称度。

图 15 - 4 普通平键连接

（3）用键头与键槽试配，保证其配合性质，然后锉配键长和键头，留 0.1 mm 左右间隙。

（4）配合面上加机油后将键压入，键的底面要与轴槽底接触。

（5）试装套件（如齿轮、带轮等）注意键与键槽的非配合面应留有间隙等。

2. 紧键连接装配

紧键连接主要指楔键连接，楔键有普通楔键和钩头楔键两种（图 15 - 5），其上表面斜度一般为 1∶100。装配时要使键的上下工作表面和轴槽、轮毂槽的底部贴紧，而两侧面应有间隙。键的斜度一定要吻合，可用涂色法检查接触的情况。若接触不好，可用锉刀或刮刀修整键槽。钩头键安装后，钩头和套件端面必须留有一定距离，供修理调整时拆卸用。

3. 花键连接装配

花键连接如图 15 - 6 所示。装配前应按图样公差和技术条件检查相配件。套件热处理变形后，可用花键推刀修整，也可用涂色法修整。花键连接分固定连接和滑动连接两种：固定连接稍有过盈，可用铜棒轻轻敲入，过盈量较大时，则应将套件加热至 80 ~ 120 ℃后进行热装；滑动连接应滑动自如，灵活无阻滞，在用手转动套件时不应感觉有间隙。

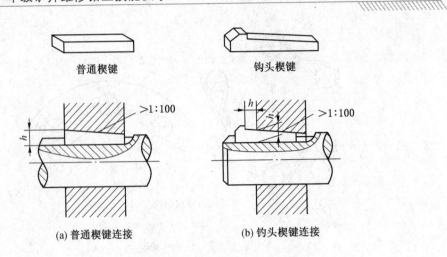

普通楔键　　　　钩头楔键

(a) 普通楔键连接　　　　(b) 钩头楔键连接

图 15 - 5　楔键连接

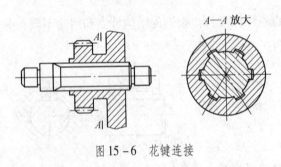

图 15 - 6　花键连接

三、销连接的装配

销连接可起定位、连接和保险作用。按销子的结构形式分为圆柱销、圆锥销、开口销等几种。

（1）圆柱销装配。圆柱销有定位、连接和传递转矩的作用。圆柱销连接属过盈配合，不宜多次装拆。圆柱销作定位时，为保证配合精度，通常需要两孔同时钻铰，并使孔的表面粗糙度值在 Ra1.6 以下。装配时应在销子上涂上机油，用铜棒将销子打入孔中。

（2）圆锥销的装配。圆锥销具有 1：50 的锥度。锥孔铰削时宜用销子试配，以手推入 80%～85% 的锥销长度即可。锥销紧实后，销的大端应露出工件平面（一般为稍大于倒角尺寸）。

（3）开口销的装配。开口销打入孔中后，将小端开口扳开，防止振动时脱出。

四、过盈连接的装配

过盈连接是以包容件（孔）和被包容（轴）配合后的过盈来达到紧固连接的一种连接方法。过盈连接有对中性好，承载能力强，并能承受一定冲击力等优点，但对配合的精度要求较高，加工、装拆都比较困难。

1. 过盈连接装配的技术要求

（1）配合件要有较高的形位精度，并能保证配合时有足够的过盈。

（2）配后表面应有较好的表面粗糙度值。

（3）装配时配合表面一定要涂上机油，压入过程应连续进行，其速度要稳定，也不宜过快，一般保持在 2～4 mm/s 即可。

（4）对细长件或薄壁件的配合，装配前一定要对其零件的形位误差进行检查，装配时最好是沿竖直方向压入。

2. 过盈连接的装配方法

（1）压入法。可用锤子加垫块敲击压入或用压力机压入。

（2）热胀法。利用物体热胀冷缩的原理将孔加热使孔径增大，然后将轴装入孔中。常用的加热方法是把孔工件放入热水（80~100℃）或热油（90~320℃）中进行加热。

（3）冷缩法。利用物体热胀冷缩的原理将轴进行冷却，待轴径缩小后再把轴装入孔中。常用的冷却方法是采用干冰和液氮进行冷却。

第三节　传动机构的装配

一、带传动机构的装配

带传动是依靠带与带轮之间的摩擦来传递动力的。常用传动带有 V 带和平带。

1. 带传动机构的装配技术要求

（1）严格控制带轮的径向圆跳动和轴向窜动量。

（2）两带轮的端面一定要在同一平面内。

（3）带轮工作表面的表面粗糙度值要大小适当，过大，会使传动带磨损较快；过小，易使传动带打滑。

（4）带的张紧力要适当。

2. 带轮装配

一般带轮孔与轴为过渡配合，该配合有少量过盈，能保证带轮与轴有较高的同轴度。装带轮时应将孔和轴擦干净，装上键，用锤子把带轮轻轻打入，然后轴向固定。带轮装上后，要检查带轮的径向圆跳动和轴向窜动量。要保证两轮平行，中间平面重合，一般可采用拉线的方法进行检查：将线的一端系于轮的轮缘上，将线的另一端拉紧，并使线贴住此轮的端面，测定另一轮是否与线贴住，即可了解正确与否。如果两轮的大小不一，查看端面的间隙。

中心距不大时用直尺法检查，如图 15-7 所示。为了保证两轮的中间平面重合，要保证相对位置的准确性。

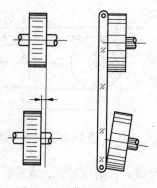

图 15-7　带轮相互位置正确性的检查

3. 传动张紧力的调整

在带传动机构中，都设计有调整张紧力的张紧装置。张紧装置可通过调整两轴的中心距，而重新使拉力恢复到规定的要求。合适的张紧力可根据经验方法判断。用大拇指在 V 带切边的中间处，能将 V 带按下 15 mm 左右即可，也可用弹簧秤在 V 带切边中间处加一个力 P，使 V 带在力 P 的作用点下垂一段距离 d，合适的张紧力可以得到相应的下垂距离 d，并可按下式近似计算：

$$d = A/50$$

式中　d——V 带下垂距离，mm；

A——两轴中心距，mm。

各型 V 带应加的作用力 P 可参照表 15 - 2 选择。

表 15 - 2　加于 V 带上的作用力

V 带型号	O	A	B	C	D	E	F
作用力 P/N	6	9	15	25	52	75	125

当采用多根 V 带传动时，为了使每根带的张紧力尽量大小一致，要求各带长度应一致，而且各根带的弹性要保持相等，新旧带不能混用，否则张紧力不能做到每根带保持均匀。

二、链传动机构的装配

链传动是由两个链轮和连接它们的链条组成，通过链条与链轮的啮合来传递运动和动力。

1. 链传动机构装配技术要求

（1）两链轮的轴线必须平行，否则会加剧链轮及链条的磨损，使噪声增大和平稳性降低。

（2）两链条之间的轴向偏移量不能太大。当两轮中心距小于 500 mm 时，其轴向偏移量不超过 2 mm。

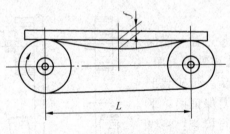

图 15 - 8　链条下垂度的检验

（3）链轮的径向圆跳动和端面圆跳动应符合以下规定要求：链轮直径为 100 mm 以下时，允许跳动量为 0.3 mm；链轮直径为 100～200 mm 时，允许跳动量为 0.5 mm；链轮直径为 200～300 mm 时，允许跳动量为 0.8 mm；链轮直径为 300～400 mm 时，允许跳动量为 1 mm。

（4）链条的松紧应适当，太紧会使负荷增大，磨损加快；太松容易产生振动或掉链现象。链条下垂度的检验方法如图 15 - 8 所示。水平或稍微倾斜的链条传动，其下垂量 f 不大于中心距 L 的 20%；倾斜度增大的下垂度就要减小。在竖直平面内进行的链传动，下垂量 f 应小于中心距 L 的 0.02%。

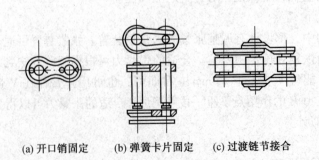

(a) 开口销固定　　　(b) 弹簧卡片固定　　　(c) 过渡链节接合

图 15 - 9　套筒滚子链的接头形式

2. 装配

首先应按要求将两个链轮分别装到轴上并固定，然后装上链条。套筒滚子链的接头形式如图 15−9 所示。当使用弹簧卡片固定活动销轴时，一定要注意使开口的方向与链条速度的方向相反，否则容易脱落。

三、齿轮传动机构的装配

齿轮传动是通过轮齿之间的啮合来传递运动和动力的。齿轮传动机构的优点是传动比准确、结构紧凑、承载能力大、使用寿命长、效率高，且能组成变速机构和换向机构。齿轮传动机构的缺点是制造工艺复杂，安装精度要求较高，成本也较高，且不适用于中心距较大的场合。

1. 齿轮传动机构装配技术要求

（1）要保证齿轮与轴的同轴度精度要求，严格控制齿轮的径向圆跳动和轴向窜动。

（2）保证齿轮有准确的中心距和适当的齿侧间隙。

（3）保证齿轮啮合有足够的接触面积和正确的接触位置。

（4）保证滑动齿轮在轴上滑移的灵活性和准确的定位位置。

（5）对转速高、直径大的齿轮，装配前应进行动平衡。

2. 圆柱齿轮传动机构的装配要点

1）齿轮与轴的装配

齿轮与轴的装配形式有：齿轮在轴上空转、齿轮在轴上滑移和齿轮在轴上固定 3 种形式。可根据齿轮与轴的配合性质，采用相应的装配方法。装配后，齿轮在轴上常见的安装误差是齿轮偏心、歪斜、端面未靠贴轴肩等。精度要求高的齿轮副应进行径向圆跳动和端面圆跳动的检查，检查方法如图 15−10 所示。

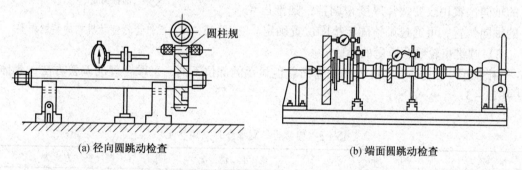

(a) 径向圆跳动检查   (b) 端面圆跳动检查

图 15−10　齿轮径向圆跳动、端面圆跳动的检查

2）齿轮轴组件的装配

齿轮轴组件装入箱体的装配方式，应根据轴在箱体中的结构特点而定，装配前应进行以下 3 方面检查：孔和平面的尺寸精度及形状精度；孔和平面的相互位置精度；孔和平面的表面粗糙度及外观质量。

3）齿轮啮合质量的检验

齿轮的啮合质量包括齿侧间隙和接触精度两项。

（1）齿侧间隙的检验。齿侧间隙最直观最简单的检验方法就是压铅丝法（图 15−11）。

图 15 - 11　铅丝检查侧隙

在齿宽两端的齿面上，平行放置两段直径不小于齿侧间隙 4 倍的铅丝，转动啮合齿轮挤压铅丝，铅丝被挤压后最薄部分的厚度尺寸就是齿侧间隙。

（2）接触精度的检验。接触精度指接触面积大小和接触位置。啮合齿轮的接触面可用涂色法检验。检验时，在齿轮两侧面都涂上一层均匀显示剂，然后转动主动轮，同时轻微制动从动轮。对于双向工作的齿轮，正反两个方向都要进行检验。

齿轮侧面上印痕面积的大小，应根据精度要求而定。一般传动齿轮在齿廓的高度上接触不少于 30% ~ 50%，在齿廓的宽度上不少于 40% ~ 70%，其分布位置是以节圆为基准，上下对称分布。通过印痕的位置可判断误差产生的原因。

3. 圆锥齿轮传动机构的装配

圆锥齿轮装配的顺序应根据箱体的结构而定，一般是先装主动轮再装从动轮，把齿轮装到轴上的方法与圆柱齿轮装法相似。通常要做的工作是两齿轮在轴上的轴向定位和啮合精度的调整。

1）圆锥齿轮轴向位置的确定

（1）安装距离确定时，必须使两齿轮分度圆锥相切，两锥顶重合，据此来确定小齿轮的轴向位置。若此时大齿轮尚未装好，可用工艺轴代替，然后按侧隙要求决定大齿轮的轴向位置。

（2）背锥面作基准的圆锥齿轮的装配，应将背锥面对齐、对平。图 15 - 12 中，圆锥齿轮 1 的轴向位置用改变垫片厚度来调整；圆锥齿轮 2 的轴向位置，可通过调整固定垫圈位置确定。

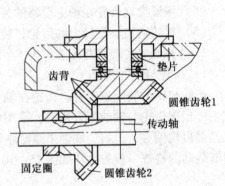

图 15 - 12　圆锥齿轮传动机构的装配调整

2）圆锥齿轮啮合质量的检验

用涂色法检查啮合精度，根据齿面着色显示的部位不同，采取合理的调整方法，具体见表 15 - 3。

表 15 - 3　圆锥齿轮副啮合辨别调整表

序　号	图　示	显 示 情 况	调 整 方 法
1		印痕恰好在齿面中间位置，并达到齿面长的 2/3，装配调整位置正确	

表 15 - 3（续）

序 号	图 示	显 示 情 况	调 整 方 法
2	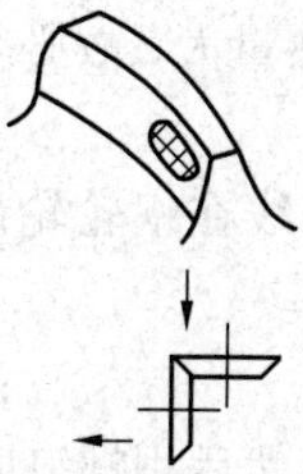	小端接触	接图示箭头方向，一齿轮调退，另一齿轮调进。若不能用一般方法调整达到正确位置，则应考虑由于轴线交角太大或太小，必要时修刮轴瓦
3	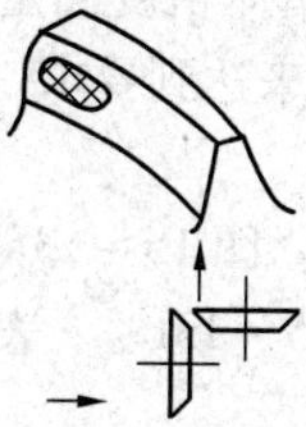	大端接触	接图示箭头方向，一齿轮调退，另一齿轮调进。若不能用一般方法调整达到正确位置，则应考虑由于轴线交角太大或太小，必要时修刮轴瓦
4	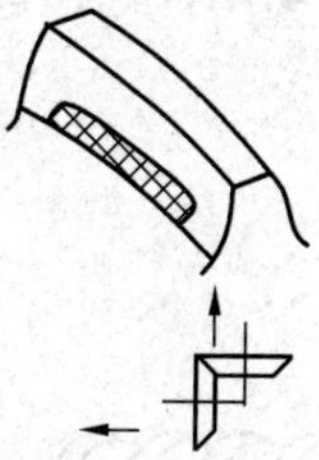	低接触区	小齿轮沿轴向移进，如侧隙过小，则将大齿轮沿轴向移出或同时调整使两齿轮退出
5	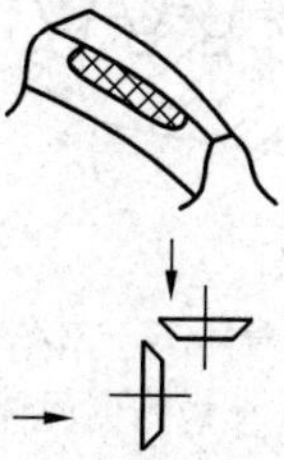	高接触区	小齿轮沿轴向移出，如侧隙过大，可将大齿轮沿轴向移动或同时调整使两齿轮靠近
6	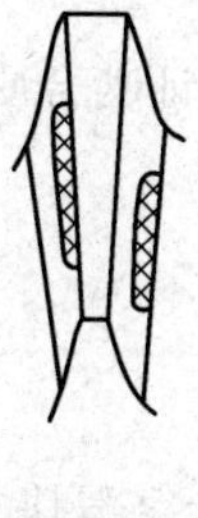	同一齿的一侧接触区高，另一侧低	装配无法调整，调换零件。若只作单向传动，可按低接触或高接触调整方法，考虑另一齿侧的接触情况

四、蜗杆传动机构的装配

蜗杆传动机构用来传递互相垂直的两轴之间的运动。它具有传动比大而准确、工作平稳、噪声小且可以自锁的特点。但其传动效率低，工作时发热量大，故必须有良好的润滑。

1. 蜗杆传动机构的装配技术要求

保证蜗杆轴心线与蜗轮轴心线互相垂直；保证蜗杆轴心线在蜗轮轮齿的对称平面内；保证中心距准确，保证有适当的啮合侧隙和正确的接触斑点。

2. 蜗杆传动机构的装配顺序

（1）若蜗轮不是整体时，应先将蜗轮齿圈压入轮毂上，然后用螺钉固定。

（2）将蜗轮装到轴上，其装配方法和圆柱齿轮相似。

（3）把蜗轮组件装入箱体后再装蜗杆，蜗杆的位置由箱体精度确定。要使蜗杆轴线位于蜗轮轮齿的对称中心平面内，通过调整蜗轮的轴向位置来达到要求。

3. 蜗杆蜗轮传动机构啮合质量的检验

蜗杆蜗轮的接触精度用涂色法检验，如图 15 – 13 所示。图 15 – 13a 为正确接触，其接触斑点在蜗轮齿侧面中部稍偏于蜗杆旋出方向一点。图 15 – 13b、c 表示蜗轮的位置不对，应通过配磨蜗轮垫圈的厚度来调整其轴向位置。

蜗杆蜗轮齿侧间隙一般要用百分表来测量（图 15 – 14）。在蜗杆轴上固定一个带有量角器的刻度盘，把百分表测头支顶在蜗轮的侧面上，用手转动蜗杆，在百分表不动的条件下，根据刻度盘转角的大小计算出齿侧间隙。

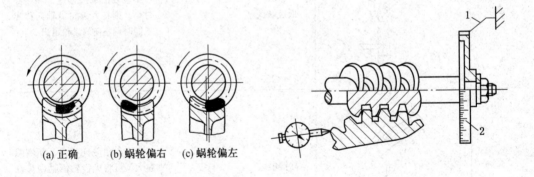

（a）正确　　（b）蜗轮偏右　　（c）蜗轮偏左

1—指针；2—刻度盘

图 15 – 13　蜗杆蜗轮接触斑点的检验　　　图 15 – 14　蜗杆蜗轮侧间隙的检验方法

对于一些不重要的蜗杆传动机构，可用手转动蜗杆，根据空程量，凭经验判断侧隙大小。

装配后的蜗杆传动机构，还要检查其转动的灵活性，在保证啮合质量的条件下且转动灵活，则装配质量合格。

五、联轴器和离合器的装配

1. 联轴器的装配

联轴器按结构形式不同，可分为锥销套筒式、凸缘式、十字滑块式、弹性圆柱销式、万向联轴式等，如图 15-15 所示。

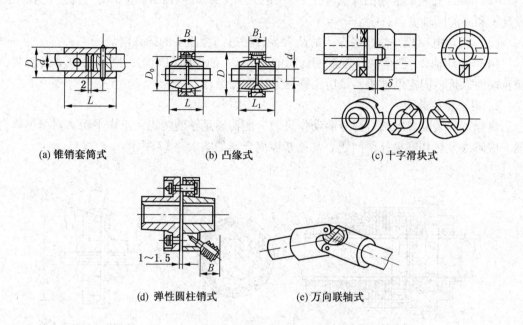

(a) 锥销套筒式   (b) 凸缘式   (c) 十字滑块式

(d) 弹性圆柱销式   (e) 万向联轴式

图 15-15 常见联轴器的形式

1）装配技术要求

无论哪种形式的联轴器，装配的主要技术要求是应保证两轴的同轴度，否则被连接的两轴在转动时将产生附加阻力并增加机械的振动，严重时还会使轴产生变形，造成轴和轴承的过早损坏。对于高速旋转的刚性联轴器，这一要求尤为重要。而挠性联轴器由于其具有一定的挠性作用和吸收振动的能力，同轴度要求比刚性联轴器稍低。

2）装配方法

图 15-16 所示为凸缘式联轴器，其装配要点如下：

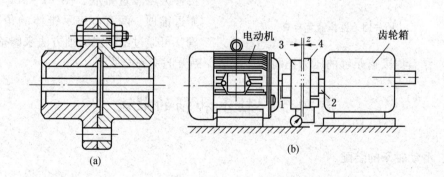

1、2—轴；3、4—凸缘盘

图 15-16 凸缘式联轴器及其装配

（1）将凸缘盘 3、4 用平键分别装在轴 1 和轴 2 上，并固定齿轮箱。

（2）将百分表固定在凸缘盘 4 上，并使百分表测头顶在凸缘盘 3 的外缘上，找正凸缘盘 3 和 4 的同轴度。

（3）移动电动机，使凸缘盘 3 的凸台少许插进凸缘盘 4 的凹孔内。

（4）转动轴 2，测量两凸缘盘端面间的间隙 z，如果间隙均匀，则移动电动机使两凸缘盘端面靠近，固定电动机，最后用螺栓紧固两凸缘盘。

2. 离合器的装配

离合器的装配要求结合与分离动作灵敏，能传递足够的转矩，工作平稳。对摩擦离合器，应解决发热和磨损补偿问题。常见摩擦离合器如图 15-17 所示。

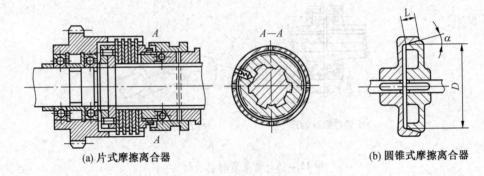

(a) 片式摩擦离合器　　　　　　　　　　　　(b) 圆锥式摩擦离合器

图 15-17　常见的摩擦离合器

要解决摩擦离合器发热和磨损补偿问题，装配时应注意调整好摩擦面间的间隙。摩擦离合器一般都设有间隙调整装置。装配时，可根据其结构和具体要求进行调整。

圆锥摩擦离合器装配要点如下：

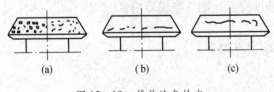

(a)　　　　　(b)　　　　　(c)

图 15-18　锥体涂色检查

（1）圆锥面接触必须符合要求，用涂色法检查时，其斑点应分布在整个圆锥表面上，如图 15-18a 所示。图 15-18b 接触斑点靠近锥底，图 15-18c 为斑点靠近锥顶，两者都表示锥体的角度不正确，可通过刮削或磨削方法来修整。

（2）结合时要有足够的压力把两锥体压紧，断开时应完全脱开。

第四节　轴承和轴的装配

一、滑动轴承的装配

滑动轴承工作可靠，无噪声，并能承受较大的冲击负荷，多用于精密、高速及重载的转动场合。

滑动轴承的种类很多，根据结构形式的不同，可分为整体式、剖分式和瓦块式等；根据工作表面形状的不同，可分为圆柱形、圆锥形和多油楔形等。

　　滑动轴承装配的主要技术要求是在轴颈与轴承之间获得合理的间隙，保证轴颈与轴承良好接触，使轴颈在轴承中旋转平稳可靠。

　　1. 整体式滑动轴承的装配

　　整体式滑动轴承的构成如图 15 − 19 所示。

　　（1）将轴套和轴承座孔去毛刺，清理干净后在轴承座孔内涂润滑油。

　　（2）根据轴套尺寸和配合时过盈量的大小，采取敲入法或压入法将轴套装入轴承座孔内，并进行固定。

　　（3）轴套压入轴承座孔后，易发生尺寸和形状变化，应采用铰削或刮削的方法对内孔进行修整、检验，以保证轴颈与轴套之间有良好的间隙配合。

　　2. 剖分式滑动轴承的装配

　　剖分式滑动轴承的装配顺序如图 15 − 20 所示。先将下轴瓦 4 装入轴承座 3 内，再装垫片 5，然后装上轴瓦 6，最后装轴承盖 7 并用螺母 1 固定。

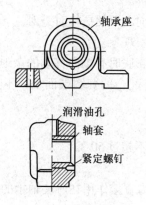

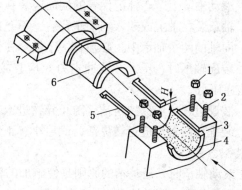

1—螺母；2—双头螺柱；3—轴承座；4—下轴瓦；
5—垫片；6—上轴瓦；7—轴承盖

图 15 − 19　整体式滑动轴承的构成　　　图 15 − 20　剖分式滑动轴承的装配

　　剖分式滑动轴承装配要点：

　　（1）轴瓦与轴承体（包括轴承座和轴承盖）的装配。上下两轴瓦与轴承体内孔的接触必须良好。如不符合要求，对厚壁轴瓦应以轴承体内孔为基准，刮研轴瓦背部。同时，应使轴承的台阶紧靠轴承体两端面。

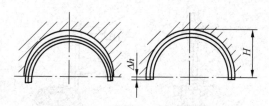

图 15 − 21　薄壁轴瓦中分面高出量

不符合要求时要进行修刮。对于薄壁轴瓦则不需修刮，只要使轴瓦的中分面比轴承体的中分面高出一定数值（Δh）即可，$\Delta h = \pi \delta / 4$（$\delta$ 为轴瓦与轴承体内孔的配合过盈），一般 $\Delta h = 0.05 \sim 0.1$ mm，如图 15 − 21 所示。

　　（2）轴瓦的定位。轴瓦安装在轴承体中，无论在圆周方向或轴向都不允许有位移，通常可用定位销和轴瓦两端的台阶来止动。

　　（3）轴瓦孔的配刮。对开式轴瓦一般都用与其相配的轴研点。通常先刮下轴瓦，然后再用刮上轴瓦。为了提高刮削的效率，刮下轴瓦时可不装轴承盖。当下轴瓦的接触点基本符合要求时，再将轴承盖压紧，并在刮研上轴瓦的同时，进一步修正下轴瓦的接触点。配刮时轴的松紧程度可随刮削次数的增加，通过改变垫片的厚度来调整。轴承盖紧固后，轴能轻松地转动而无明显间隙，接触点符合要求，即表示配刮完成。

（4）轴承间隙的测量。轴承间隙的大小可通过中分面处的垫片调整，也可通过直接修刮上轴瓦获得。通常采用压铅丝法测量轴承间隙。取几段直径大于轴承间隙的铅丝放在轴颈中分面上，然后合上轴承盖，均匀拧紧螺母使中分面压紧，再拧下螺母，取下轴承盖，细心取出各处被压扁的铅丝。每取出一段，使用千分尺测出厚度，根据铅丝的平均厚度差就可知道轴承的间隙。

二、滚动轴承的装配

由于滚动轴承具有摩擦力小、轴向尺寸小、更换方便、维护简单等优点，所以在机械制造中应用广泛。

1. 滚动轴承装配的技术要求

（1）滚动轴承上带有标记代号的端面应装在可见方向，以便更换时查对。

（2）轴承装在轴上或装入轴承座孔后，不允许有歪斜现象。

（3）同轴的两个轴承中，必须有一个轴承在轴受热膨胀时有轴向移动的余地。

（4）装配轴承时，压力（或冲击力）应直接加在待配合的套圈端面上，不允许通过滚动体传递压力。

（5）装配过程中应保持清洁，防止异物进入轴承内。

（6）装配后的轴承应运转灵活，噪声小，工作温度不超过50 ℃。

2. 装配方法

装配滚动轴承时，最基本的原则是使施加的轴向压力直接作用在所装轴承的套圈的端面上，而尽量不影响滚动体。

轴承的装配方法很多，有锤击法、螺旋压力机或液压机装配法、热装法等，最常用的是锤击法。

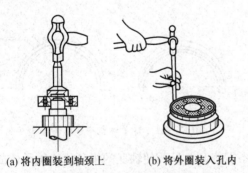

（a）将内圈装到轴颈上　（b）将外圈装入孔内

图 15 – 22　锤击法装配滚动轴承

（1）锤击法。图 15 – 22a 是用铜棒垫上特制套，用锤子将轴承内圈装到轴颈上。图 15 – 22b 是用锤击法将轴承外圈装入壳体孔中。

（2）螺旋压力机或液压机装配法。对于过盈或较大的轴承，可以用螺旋压力机或液压机进行装配。压装前要将轴和轴承放平放正，并在轴上涂少许润滑油。压入速度不要过快，轴承到位后应迅速撤去压力，防止损坏轴，尤其是对细长类的轴。

（3）热装法。当配合的过盈量较大，装配批量大或受装配条件的限制不能用以上方法装配时，可以使用热装法。热装法是将轴承放在油中加热至 80～100 ℃，使轴承内孔胀大后套装到轴上，它可保证装配时轴承和轴免受损伤。对于内部充满润滑脂以及带有防尘盖和密封圈的轴承，不能使用热装法装配。

装配推力球轴承时，应首先区分松圈和紧圈。装配时应使紧圈靠在转动零件的端面上，松圈靠在静止零件（或箱体）的端面上，如图 15 - 23 所示。

3. 滚动轴承游隙的调整

许多轴承在装配时都要严格控制和调整游隙。通常采用使轴承的内圈对外圈做适当的轴向相对位移的方法来保证游隙。调整的方法有如下几种：按图 15 - 24 所示用垫片调整；按图 15 - 25 所示用螺钉调整。

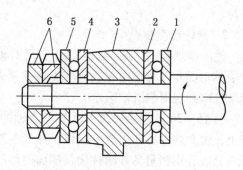

1、5—紧圈；2、4—松圈；3—箱体；6—螺母

图 15 - 23　推力球轴承的装配

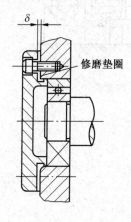

修磨垫圈

图 15 - 24　用垫片调整游隙

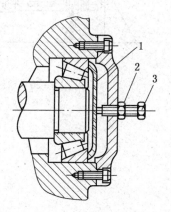

1—压盖；2—螺母；3—螺钉

图 15 - 25　用螺钉调整轴承游隙

三、轴的装配

轴是机械中的重要零件，一切做回转运动的零件都要装在轴上才能进行工作。为了保证轴及其上面的零部件能正常运转，轴本身必须具有足够的强度和刚度，满足一定的加工精度。轴的装配工作包括对轴本身的清理和检查，以及完成轴上某些零件（如中心孔丝堵等）的连接，以及为轴上其他传动件或叶轮的装配做好准备等。轴上零件装配后还应该达到规定的装配精度。

1. 轴的精度

轴本身的精度主要包括各轴颈的圆度、圆柱度和径向跳动，以及与轴上零件相配的圆柱面对轴颈的径向圆跳动，轴上重要端面对轴颈的垂直度等。

轴颈圆度误差过大，轴承运转时会引起跳动（振动）；轴颈圆柱度误差过大时，会使轴颈在轴承内引起油膜厚度不均、轴瓦表面局部负荷过重而加剧磨损；径向圆跳动误差过大，运转时会产生径向振动。以上各种误差反映在滚动轴承支承时，都将引起滚动轴承的变形而降低装配精度。所以这些误差一般都严格控制在 0.02 mm 以内。

轴上与其他旋转零件相配的圆柱面，对轴颈的径向圆跳动误差过大，或轴上重要端面对轴颈的垂直度误差过大，都将使旋转零件装在轴上后产生偏心，以致运转时造成轴的振动。

2. 轴的精度检查

轴的圆度和圆柱度误差可用千分尺对轴颈测量后直接得出。轴上各圆柱面对轴颈的径向圆跳动误差以及端面对轴颈的垂直度误差，可通过 V 形架、车床及磨床或在两顶尖上测量径向和端面圆跳动确定。

图 15-26 所示为通过 V 形架检查轴的精度。在平板上将轴的两个轴颈分别置于 V 形架上，轴左端中心孔内放一钢球，并用角铁顶住以防止在检查时产生轴向窜动，用百分表或千分表分别测量各外圆柱面及端面的跳动量，即可得到误差值。

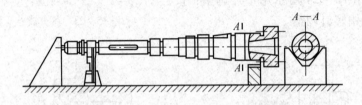

图 15-26 通过 V 形架检查轴的精度

第十六章

小型机械的维护与故障处理

第一节　装载机的维护与故障处理

一、PT-60型耙装机的日常维护与保养

（1）电工接线后，应注意滚筒的转动方向，工作时从减速器一侧看，滚筒应为逆时针转动。注意，当同一时间两滚筒做反向转动，应以正在工作的一个为标准。

（2）经常注意制动闸带及辅助刹车松紧是否合适，绞车转动是否灵活，工作是否可靠。如发现内齿轮抱不住或脱不开时，应调节闸带，使之合适。

（3）经常检查钢丝绳磨损情况，钢丝绳断裂严重时应及时更换。

（4）每日对各绳轮和轴承加黄油一次；每3日对绞车减速器加润滑油一次；每月对行星齿轮加润滑油1~2次。

（5）每天检查油雾器油位，并及时添加润滑油，每两个月清洗过滤器的滤芯一次。

（6）每星期检查一次各连接螺栓有无松动及失落，对松动件予以拧紧，并补上遗失件。

（7）行星齿轮加油时，应注意勿使油落到滚筒制动器及闸带上，如上述部位有油应及时擦干净。

（8）每星期清理一次耙装机，将漏渣及沉积泥浆清理干净。

（9）经常清理调车盘，以保证调车盘正常工作。

二、装载机的常见故障及其处理方法

装载机的常见故障及其处理方法见表16-1、表16-2、表16-3。

表16-1　装载机的常见故障及其处理方法

序号	故障现象	故障原因	排除方法
1	回转机构失去人为转动的可能性	1. 中心轴松动，铲斗卸载时由于轴承间隙过大，钢球被挤出槽外 2. 回转盘转动超过限位铁	1. 松开中心轴螺母，撬起上回转盘，将钢球复位。平时经常检查中心轴是否松动 2. 修复限位铁

表 16 - 1（续）

序号	故障现象	故障原因	排除方法
2	回转机构不灵活	1. 轴承座槽磨深或钢球磨小，使轴承座接触 2. 轴承座内岩粉太多，润滑条件差 3. 上、下回转盘之间掉入碎石	1. 更换轴承座或钢球 2. 清洗、注油 3. 清除碎石
3	断链	1. 磨损严重、强度不够 2. 卸载时冲击缓冲弹簧过猛 3. 插入岩堆提铲过猛 4. 提铲时，铲斗碰撞顶板	1. 经常检查，及时更换 2. 正确掌握断电时间 3. 间断开动提升电动机，使开始时提铲不致过猛 4. 注意顶板高度，并提前处理
4	频繁断链	链条质量不佳	更换材质好的链条
5	安全销折断	过负荷	按规程操作
6	安全销折断频繁	安全销质量不佳	按要求加工安全销
7	铲斗歪斜	1. 稳定钢丝绳拉力不均 2. 斗臂滚动的导轨上有障碍物 3. 导轨后端磨损程度不一样 4. 半臂后端磨损程度不一样	1. 检查和调整稳定钢丝绳，使左、右两组各自对应，长短一致，松紧一样 2. 经常清理滚动导轨 3. 磨损部分堆焊 4. 磨损部分堆焊
8	减速箱内声音异常	轴承损坏，齿轮断齿	拆开减速箱，找出损坏的零件，进行更换
9	电动机轴头小齿轮断齿	1. 开车过猛 2. 装岩机受阻时不及时停车，硬推进，使轨轮打滑	1. 按操作规程开车 2. 装岩机受阻时及时停车，查明原因，不得硬撞
10	减速箱过热	1. 缺油 2. 油脏	1. 添油 2. 及时换油
11	稳定钢丝绳折断	1. 磨损严重，强度不够 2. 钢丝绳脱槽或有石块挤压	1. 经常检查，及时更换 2. 防止钢丝绳脱槽；发现张力不够时拉紧；经常清理导轨
12	托轮磨偏	缺油	经常注油，发现托轮不转时及时处理
13	不能行走（能撬走）	1. 电动机小齿轮损坏 2. 电动机的法兰盘同减速箱的固定螺钉松动，齿轮不啮合	1. 更换电动机小齿轮 2. 拧紧螺钉
14	不能行走（撬不走）	1. 电动机从小齿轮端折断，或小齿轮断齿，掉在传动齿轮中间 2. 轨轮轴承损坏，轮轴被卡住	1. 拆下电动机检查，更换小齿轮或更换电动机轴 2. 拆开减速箱，检查更换损坏的轴承
15	行走机构变成单轴传动	轴齿轮从二齿轮中间折断	拆开减速箱，更换损坏的零件
16	插入力小	双齿轮轴一端折断	拆开减速箱，更换损坏的零件
17	铲斗提不起来	1. 提升电动机小齿轮损坏，轴折断 2. 轴齿轮从二齿轮中间折断 3. 轴承损坏，轴被卡住	1. 拆下电动机检查，更换损坏零件 2. 拆开减速箱，更换损坏零件 3. 更换轴承
18	铲斗不能回转	卷筒轴弯曲	更换卷筒轴

表16-2 装载机的常见故障及其处理方法

故 障 现 象	故 障 原 因	排 除 方 法
电动机声音异常，转速降低或停转	1. 耙斗被卡住，电动机过负荷 2. 电压降过大	1. 停止耙运，倒退耙斗再耙 2. 移近供电变压器或加大电缆直径
固定楔被拉出	1. 固定楔未打紧 2. 楔眼未带偏角	1. 打紧固定楔 2. 钻固定楔眼时带偏角
滚筒内钢丝绳出现乱绳或压绳	1. 电动机反转 2. 拉绳时另一滚筒跟着旋转	1. 整理钢丝绳，检查电动机转向 2. 放松所拉滚筒的辅助刹车及主刹车带，同时轻拉另1根绳
导向轮及尾轮轮槽磨穿	1. 未及时加润滑油，引起转动不灵 2. 轴承严重磨损 3. 热处理硬度不够	用备件更换
绞车闸轮过度发热（此时耙斗发飘，电动机不停转亦有拉不动现象）	1. 刹车与闸轮之间有油渍 2. 刹车带太紧，导致放不松闸；刹车带太松；导致刹车时未能紧紧抱闸 3. 连续运转时间过长（斜井快速掘进时）	1. 清理刹车带与闸轮表面油渍，或更换刹车带。更换左右盖与内齿轮之间的密封纸垫，并注意均匀拧紧及防松 2. 调整刹车带的调节螺栓，使松紧合适 3. 利用压风冷却
刹车操作费力	1. 操纵系统的转轴和连杆动作受阻 2. 刹车带调节螺栓太松 3. 刹车与闸轮之间有油渍	1. 清理障碍物 2. 调紧调节螺栓 3. 清理刹车带与闸轮表面油渍，或更换刹车带。更换左、右盖与内齿轮之间的密封纸垫，并注意均匀拧紧及防松
中间槽弧形板磨出凹槽	1. 热处理硬度不够 2. 簸箕口前、巷道底板耙得过深	1. 更换备件 2. 耙一部分矸石堆在这里，再耙上槽
重车掉道	1. 调车盘重车道缺口未与轨道对准 2. 钉道质量差	1. 对准并固定好 2. 改进钉道质量

表16-3 装载机的常见故障及其处理方法

故 障 现 象	故 障 原 因	排 除 方 法
操纵手把Ⅲ将摩擦离合器 M_3 合上时，装煤耙和刮板链不工作	1. 链轮 Z_{22}、Z_{23} 之间的传动链断开 2. 伞齿轮 Z_{27}、Z_{28} 之间的连接套滑动 3. 摩擦离合器的压力不足或摩擦片磨损	1. 更换新链条 2. 固定连接套 3. 调整压力或更换摩擦片

表16-3（续）

故 障 现 象	故 障 原 因	排 除 方 法
工作中，装煤耙和刮板链经常停顿	1. 摩擦离合器的压力不足或摩擦片磨损 2. 拨动环位置不正确	1. 调整压力或更换摩擦片 2. 调整拨动环位置
操作手把Ⅰ或Ⅱ于工作位置，机器不前进或不后退	弹簧压力不足或摩擦片磨损，造成内外摩擦片打滑	调整弹簧压力或更换磨损的摩擦片
履带制动不足，转弯状况不好	制动系统调整不好	重调制动系统，减小制动带与制动轮间的间隙
刮板链跳牙	链子磨损后拉长，造成链子张力不足	调整链子的张力或减去1~2个链环
刮板链挤住不能运动	刮板链中掉入杂物且挤在槽中	使溜槽稍许反转，清除杂物
液压系统工作不正常，液压缸不能动作	1. 吸油管漏气 2. 过滤器堵塞 3. 油箱油量不足 4. 油管堵塞 5. 齿轮泵损坏 6. 换向阀故障 7. 安全阀弹簧松弛或折断	1. 将接头处拧紧或更换吸油管 2. 清洗 3. 加油 4. 清理杂物使之畅通 5. 换泵 6. 检修换向阀 7. 调整或更换弹簧

第二节　局部通风机的维护与故障处理

一、局部通风机的维护与保养

（1）保证局部通风机正常运转的措施。每天要有专人定时检查局部通风机的运转情况，并建立登记卡，做好记录。如发现轴承缺油、轴承损坏、电压降低、风筒撕裂等故障，应立即进行处理。

（2）局部通风机的管理制度。专人开关局部通风机；不让风筒落后于工作面5 m以上；不让风筒脱节、破裂；不让别人改变风筒的位置和方向；不让风筒堵塞不通；不让局部通风机、开关、风筒泡在水里；不让局部通风机吸循环风。

（3）发现下列情况立即停机或修理：轴承温度超过80 ℃或轴承冒烟；电动机冒烟；发生强烈振动；有较大的磨碰等异常声响。

电动机两端轴承每月加油一次，每一次应填满1/2轴承空腔，不宜过多，以免发热引起油脂流失，每隔3~6个月拆开清洗轴承一次。

二、局部通风机的常见故障及其排除方法

局部通风机的常见故障及其排除方法见表16-4。

表16 – 4　局部通风机的常见故障及其排除方法

故 障 现 象	故 障 原 因	排 除 方 法
局部通风机振动	1. 叶轮不平衡 2. 与固体摩擦 3. 由电动机引起	1. 校正或检验叶轮 2. 去除摩擦物件 3. 修理或更换电动机
轴承温度过高	1. 轴承磨损严重 2. 轴承安装歪斜，前后两轴承不同心 3. 轴承端盖、轴承座连接螺栓拧得过紧或过松 4. 润滑油不足或油质太差	1. 更换新轴承 2. 新配重装 3. 按要求上好端盖、螺栓 4. 加足或更换润滑油
轴承磨损	1. 润滑不良 2. 转子振动 3. 轴承装得不正确 4. 轴承的夹圈夹碎	1. 改善润滑 2. 修理或更换叶轮 3. 按要求装配轴承 4. 更换轴承
风量减少	1. 气体成分改变或温度过低 2. 风筒破裂 3. 叶片严重磨损 4. 风筒被尘土、烟灰和杂物堵塞 5. 转速降低	1. 改变气体成分 2. 补好风筒 3. 更换叶轮 4. 疏通风筒 5. 查明原因，提高转速
电动机电流过大或温度过高	1. 电压过低 2. 电源单相断电 3. 受轴承振动影响 4. 电动机轴弯曲	1. 调高电压 2. 接好电源 3. 更换轴承 4. 校直电动机轴
局部通风机性能劣化	1. 部件不全 2. 部件安装不合理 3. 叶轮叶片与外壳的间隙过大 4. 没有定期检修 5. 未安装消音器	1. 安装上缺少的整流器和集流器等部件 2. 正确安装叶轮、整流器及部件 3. 间隙超过1.2 mm时更换叶轮 4. 定期检修 5. 安装消音器

第三节　水泵的常见故障及其排除方法

一、常用水泵的修理

水泵经过长期运转之后，泵体内很多零件会受到磨损或受到输送液体及周围环境的腐蚀，有的长期受力、受震，材料内部也会发生疲劳，产生细小裂缝，以致破损断裂。因此，水泵经过若干年运转后，必须进行全面修复。

设备的修理一般按修理的工作量的大小分为大修理、中修理和小修理3类。

大修理是工作量最大的一种修理。它需要把设备全部拆卸，更换和修理磨损零件，使设备恢复到原有的精度、性能和技术指标。大修在必要时也可结合技术改造，对设备加以改装，以提高性能。

中修理是更换与修复设备的主要零件及其他磨损零件，并校正机器设备的基准，以恢复和达到拟定的精度和技术要求。

小修理是工作量最小的局部修理，是在设备安装现场更换和修复少量损坏零件，排除故障，调整设备，仅保证设备能使用到下一次的修理，一般又称现场修理。

二、常见故障及其排除方法

1. B 型水泵的常见故障及其排除方法

B 型水泵的常见故障及其排除方法见表 16 – 5。

表 16 – 5　B 型水泵的常见故障及其排除方法

故 障 现 象	故 障 原 因	排 除 方 法
启动后，水泵、电动机皆不转	1. 单相运行或电压不足 2. 水轮与泵体之间被杂物卡住或堵塞 3. 因天冷，泵内冻水结冰 4. 泵机因长期不用，锈死 5. 泵轴严重弯曲，使水轮被泵壳卡住	1. 检修电源 2. 拆开泵体，清除杂物 3. 用开水浇淋，不可用火烤 4. 拆开泵体，除锈 5. 校直或更换泵轴
轴承温度过高	1. 轴承损坏或轴承装配不良 2. 润滑油不足或不干净 3. 泵轴弯曲或联轴器不正	1. 更换轴承或重新装配 2. 加油或更换润滑油 3. 矫直泵轴，找正联轴器
填料箱发热	填料装得过紧或没浸油，或填料失水	调整或更换，或检修水路
水泵运转后又停止	1. 填料太紧或缺冷却水 2. 进水管吸入杂物，卡住水轮 3. 水轮损坏，掉碎片 4. 轴承发热咬死	1. 放松填料盘，疏通水沟槽 2. 清除异物，检查滤网 3. 拆开水泵，清除碎片，换水轮 4. 更换轴承、注油
水泵启动后一直不出水	1. 启动前未灌满水或未灌水 2. 吸水高度过高 3. 滤网堵塞 4. 吸水管漏气 5. 转速过低或旋转方向弄反了 6. 出水管堵塞 7. 连接键脱出	1. 停ື重新灌满引水 2. 降低吸水高度 3. 清理滤网 4. 进行紧固或加垫圈 5. 检查电动机及重新接线 6. 清除异物 7. 重新装配键
水泵运行中出水中断	1. 管路或进水口被水中杂物堵塞 2. 进水胶管被吸扁，或铁管破裂 3. 水轮打坏或松脱 4. 水位剧降，吸入空气	1. 排除杂物 2. 调换或修补 3. 修复或更换水轮 4. 增加底阀入水深度
水泵启动后，流量一直不足	1. 电动机转速低于水泵规定的额定转速 2. 进水管或填料有轻微漏气 3. 水轮缺损 4. 进出水管部分堵塞，口径减小 5. 水泵选型不当	1. 更换电动机或提高转速 2. 消除泄漏 3. 更换水轮 4. 清除异物 5. 重新选泵

表16-5（续）

故 障 现 象	故 障 原 因	排 除 方 法
水泵在运行中排水量由正常变小	1. 水泵的转数降低 2. 水轮流道局部堵塞或滤网局部堵塞 3. 填料箱漏气 4. 排水管道阻力增大，可能排水管道被积垢淤塞，管件安装不合理 5. 滤网浸入水中深度不够，吸水时吸入空气	1. 检查电动机转数是否符合水泵所需的转数 2. 拆开水泵，清理水轮或滤网 3. 更换填料或压紧填料压盖 4. 检查、清理、重新安装 5. 检查水位
水泵运行中消耗功率过大	1. 启动时排水闸阀没关 2. 水泵的转动部件与固定部件摩擦过大或有卡住现象 3. 电网中电压太低 4. 填料太紧，或减漏环间隙太小 5. 排水管道被堵塞 6. 轴承严重磨损 7. 底阀或拍门太重 8. 泵轴弯曲	1. 关闭闸阀后再启动 2. 检查内部，进行修理 3. 待电压稳定后再启动 4. 调整填料压紧螺钉，增大减漏环间隙 5. 检修管道，清除杂物 6. 调换轴承 7. 采取平衡措施 8. 校正或更换泵轴
水泵机组震动有杂音	1. 电动机和水泵中心没对好 2. 地脚螺栓松动，基础不合适 3. 水泵转子与电动机转子不平衡 4. 轴承损坏或磨损过度 5. 泵轴弯曲 6. 管路支撑不牢，支架不稳 7. 联轴器松动错位 8. 泵体内有气体噪声，水中带泡	1. 重新找正 2. 扭紧螺母，修整基础 3. 检查做平衡试验 4. 更换轴承 5. 校正或更换泵轴 6. 加固管道及支架 7. 重新找正 8. 堵塞进气漏洞，降低吸水高度

2. 风动潜水泵的常见故障及其排除方法。

风动潜水泵的常见故障及其排除方法见表16-6。

表16-6　风动潜水泵的常见故障及其排除方法

故 障 现 象	故 障 原 因	排 除 方 法
泵不能启动	1. 风泵停止使用时，水中岩粉沉淀，将水轮与泵盖之间间隙堵死 2. 风泵连续使用10天左右，因泵的叶片磨损到一定程度会卡在汽缸与转子之间，使转子不能转动 3. 由于停风回水，水轮倒转，水轮螺母回松，使水轮下沉与泵盖摩擦，启动困难 4. 风管内壁铁锈或其他的杂质进入气缸，将叶片卡在转子槽内	1. 打开气盖，清除杂质，使水轮运转自如即可 2. 将上面吊环卸换，打开汽缸，换上新叶片，即可恢复正常工作 3. 垫好止退圈，拧紧水轮螺母 4. 打开气缸，将转子、叶片洗净

表 16 - 6（续）

故障现象	故障原因	排除方法
运行正常，但流量下降或不上水，泵在水中冒泡	密封圈磨损或密封圈弹簧松弛	将风泵打开，更换密封圈或将密封圈弹簧收紧
排气管的噪音逐步下降至消失，风泵运转停顿	风泵长时期运转，大量压风经汽缸扩散后由排风管排出，把周围的热能带走，使排风管内壁结冰，逐渐将排风管堵死	用手锤或硬棒敲击排风胶管，使冰块破碎吹走；或停止送风，让其自然融化后再继续使用
启动运转正常，但流量扬程不大	1. 风压过低，风泵达不到额定转速 2. 蓬蓬头上的过滤眼被岩粉堵死，吸水口吸水量不足	1. 待风压升高到 0.4 MPa 后，再继续使用 2. 清洗蓬蓬头，使过滤眼畅通
运转时泵体震动较大	泵轴弯曲或轴承磨损严重	调整泵轴或更换轴承

第四节　混凝土喷射机的维护与故障处理

一、混凝土喷射机的维护与保养

1. WG - 25 型喷射机的维护与保养

（1）喷射完毕，要对喷射机进行清洗和喷洗，先用高压风吹洗上下料罐或用木槌敲打罐体，使黏结在内壁的混凝土颗粒受震动而脱落，然后再打开风阀，开动输料盘将它吹出。

（2）卸下喷出弯管，清理喷出弯管转角处的混凝土，以免断面变小而影响拌和料的通过能力。

（3）卸开喷头，清洗水环。

（4）机器表面也要及时清洗干净，以免影响下一次使用。

2. 转子 - Ⅱ型喷射机的维护与保养

（1）每次进行喷射工作后，都应进行以下清洗：清除上座体料腔、料斗内的余料和余灰；用压风吹净旋转体料杯内的黏合物。

（2）要经常检查调整橡胶清扫器和结合板。橡胶结合板磨损有凹沟槽，漏风严重时，可将磨损面车平（或磨平）后再用，1 块板可重车 2 次，但橡胶厚度小于 7 mm 时应更换。

（3）经常检查传动减速箱内的油位和油质，油位过低时应补充，使用 200 小时后要更换传动减速箱内的机油。

（4）每周应给旋转体下部的平面轴加润滑脂。电气设备要防止受潮，防爆面要经常除锈涂油。

（5）每月对机器小检修一次，半年对机器进行一次中修，1 年对主机、电动机做例行大修，每次检修要认真记录，立账设卡。

二、混凝土喷射机的故障及其排除方法

WG－25 型混凝土喷射机的常见故障及其排除方法见表 16－7。

表 16－7　WG－25 型混凝土喷射机的常见故障及其排除方法

故障现象	故障原因	排除方法
喷出弯管、输料胶管和喷头的出口处堵管	1. 筛选不严，有杂物或大石块、结块水泥、长条石混入拌和料中 2. 喷射结束后，喷射机未进行清洗，造成机器内壁有灰、砂黏结，以后在运转中有大块黏结物脱落 3. 输料管漏风，风压降低 4. 喷射风压过低或风量不足	1. 仔细筛选，在上料口增设一道筛子 2. 进行清洗 3. 更换输料管 4. 待风压上升后再喷射
反风	1. 由于灰砂黏结，钟形阀表面关闭不严 2. 钟形阀变形 3. 上、下钟形阀安装不正，不同一圆心 4. 钟形阀操作不灵	1. 铲除钟形阀表面的灰砂 2. 整形或更换 3. 调整上、下钟形阀的同心度 4. 检查操作连杆，上、下罐之间是否跑风，排气管有无堵塞
喷干料没有水	1. 水环水眼堵塞 2. 水压低，水量不足 3. 供水管路漏水	1. 疏通水眼 2. 保证足够水压、水量 3. 处理管路漏水
出料不均	1. 装料不匀 2. 风源风压波动	1. 要求连续均匀上料 2. 加大压风能力，增设小风包，错开用风设备的作业时间

第十七章

固定设备检修与拆装

第一节　提升机的维护与装配

一、提升机的日常维护

提升机的维护一般包括日检、周检（半月检）、月检，主要是以机械设备的维护保养为主，同时为必要的调整和检修做好检查记录，为大、中、小定期检修创造条件。

日检。主要由运转人员和值班人员负责进行，以运转人员为主。检查经常磨损和易于松动的外部零件，以及有可能出现问题的关键零件。必要时进行适当的调整、修理和更换，并作为交接班的主要内容。其检查内容有：运转过程中的声响、振动、温升及润滑是否正常；各部分的连接件（如螺钉、螺栓、销子、联轴器等）是否松动；减速器齿轮的啮合和卷筒机构是否正常；各部（如轴承、齿轮、离合器、转动部位等）润滑油量及温升情况，检查是否有漏油，并补充和调整油量；制动系统（如闸轮、联动机构、油压或风压系统、盘形闸的闸瓦和弹簧等）是否正常，闸瓦间隙是否合适；各转动部分转动情况；提升容器及附属机构的情况；断绳防坠器的安全可靠动作情况；提升钢丝绳的断丝、变形、伸长和润滑情况；设备及其周围的清洁卫生和工具备件保管情况。

周检（半月检）。应以专责维修人员和运转人员联合进行。内容除日检内容外，还主要包括：制动系统的准确动作情况，及适当的调整间隙；详细检查各部连接零件，及适当的调整与紧固；机械与电气保护装置（如过卷、自动减速、限速、过负荷等）的动作可靠程度；钢丝绳在卷筒与提升容器两端的牢固固定情况；钢丝绳除垢，涂抹新钢丝绳油等。

月检。由机电科（队）组织专责维护人员和运转人员共同进行。其内容除执行周检的全部内容外，还要仔细检查齿轮的啮合以及轮辐（辐条）是否存在裂纹情况；必要时更换各部分润滑油，清洗润滑系统的部件；检查轴瓦间隙和大轴有无窜动震动；检查联轴器是否松动或磨损；调整保险制动系统和机械保护装置及制动系统的动作情况；检查井筒设备的罐道、井架和断绳防坠器用制动钢丝绳等；拆洗并修理制动系统机构，必要时更换闸木或闸瓦。

二、滚筒的装配

根据构造的不同，提升机滚筒辐轮（支轮）分为铸造、铆接及焊接。滚筒与主轴联结形式分固定联结和活动联结。固定联结用两个互成 120°的切向键固定在主轴上，活动联结滚筒的轮毂内装有青铜轴套。

1. 装配

有支环的滚筒，先将支环装在筒壳上，再将筒壳放在辐轮的凸缘上。先用两个临时螺栓将半扇筒壳的首端固定，末端两个螺栓孔用锥度销定位，用临时螺栓上好中间各螺栓，并取下末端孔锥度销，换上螺栓，然后按奇数和偶数顺序换上永久螺栓。另半扇筒壳的装配同上述方法。筒壳与辐轮全部装好后，再连接两半扇筒壳本身接口的平头螺钉（联结板与筒壳的螺钉用铰刀铰孔，按铰刀直径配平头螺钉，螺钉杆与螺钉孔之间不得有间隙）。两半扇筒壳对口处和两个半圆支环对口处如有间隙，要用铁条堵死，并用点焊焊住。

2. 装配的质量要求

（1）滚筒的组合连接件（包括螺栓、螺钉、铆钉、键等）必须紧固；轮毂与轴的配合必须严密，不得松动，焊接部分焊缝不得有气孔、夹渣、裂纹或未焊满等缺陷，焊后应消除内应力。

（2）筒壳应均匀贴在辐轮上，在螺栓固定处的结合面间不得有间隙，其余的结合面间隙不得大于 0.5 mm。两半个筒壳对口处不得有间隙，如有间隙需用电焊补平或加垫。

（3）钢丝绳的出绳口，不得有棱角和毛刺，固定在滚筒上的提升钢丝绳绳头不得作锐角折曲；绳头的固定，必须用专用的卡绳装置卡紧，必须符合设计和安全规程要求。

（4）由两半个筒壳组成的辐轮，结合面处对齐并留 1 ~ 2 mm 间隙，对口处不得加垫。

（5）游动滚筒衬套与轴的配合间隙按表 17 - 1 选取，并注润滑脂。

表 17 - 1　游动滚筒衬套与轴的配合间隙　　　　　　　　　mm

轴颈直径	89 ~ 120	120 ~ 180	180 ~ 250	250 ~ 315	315 ~ 400	400 ~ 500
顶间隙最大磨损	0.072 ~ 0.180	0.085 ~ 0.211	0.170 ~ 0.314	0.190 ~ 0.352	0.210 ~ 0.382	0.230 ~ 0.424
间　　隙	0.30	0.35	0.45	0.50	0.60	0.70

（6）游动滚筒的离合器必须能全部脱开或合上，其齿轮啮合应良好。

（7）滚筒组装后，滚筒外径对轴线的径向圆跳动不得大于表 17 - 2 的规定。

表 17 - 2　卷筒外径对轴线的径向圆跳动

卷筒直径/mm	2 ~ 2.5	3 ~ 3.5	4 ~ 5
径向圆跳动/mm	7	10	12

3. 木衬板的质量要求和木衬板的固定

1）木衬板的质量要求

滚筒木衬应采用干燥的柞木、橡木、水曲柳或桦木等硬木制作。木衬板一般在磨损到原厚度 25% ~ 40% 时应考虑更换，当木衬磨损到固定木衬的螺钉头的沉入深度不足 5 mm 及衬木破碎时必须更换木衬。

木衬的厚度应不小于钢丝绳直径的 2.5 倍，一般为 150 ~ 200 mm，宽度根据滚筒直径适当选取，一般为 100 ~ 150 mm，太宽易劈裂。木衬断面应加工成扇形，内圆弧半径应与筒壳的公称直径相符。木衬长度为两辐轮的内间距，各块长度应相等。固定木衬用螺钉头沉孔，应沉入木衬厚度的 1/3 ~ 1/2。螺钉穿入部分的木衬厚度不得小于钢丝绳径的 1.2 倍。

2）木衬板的固定

滚筒上每块木衬都是通过两个特制螺钉（用一块方铁板焊一个螺栓）与筒壳固定。木衬长度方向与两辐轮间、木衬块与块间不得有空隙。木衬上的螺钉孔要在筒壳上进行号孔（各块木衬上的两个螺栓孔中心距不等），钻孔后再凿容纳螺栓头的方孔。

三、常见故障原因及处理

（一）主轴装置机械故障原因及处理

主轴装置机械故障原因及处理见表 17 - 3。

表 17 - 3　主轴装置机械故障原因及处理

故障现象	主要原因	处理及预防方法
主轴折断或弯曲	1. 各支承轴的同心度和水平偏差过大，使轴局部受力过大，反复疲劳折断 2. 多次重负荷冲击 3. 加工质量不符合要求 4. 材料不佳或疲劳 5. 放置时间过久，由于自重作用而产生弯曲变形	1. 调整同心度和水平度 2. 防止重负荷冲击 3. 保证加工质量 4. 改进材质，调直或更换合乎要求的材质 5. 经常进行转动调位，勿使一面受力过久
滚筒产生异响	1. 连接件松动或断裂产生相对位移和振动 2. 滚筒筒壳产生裂纹 3. 焊接滚筒出现开焊 4. 筒壳强度不够、变形 5. 游动滚筒衬套与主轴间隙过大 6. 切向键松动	1. 进行紧固或更换 2. 进行补焊处理 3. 进行补焊处理 4. 用型钢作为支撑筋进行强度增补 5. 更换衬套，适当加油 6. 背紧键或更换键
滚筒壳发生裂缝	1. 局部受力过大，连接件松动或断裂 2. 设计计算误差太大，筒壳钢板太薄 3. 木衬磨损或断裂	1. 在筒壳内部加立筋或支环，拧紧螺栓 2. 按精确计算的结果，更换筒壳 3. 更换木衬
滚筒轮毂或内支轮松动	1. 连接螺栓松动或断裂 2. 加工和装配质量不合要求	1. 紧固或更换连接螺栓 2. 检修和重新装配
轴承发热、烧坏	1. 缺润滑油或油路阻塞 2. 油质不良 3. 间隙小或瓦口垫磨轴 4. 与轴颈接触面积不够 5. 油环卡塞	1. 补充润滑油量、疏通油路 2. 清洗过滤器或换油 3. 调整间隙及瓦口垫 4. 刮瓦研磨 5. 维修油环

表 17-3（续）

故障现象	主要原因	处理及预防方法
游动卷筒铜套紧固螺栓易剪断	铜套与主轴配合轴颈处缺乏润滑油	清洗注油管道和轮毂储油槽，改用稀油润滑
多绳摩擦式提升机摩擦轮上衬垫磨损较快	1. 钢丝绳与衬垫之间周期性蠕动所致 2. 加减速时绳与衬垫滑动所致 3. 车槽精度不能保证而导致磨损加快 4. 钢丝绳张力不平衡而导致某圈衬垫磨损加快	1. 提高衬垫摩擦因数 2. 及时车槽予以校正 3. 及时测定绳的张力并进行调整，及时车槽修正 4. 调整平衡装置
制动盘偏摆超差	1. 主轴装置安装时中心歪斜 2. 使用中主轴承轴瓦磨损下沉，使主轴中心歪斜 3. 使用不当，常在闸下放重物，致使制动盘发热变形 4. 游动卷筒铜瓦磨损间隙偏大致使游动卷筒中心歪斜	1. 调整主轴装置中心 2. 重新刮瓦 3. 增设电气动力制动，重新加工制动盘 4. 更换铜瓦

（二）调绳离合器机械故障原因及处理

调绳离合器机械故障原因及处理见表 17-4。

表 17-4　调绳离合器机械故障原因及处理

故障现象	主要原因	处理及预防方法
离合器发热	离合器沟槽口被脏物或金属碎屑污染	用煤油清洗、擦拭，加强润滑
离合器液压缸（气缸）内有敲击声	1. 活塞安装不正确 2. 活塞与缸盖的间隙太小	1. 进行检查，重新安装 2. 调整间隙，使之不小于 2~3 m

（三）减速器机械故障原因及处理

减速器机械故障原因及处理见表 17-5。

表 17-5　减速器机械故障原因及处理

故障现象	主要原因	处理及预防方法
减速器声音不正常或震动过大	1. 齿轮装配啮合间隙不合适 2. 齿轮加工精度不够或齿形不对 3. 轴向窜量过大 4. 各轴水平度及平行度偏差太大 5. 轴瓦间隙过大 6. 齿轮磨损过大 7. 键松动 8. 地脚螺栓松动 9. 润滑不良	1. 调整齿轮间隙 2. 对相应齿轮进行修理或更换 3. 调整窜量 4. 调整各轴的水平度和平行度 5. 调整轴瓦间隙或更换轴瓦 6. 修理或更换相应齿轮 7. 背紧键或更换键 8. 紧固地脚螺栓 9. 加强润滑

表 17-5（续）

故障现象	主 要 原 因	处理及预防方法
齿轮严重磨损，齿面出现点蚀现象	1. 装配不当、啮合不好、齿面接触不良 2. 加工精度不符合要求 3. 负荷过大 4. 材质不佳、齿面硬度差偏小，跑合性和抗疲劳性能差 5. 润滑不良或润滑油选择不当	1. 调整装配 2. 进行处理 3. 调整负荷 4. 更换或改进材质 5. 加强润滑或更换润滑油
齿轮打牙断齿	1. 齿间掉入金属物体 2. 重载荷突然或反复冲击 3. 材质不佳或疲劳	1. 清除异物 2. 采取措施，杜绝反常的重载荷和冲击载荷 3. 改进材质，更换齿轮
传动轴弯曲或折断	1. 齿间掉入金属异物，轴受弯曲产生的弯曲应力过大 2. 断齿进入另一齿轮齿间空隙，使两齿轮齿顶相互顶撞 3. 材质不佳或疲劳 4. 加工质量不符合要求，产生大的应力集中	1. 检查取出异物，并杜绝异物掉入 2. 经常检查，发现断齿或出现异响即停机处理 3. 改进或更换材质 4. 改进加工方法，保证加工质量
减速器漏油	1. 减速器上下壳之间的对口微观不平度较大，接触不严密有间隙，或对口螺栓少或直径小 2. 轴承的减速器体内回油沟不通，有堵塞现象，造成减速器轴端漏油 3. 供油指示器漏油 4. 轴承螺栓孔漏油	1. 在凹形槽内加装耐油橡胶绳和石棉绳，在对口平面处用石棉粉和酚醛清漆混合涂料加以涂抹；或者对口采用耐油橡胶垫，石棉绳掺肥皂膏封堵；对口螺栓直径加粗或螺栓加密 2. 疏通回油沟，在端盖的密封槽内加装 Y 形弹簧胶圈或 O 形胶圈 3. 更换供油指示器，适当调节供油量，管和接头配合更严密，用石棉绳涂铅油拧紧 4. 在轴承对口靠瓦口部分垫以耐油橡胶或肥皂片；在螺栓孔内垫以胶圈，拧紧对口螺栓

（四）联轴器机械故障的原因及处理

联轴器机械故障的原因及处理见表 17-6。

表 17-6 联轴器机械故障的原因及处理

故障现象	主 要 原 因	处理及预防方法
齿轮联轴器连接栓切断	1. 同心度及水平度偏差超限 2. 螺栓材质较差 3. 螺栓直径较细，强度不够	1. 调整找正 2. 更换 3. 更换
齿轮联轴器齿轮磨损严重或折断	1. 油量不足，润滑不好 2. 同心度及水平度偏差超限 3. 齿轮间隙超限	1. 定期加润滑剂，防止漏油 2. 调整找正 3. 调整间隙

表 17-6（续）

故障现象	主要原因	处理及预防方法
蛇形弹簧联轴器的蛇形弹簧或螺栓折断	1. 端面间隙大 2. 两轴倾斜度误差太大 3. 润滑脂不足 4. 弹簧和螺栓材质差	1. 调整间隙 2. 调整倾斜度 3. 补充润滑脂 4. 更换

（五）制动装置机械故障的原因及处理

制动装置机械故障的原因及处理见表 17-7。

表 17-7　制动装置机械故障的原因及处理

故障现象	主要原因	处理及预防方法
制动器和制动手把跳动或偏摆，制动不灵和丧失制动力矩	1. 闸座销轴及各铰接轴松旷、锈蚀、黏滞 2. 传动杠杆有卡塞地方 3. 三通阀活塞的位置调节不适当 4. 三通阀活塞和缸体内径磨损间隙超限，使压力油和回油串通 5. 制动器安装不正 6. 压力油脏或黏度过大，油路阻塞	1. 更换销轴，定期加润滑剂 2. 处理和调整 3. 调整 4. 更换 5. 重新调整找正 6. 清洗换油，疏通油路
制动闸瓦闸轮过热或烧伤	1. 用闸过多过猛 2. 闸瓦螺栓松动或闸瓦磨损过度，螺栓触及闸轮 3. 闸瓦接触面积小于 60%	1. 改进操作方法 2. 更换闸瓦，紧固螺栓 3. 调整闸瓦的接触面
制动液压缸活塞卡缸	1. 活塞皮碗老化变硬卡缸 2. 压力油脏，过滤器失效 3. 活塞皮碗在液压缸中太紧 4. 活塞面的压环螺钉松动脱落 5. 制动液压缸磨损不均	1. 更换皮碗 2. 清洗、换油 3. 调整、检修 4. 修理、更换 5. 修理或更换液压缸
制动液压缸顶缸	工作行程不当	调整工作行程
蓄压器活塞上升不稳或太慢	1. 密封皮碗压得过紧 2. 油量不足	1. 调整密封皮碗，以不漏油为宜 2. 加油
蓄压器活塞明显自动下降或下降过快	1. 管路接头及油路漏油 2. 密封不好 3. 安全阀有过油现象或放油阀有漏油现象	1. 检查管路处理漏油 2. 更换密封圈 3. 调整安全阀弹簧的顶丝，或更换放油闸阀
盘形闸闸瓦断裂、制动盘磨损	1. 闸瓦材质不好 2. 闸瓦接触面不平，有杂物	1. 更换质量好的闸瓦 2. 调整、处理接触面，使之有良好的接触面
制动缸漏油	密封圈磨损或破裂	更换密封圈

（六）液压制动系统机械故障的原因及处理

液压制动系统机械故障的原因及处理见表 17 – 8。

表 17 – 8　液压制动系统机械故障的原因及处理

故障现象	主要原因	处理及预防方法
溢流阀定压失调	1. 溢流阀的辅助弹簧失效 2. 阀球或阀座接触面磨损，造成阀孔堵塞不严 3. 叶片泵发生故障	1. 更换弹簧 2. 更换已磨损元件 3. 检修或更换叶片泵
正常运转时，油压突然下降，松不开闸	1. 溢流阀密封不好，漏油 2. 电液调压装置的控制杆和喷嘴的接触面磨损 3. 动线圈的引线接触不好或自振角机无输出 4. 管路漏油	1. 清洗或更换溢流阀 2. 更换磨损元件 3. 检查线路 4. 检查管路
开动油泵后不产生油压，溢流阀也没有油流	1. 叶片液压泵进入空气 2. 叶片液压泵卡塞 3. 滤油器堵塞 4. 滑阀失灵，高压油路和回油路接触 5. 溢流阀节流孔堵死或滑阀卡住	1. 排出液压泵中的空气 2. 检修叶片液压泵 3. 清洗或更换滤油器 4. 检修滑阀 5. 清洗检修溢流阀
液压站残压过大	1. 电液调压装置的控制杆端面离喷嘴太近 2. 溢流阀的节流孔过大	1. 将十字弹簧上端的螺母拧紧 2. 更换节流孔元件
油压高频振动	1. 液压泵油流的脉动频率与溢流阀弹簧和电液调压装置的十字弹簧固有频率相同或接近，引起油压共振现象 2. 喷嘴孔与溢流阀的节流孔比例失调，引起共振现象 3. 抽压系统中存有空气	1. 更换相应的液压元件 2. 重新选配节流元件 3. 利用排气孔排出油压系统中的空气

（七）深度指示器机械故障的原因及处理

深度指示器机械故障的原因及处理见表 17 – 9。

表 17 – 9　深度指示器机械故障的原因及处理

故障现象	主要原因	处理及预防方法
牌坊式深度指示器的丝杆晃动、指示失灵	1. 上下轴承不同心或传动轴轴承调整得不合适，轴向窜量大 2. 丝杆弯曲 3. 丝杆螺母丝扣磨损严重 4. 传动伞齿轮脱键 5. 多绳摩擦式提升机的电磁离合器有黏滞现象，不调零	1. 调整或更换 2. 调直或更换丝杆 3. 更换丝杆螺母 4. 修理背紧键 5. 检修调整
圆盘式深度指示器精针盘运转出现跳动现象，或者传动精度有误差	1. 传动轴心线歪斜和不同心度 2. 传动齿轮变形或磨损	1. 加套处理调整 2. 更换传动齿轮

第二节　通风机的检修与装配

一、通风机日常维护的注意事项

（1）只有在设备完全正常的情况下方可运转。

（2）除定期检查与修理必须停机外，平时也可进行运转时的外部检查，检查机体各部是否有漏风和剧烈的震动。

（3）机壳内部及工作轮上的尘土在每次倒换风机前应清扫一次，以防锈蚀。对轴流式通风机，为防止叶片支持螺杆锈蚀，在螺帽四周应涂石墨油脂。

（4）检查机壳内部时要注意机壳内是否有掉入的或遗留的工具和杂物。

（5）滑动轴承温度不应超过70℃，滚动轴承温度不应超过80℃，对轴流式通风机要注意乙醚导管遥测温度计是否失灵，有无折损。

（6）每隔10~20 min检查电动机和通风机轴承温度；查看U形差压计、电流表等的读数。

（7）按规定时间检查风门及其传动装置是否灵活。

（8）露在外面的机械部分和电气裸露部分必须加护罩或遮拦。

（9）备用通风机和电动机，须处于良好状态，保证能迅速开动。

二、通风机的检查及主要部件的修理

为使通风机连续安全运转，不仅要正确地进行维护，而且要仔细检查和适当地修理被磨损的零件，检查内容如下：

（1）检查通风机外壳的焊缝，特别是轴承支座及工作轮上的焊缝。

（2）检查传动轴及转子轴有无摆动，并检查它们的轴线是否重合。

（3）检查工作轮径向及轴向摆动。

（4）检查工作轮等机械零件有无裂纹、折断和中空。

（5）检查各机壳连接螺栓是否松动，机壳结合部分之间的石棉绳是否脱落。

（6）取下轮叶进行检查时，不可将轮叶移置新位置，支杆上的螺纹要用石墨润滑剂润滑。坏的工作轮轮叶（叶片有裂纹、凹陷变形及腐蚀严重、叶柄弯曲或叶柄杆上螺纹损坏等），用风机制造厂的轮叶更换，在特殊情况下可在修理厂按照制造厂的图纸要求制造轮叶。在制造和修理轮叶时，为保证通风机特殊要求，必须用样板检查截面外形的正确性，其修理方法可采用焊接。

离心式通风机常见问题是工作轮叶片及轮毂加强筋或拉杆开焊，开焊后采用电焊或气焊焊补。

在进行各部件检查时应随时注意外部的清洁，有无震动与松动等现象。在进行不拆卸的内部检查时，将机壳部分拆开检查工作轮与机壳的间隙是否合乎要求，各叶片角度是否相同，检查轴承座及联轴器的封闭是否严密，检查压差计的胶管有无漏风现象。

在进行拆卸的内部检查时，主要检查轴承和联轴器。检查轴承时要除掉旧润滑脂，然后清洗轴承，注意轴承内外座圈有无退火颜色，有退火颜色就表示轴承曾经过热。注

意滚柱座圈有无显著的磨损和毁坏。在推力轴承中，检查其径向与轴向轴承组中有无间隙。在检查联轴器时，要注意各部件有无裂损，检查后要清洗干净，另涂新轴承润滑油脂。

三、通风机工作轮的装配

1. 重力检查

装配工作轮必须进行轮叶的重力检查，包括：衡重检查，使新轮叶重量与被替换的工作轮的轮叶重量之差不超过 100 g；重心位置的检查，其不平衡度不超过 750 g/mm。更换两个或两个以上的数量的自制轮叶时，应进行工作轮的平衡试验。

2. 工作轮间隙要求

工作轮的装配主要检查各部分间隙是否符合设计要求，如间隙不当，不仅影响通风机的特性和效率，而且易产生重大事故（如叶轮与机壳相碰）。工作轮与机壳的最小间隙，离心式通风机应在 6～15 mm，轴流式通风机应当小于叶片长度的 1%～1.5%。

3. 工作轮的旋转方向

装配工作轮时，要注意工作轮的旋转方向，尤其是离心式通风机的工作轮难以判定，其判定方法可根据图 17-1 进行判定。

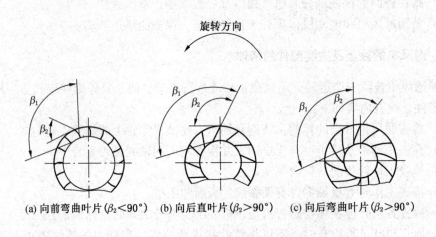

(a) 向前弯曲叶片 ($\beta_2 < 90°$)　(b) 向后直叶片 ($\beta_2 > 90°$)　(c) 向后弯曲叶片 ($\beta_2 > 90°$)

图 17-1　离心式通风机工作旋转方向图

4. 轴流式通风机叶片的装配

通风机叶片装配图如图 17-2 所示，装配顺序是在轮叶 1 的杆及螺纹上涂上石墨润滑脂，放在轮毂（叶轮）2 孔内，拧上锥形螺母 3，再装上防松垫 4，然后上紧封头螺母 5，用螺钉将轮毂两侧的盖板固定牢靠。

四、70B₂ 型轴流式通风机出风端轴承座的拆卸及调整、轴颈的磨损修复

1. 出风端轴承座的拆卸

在轴承座中有 1 套（36 系列）双列向心球面滚子轴承和 3 套（73 系列或 75 系列）圆锥滚子轴承，如图 17-3 所示。

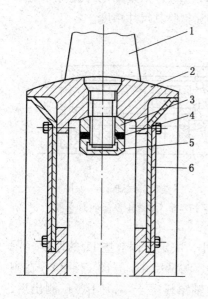

1—轮叶；2—叶轮；3—锥形螺母；
4—防松垫；5—封头螺母；6—盖板

图 17 - 2　通风机叶片装配图

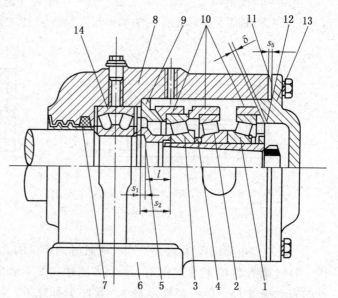

1、2、3—圆锥滚子轴承；4—垫圈；5—轴套；6—轴承座；
7—密封圈；8—轴承盖；9—圆盘；10—导套；11—调节垫；
12—锁紧螺母；13—端盖；14—双列向心球面滚子轴承

图 17 - 3　出风端轴承座图

　　轴承的拆卸：松开端盖螺钉取下端盖 13，再拧下轴承盖 8 和轴承座 6 的连接螺栓，取下轴承盖 8（同时取下进风端轴承盖）。由于 3 套圆锥滚子轴承与主轴是过渡配合，很容易拆卸，其方法是将主轴吊起 40～50 mm，然后用爪形退卸器卡住圆盘 9，搬动退卸器的丝杠即可拆下 3 套轴承。双列向心球面滚子轴承的拆下方法是将外座圈翻转一定角度（可将主轴吊起，便于翻转），取出滚动体，拆下外座圈，然后用拆下工具取下内座圈。

　　2. 出风端轴承座的调整

　　$70B_2$ 型轴流式通风机的轴向推力很大，全部轴向推力由主轴出风端轴承承担。轴承座结构复杂，又易发生故障，如果调整不当，可能将主轴与轴承一起损坏。调整轴承座要注意以下两个问题。

　　（1）圆锥滚子轴承 2 和 3（图 17 - 3）必须同时受力，负荷一致。圆锥滚子轴承 2 和 3 负荷是否一致，决定于圆盘 9、垫圈 4 和轴套 5 的尺寸。如果垫圈 4 太厚，则圆锥滚子轴承 2 不受力；如果垫圈 4 太薄，则圆锥滚子轴承 3 不受力。如果轴套 5 太长（其他合适），则圆锥滚子轴承 2 和 3 均不受力，全部轴向力由主轴进风端轴承座承担，其轴承座中只有一套双列向心球面滚子轴承，不能承担轴向力，则双列向心球面滚子轴承将发热烧毁；如果轴套 5 太短，则轴套 5 和轴承 3 之间有间隙，虽不影响负荷一致，但在启动时，由于主轴发生左右窜动，则其轴向窜量将增大，亦须防止。

　　圆锥滚子轴承 2 和 3 负荷一致的调整方法是：将进风端安装好，以固定主轴位置，再测出 s_1（图 17 - 3），同时按图 17 - 4 所示，测量尺寸 s_2，则轴套 l 的长度等于 $s_2 - s_1$。测量时应注意圆盘 9 同平面的平行性和球形接触面的粗糙度。

垫圈4厚度的确定：测出 s_3（图17-4）和 s_4（图17-5），则垫圈的厚度等于 $s_4 - s_3$。垫圈4和轴套5做好后，同轴承一起安装在轴上，实际检验其尺寸精度。

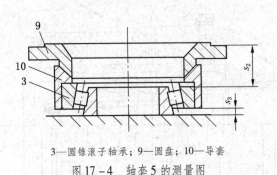

3—圆锥滚子轴承；9—圆盘；10—导套　　　　　　2、3—圆锥滚子轴承；4—垫圈

图17-4　轴套5的测量图　　　　　　　图17-5　垫圈4厚度的测量图

（2）主轴的轴向位移必须适当。主轴轴向窜量的大小，决定于调节垫11的厚度（图17-3），调节垫11起密封作用。调整方法是：先不加垫，测量尺寸 s_5（图17-3），在测量时安上端盖13，但不装轴承盖8，紧好半部螺母，使轴窜量等于零，间隙 s_5 测出后，车一个钢垫圈，其厚度为 s_5 加上允许的窜量（0.08～0.15 mm）减去0.2 mm。装配时，调节垫11的两侧各垫1～2层纸垫以免漏油，装好后用撬棍拨动主轴左右窜动，以检查其实际窜量，其窜量应在规定的0.08～0.15 mm之间。

3. 轴颈的磨损修复

大多数滚动轴承的轴颈磨损是由于轴承缺油，滚动体在滚道内不能灵活滚动，使外座圈间歇地同内座圈一起转动，摩擦而产生高温，随之内座圈与轴颈间也产生间歇转动，从而使轴颈磨损。

轴颈的修理方法视其磨损情况而定，若磨损深度不超过原轴颈的2%时，可用镶套法修理。把轴卡在车床上，在两端没有磨损的地方用千分表找正，将磨损的轴颈进行精车，然后将加工好内径的钢套（外径要留有加工余量）加热到300℃左右，热装到车好的轴颈上，冷却后再将钢套外径精车到所需尺寸。若磨损深度大于原直径的2%时应更换新轴。

五、故障处理

通风机故障原因及处理方法见表17-10。

表17-10　通风机故障原因及处理方法

故障现象	可能原因	处理方法
通风机与电动机发生一致的振动，振动频率与转速相符合	转子不平衡： 1. 叶轮重量不对称。一侧部分轮叶被腐蚀或严重磨损，轮叶上有附着物 2. 平衡块重量与位置不对，检修后来找平衡 3. 轮叶焊接不严密，叶片中积水	1. 更换损坏的轮叶或更换叶轮并找平衡，清扫轮叶上的附着物 2. 重新找平衡，并固定好平衡块 3. 先打小孔，将积水放掉，然后进行焊补

表 17-10（续）

故障现象	可能原因	处理方法
通风机与电动机发生程度不一样的振动，空载时轻，重载时大	机轴安装不良： 1. 联轴器安装不正 2. 通风机的机轴和传动轴、电动机轴不同心 3. 胶带轮安装不正，两胶带轮轴不平行 4. 基础下沉 5. 轴流式通风机的传动轴弯曲	1. 进行调整或重新安装 2. 进行调整，重新找正 3. 进行调整，重新找正 4. 进行修补加固 5. 调正矫直
发生不规则的振动，且集中于某一部分，噪音与转速相符，在启动或停机时可以听到金属弦声	通风机内部有摩擦： 1. 叶轮歪斜与机壳内壁相碰，或机壳刚度不够，产生左右摇晃 2. 叶轮歪斜，与进风口相碰	1. 修理叶轮和止推轴承 2. 修理叶轮和进风口
轴承温升超过正常情况，用手摸时烫手	轴承安装不良： 1. 轴承箱剧烈振动 2. 润滑脂不良，或充填过多 3. 轴承盖与座的连接螺栓过紧成过松 4. 机轴与滚动轴承安装歪斜，前后两轴承不同心 5. 滚动轴承损坏	1. 查明原因，进行调整 2. 更换或去掉一些润滑脂，滚动轴承的注油量应为其容油量的2/3 3. 调节螺栓的紧固力 4. 重新安装、调整找正 5. 进行更换
电动机电流过大或温度过高	1. 由于离心式通风机短路吸风现象造成风量过大 2. 电压过低或单相运转 3. 联轴器连接不正，皮圈过紧或间隙不匀	1. 消除短路吸风现象 2. 检查电压或更换保险片 3. 进行调整

第三节　离心式水泵的检修与拆装

一、离心式水泵的拆卸步骤（以 D 型泵为例）

（1）清洗泵体上的灰尘及污物，拆除平衡水管、水封管和引水漏斗，放掉水泵壳内积水。

（2）用拆卸器拆卸联轴器。

（3）拧下排水侧轴承压盖上的螺母，卸下外侧轴承压盖。

（4）拧下排水段、填料箱体、轴承体 3 个之间的连接螺母，用顶丝将填料箱体和轴承体分离，卸下轴承体。

（5）拧下轴上的圆螺母，依次卸下轴承、轴承内侧压盖、挡水圈和档套。

（6）拧下填料压盖上的螺母，卸下填料压盖，用钩子钩出填料室中的填料及水封环，用顶丝将填料箱体与排水段分离，卸下填料箱体。

（7）依次拆下轴上的轴套、键，在平衡盘拆卸螺孔中拧入螺钉，将平衡盘顶下，并取下键。

（8）拧下前端轴承压盖上的螺母，取下螺栓，卸下外侧压盖和轴套；拧下吸水段和轴承体的连接螺栓，卸下前轴承部件；依次卸下轴承、轴承内压盖、挡水圈和轴套等零件。

（9）拧下前端填料箱体压盖上的螺母，卸下填料压盖，取出填料和水封环。

（10）用大扳手拧下拉紧螺栓的螺母，拆出连接吸水段、中段和排水段的几根拉紧螺栓。

（11）用撬棍插在排水段与中段之间对称撬松，取下排水段部件。

（12）用手将排水段叶轮取出（如用手拆不掉时，可连同中段一起取出）。

（13）用撬棍插在中段与中段之间用力撬松，取下中段。

（14）取下中段叶轮，并取下键。

（15）依次拆下中段、叶轮和键。

（16）最后将泵轴从吸水段中抽出，卸下轴套和键。

二、离心式水泵拆卸时的注意事项

（1）在拆卸水泵前，要对各段原装配位置进行编号，以便于检修后装配。

（2）注意泵轴上螺纹方向，D 型泵吸水端为左螺纹，排水端是右螺纹。

（3）中段不带支座的水泵，拆卸时两侧要用楔木楔住，防止中段脱离止口后掉下来碰弯水泵轴。

（4）水泵拆下几段后要将泵轴支住，以免泵轴悬臂太长造成泵轴弯曲，拆下泵轴要垂直吊起来。

（5）拆下的螺母、螺钉、螺栓、垫圈要临时复位，以免丢失，又便于检修后装配。

（6）拆叶轮时，要在有叶片部位用力，以防叶轮被损坏。

（7）拆键时，不得损坏键的工作面。

（8）对磨损严重零件或拆卸中损坏的零件，不得任意丢掉。

（9）吸水段和中段上的密封环、排水段上的平衡套和平衡环、轴套等有轻微磨损不影响使用时则不要拆卸或更换。

三、水泵主要件的修理

1. 泵轴的修理

一般泵轴的制作材料为 35 号、40 号和 45 号优质碳素钢。泵轴有下列情形之一的，应更换新轴：

（1）泵轴已产生裂纹。

（2）泵轴有严重的磨损，或有较大的足以影响其机械强度的沟痕。

泵轴在下列情况下，需进行修理：

（1）轴的弯曲超过大密封环和叶轮入口外径的间隙 1/4 时，应进行调直或更换。

（2）泵轴与轴承相接触的轴颈部分与填料接触的部分磨出沟痕时，可用金属喷镀、电弧喷镀、电解镀铬等方法进行修补。磨损过大时，可用镶套方法进行修复。

（3）键槽损坏较大时，可把旧键槽加压焊补好，另在别处开新键槽。但对于传递功率较大的泵轴不能这样做，必须更换新轴。

2. 轴承的修理

（1）滑动轴承的修理：轴承架有裂纹，如不严重时可补焊，如果裂纹严重时，则需更换新轴承架；轴承盖破损时，可以用补焊修复或更换新轴承盖；轴瓦损坏时，须更换新轴瓦。

（2）滚动轴承的修理：应按规定要求对滚动轴承进行检查，如不符合技术要求，则需更换新轴承。

3. 叶轮的修理

叶轮若有下列情况之一时，则应进行更换：

（1）叶轮表面出现裂纹。

（2）叶轮表面因腐蚀而形成较多的深度超过 3 mm 的麻窝或穿孔。

（3）叶轮因腐蚀而使轮壁变薄（剩余厚度小于 2 mm），以致影响机械强度。

（4）叶轮入口处发现严重的偏磨现象。

叶轮腐蚀不严重或砂眼不多时，可用补焊方法来修复。

4. 平衡盘的修理

（1）平衡盘与平衡环磨损凸凹不平及出现沟纹时，可用车削或研磨方法修复。

（2）为了增加平衡盘的使用寿命，在其盘面上用沉头螺钉固定一个摩擦环，摩擦环磨损后可更换新的。

（3）平衡盘、平衡环和平衡套磨损严重时，必须更换新的。

5. 密封环的修理

大密封环内径和叶轮吸水口外径的间隙应符合表 17-11 的规定，超过间隙要求的，应做调整和修理。

表17-11　大密封环内径与叶轮吸水口外径的间隙

密封环内径/mm	配合间隙/mm	允许最大磨损间隙/mm
80~120	0.19~0.24	0.48
120~180	0.23~0.30	0.60
180~260	0.28~0.35	0.70
260~360	0.34~0.44	0.88

6. 填料装置的修理

（1）检修水泵时，填料应更换新的。

（2）填料装置的轴套磨损较大或出现沟痕时，应更换新的。

7. 泵壳的修理

泵壳的损伤大都因为机械应力或热应力的作用而出现裂纹。在检查时，用手锤轻敲壳体，如有破哑声，则说明已破裂，应找出裂纹地点，并在裂纹处先浇上煤油，擦干表面，然后涂上一层白粉，并用手锤再敲机壳，则裂纹内的煤油就会渗出来浸湿白粉，呈现一条黑线，即可显明裂纹的长短。

裂纹的修补方法主要有：如裂纹在不承受压力或不起密封作用的地方，为防止裂纹继续扩大，可在裂纹的始端与终端各钻一个直径为 3 mm 的圆孔，以避免应力集中；如裂纹在承受压力的地方，则应进行补焊修复。

四、离心式水泵的日常检修

（1）轴承温度是否正常，油质、油量是否合格。

（2）机体有无振动和异响。

（3）平衡装置工作是否正常。

（4）填料松紧是否合适，对损坏的填料应及时更换。

（5）检查联轴器及各部螺丝有无松动，松动螺丝要及时紧好。

（6）电动机温升、滑环、炭刷、弹簧及启动装置是否正常等。

五、离心式水泵的装配注意事项

（1）各个结合面之间要加垫（橡胶、青壳纸）。用青壳纸垫时，两侧面应涂润滑脂（或采用密封胶涂在结合面上）以防漏水。各紧固件、配合件上均涂润滑脂，以防生锈并便于下次拆卸。

（2）对带油圈的滑动轴承，装配时将油圈放在轴承体内，按轴承装配位置倒 180° 套在轴上，然后再旋转过来，固定轴承体，上紧螺丝。

（3）装配填料时，对口要错开，水封环一定要对准进水孔，填料压盖的泄水孔要装在轴的下方。

（4）滚动轴承内注入轴承体空间 1/3 ~ 2/3 的合格润滑脂。

（5）上紧拉紧螺栓时要分几次，对称、均匀地拧紧。

（6）装配联轴器时，切不可过猛敲打，以免泵轴受力弯曲，一般要用铜棍或木板垫在联轴器上再用大锤打入。

（7）装配好的水泵的压力表、真空表、注水漏斗及放气孔的丝孔要用丝堵堵住，水泵的吸、排水口要用木板或薄铁板将口封住，以防杂物进入泵体。

六、离心式水泵的常见故障与处理

离心式水泵的常见故障与处理方法见表 17 – 12。

表 17 – 12　离心式水泵的常见故障与处理方法

故障现象	产生原因	处理方法
水泵不出水	1. 未灌满引水或底阀泄漏 2. 吸水管、吸水侧填料箱或真空表连接处漏气 3. 底阀未开或滤水器堵塞 4. 水泵转速不够 5. 水泵转向不对 6. 吸水高度过大	1. 重新灌满水，清除泄漏 2. 处理漏气处，重新安装真空表 3. 检查底阀，清理滤水器 4. 检查电源电压 5. 重新接线 6. 降低吸水高度，使吸水高度降到允许值

表 17 - 12（续）

故 障 现 象	产 生 原 因	处 理 方 法
水泵启动后，只出一股水就不上水了	1. 吸入的水中有过多的气泡 2. 吸水管中存有空气 3. 吸水管或吸水侧填料不严密 4. 底阀有杂物堵塞	1. 检查滤水器是否浸入水下 0.5m 2. 排除空气 3. 处理漏气、拧紧连接螺栓或填料压盖 4. 清除杂物
水泵排水量不足，排水压力降低	1. 转速不足 2. 吸水管漏气或滤水器堵塞 3. 填料箱漏气或水封管堵塞 4. 叶轮堵塞或损伤 5. 叶轮与导叶中心未对正 6. 密封环磨损太大，泵内水泄漏过多	1. 调整电压 2. 清除漏气，清洗滤水器 3. 更换填料，疏通水封管 4. 清洗更换叶轮 5. 重新调整叶轮与导叶 6. 更换
启动负荷过大	1. 填料压得太紧 2. 叶轮、平衡盘安装不正，转动部分与固定部分有摩擦或卡碰现象 3. 排水闸门未关闭 4. 平衡盘导水管堵塞	1. 放松填料压盖 2. 检查并重新调整有关部件 3. 关闭闸门 4. 疏通导水管
运转中消耗功率过大	1. 轴承磨损或损坏 2. 填料压得过紧或填料箱内不进水 3. 泵轴弯曲或轴心没对正 4. 叶轮与泵壳或叶轮与密封环发生摩擦 5. 排水管路破裂，排水量增加	1. 更换轴承 2. 放松填料压盖或疏通水封管 3. 校直或调正泵轴 4. 调整、修理或更换叶轮或泵壳叶密封环 5. 检修排水管路
轴承过热	1. 油质不良或油量不足 2. 用润滑脂时，油量过多 3. 轴承过度磨损，轴瓦装得过紧 4. 泵轴弯曲或联轴器不正 5. 平衡失去作用	1. 换油加油 2. 重新装配 3. 修理或调整轴承和轴瓦 4. 校直泵轴，调正联轴器 5. 检查导水管是否堵塞，平衡盘与平衡环是否磨损，并进行疏通更换
泵壳局部发热	1. 水泵在闸门关闭的情况下，开动时间较长 2. 平衡盘导水管堵塞	1. 水泵启动后及时打开闸门 2. 清理导水管
填料箱发热	1. 填料压得过紧 2. 填料失水 3. 填料压得偏斜 4. 轴套表面有损伤	1. 放松填料 2. 检查填料环是否装正，水封管有无堵塞 3. 调正填料 4. 修理、更换轴套
水泵震动	1. 基础螺钉松动 2. 电动机与水泵中心不正 3. 泵轴弯曲 4. 轴承磨损过大 5. 转动部分有磨损现象 6. 水泵转子与电动机转子不平衡	1. 拧紧螺钉 2. 重新找正电动机和水泵中心 3. 校直或更换泵轴 4. 修理或更换轴承 5. 查出原因，消除碰撞 6. 检查、修理水泵及电动机转子

表 17-12（续）

故 障 现 象	产 生 原 因	处 理 方 法
水泵有噪音，排水量压头猛增或供水中断	1. 流量过大 2. 吸水管阻力过大 3. 吸水高度太大 4. 水温过高	1. 适当关闭闸门 2. 检查吸水管底阀 3. 降低吸水高度 4. 降低水温

第四节 空压机的检修与拆装

一、拆卸须知

（1）放出机器内残存的压气、润滑油和水。

（2）拆卸后的零部件应妥善保管，不得碰伤或丢失。

（3）重要零部件拆卸时，应注意原装配位置，必要时应做上记号。

（4）拆卸大件需动用起重设备时，应注意其重心，保证安全。

（5）如果必须拆卸机器与基础的连接时，应放在最后进行，以免机器倾倒，造成事故。

二、空压机的拆卸步骤

（1）先拆去吸气管、排气管、油管、冷却水管、滤风器和注油器。

（2）拆去中间冷却器。

（3）拆去各级吸气阀、排气阀。

（4）拆去各级气缸盖固定螺丝并取下气缸盖。

（5）卸松各级十字头上方锁紧螺母，将活塞与活塞杆一起卸下取出。

（6）吊住气缸，拆下气缸与机身的连接螺母，将缸套连同缸座一起取下。

（7）卸下十字头销，取出十字头。

（8）拧下螺栓与螺母，取出连杆，并注意将轴瓦及垫片组按原来位置放好。

（9）拆去齿轮液压泵及大皮带轮。

（10）拆下轴承盖，取出曲轴。

三、曲轴的修理与装配

修理曲轴时，要消除曲轴颈的变形，还要恢复曲轴颈对曲轴中心的正确位置。

1. 曲轴颈圆度和圆柱度检查

一般在修理前，应该首先检查确定曲轴变形及弯曲程度。曲轴的圆度和圆柱度可用千分表测量。确定圆度时，在一个断面的两个互相垂直位置 I—I 及 II—II 上测量，两次测得值之差数，即是轴颈圆度；确定圆柱度时，在距离轴肩 8~10 mm 的 I—I 及 II—II 两处进行测量，两个数值的差数，即是轴颈的近似圆柱度。曲轴圆度和圆柱度的测量图如图 17-6 所示。

2. 曲轴半径测量和曲轴颈磨损的修复

测量曲轴半径，可用测高游标尺平台划线及测活塞行程等方法测出。曲轴颈中心线对曲轴中心线由于磨损不均所引起的偏移量，可用千分尺和平台划线法确定。

轴颈的圆度和圆柱度超过磨损极限较小时，以及擦伤、刮痕、腐蚀深度达 0.12 mm

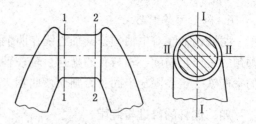

图 17-6　曲轴圆度和圆柱度的测量图

时，可用手工（细锉、细砂布、油石）方法进行研磨修整；轴颈的圆度和圆柱度超过磨损极限较大时，轴颈的擦伤、刮痕较大时或明显的腐蚀时，可在车床上车削或在磨床上光磨。车削或光磨时，应先从主轴颈开始，同时为了使车削或光磨后轴颈的尺寸相同，最好从磨损较大的轴颈开始。轴颈经车削或光磨后表面须光滑无刀痕，表面粗糙度采用滑动轴承时不应当大于 $\sqrt{\dfrac{0.8}{}}$，采用滚动轴承时不大于 $\sqrt{\dfrac{1.6}{}}$。修理曲轴时，应注意将轴颈径内孔用螺塞堵住，曲轴修完后，用煤油擦拭干净，旋出螺塞。轴瓦的圆角半径可取轴颈圆角半径的 1.3 倍，圆角上的小擦伤可用手工修整或机械加工的方法消除。

3. 曲轴裂纹的修复

曲轴裂纹常出现在轴颈上。轴颈上有轻微的轴向裂纹，可在裂纹处进行研磨，如能消除还可继续使用。径向裂纹一般不进行修理，应更换新曲轴。这是因为曲轴在使用过程中受应力的作用，裂纹逐渐扩大，会发生严重的折断事故。

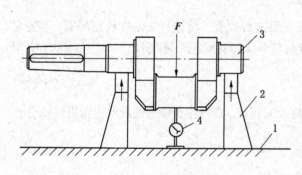

1—检验平台；2—V 形支承架；3—曲轴；4—千分表
图 17-7　曲轴的校直图

4. 曲轴的弯曲及扭转的检查和修复

曲轴的弯曲和扭转变形可用千分表检查。检查时将千分表触头与轴颈接触，使曲轴缓慢转动。不大的弯曲或扭转变形可用车削和研磨方法消除，较大的弯曲和扭转变形可用冷压校正法校正。如图 17-7 所示，将曲轴架在平台上，在曲轴轴颈或曲拐轴颈拟定加压部位下面，放置千分表，最好将千分表的触点设在被加压轴颈下，然后缓缓地增加其压力。曲轴校正时反向压弯量要比原弯曲量稍大一些，以不超过原弯曲量的 1~1.5 倍为宜。这样使校直后的曲轴具有微量的反向弯曲，以改善以后工作中的抗弯曲性能。曲轴校直时，还应根据变形的方向和程度，用锤和其他风动工具沿曲轴进行"冷作"，以便将集中的塑性变形化为分散的微量塑性变形，且在曲拐表面造成压缩应力，增加曲轴的耐疲劳强度。

5. 曲轴键槽的修理

平键键槽磨损后，允许磨损宽度为原槽的 5%。轴及轮毂的键槽宽度应一致。键槽中心线与轴心线的平行度、配合公差均应符合技术文件的规定。新配的键其工作面应贴合紧密、接触均匀，非工作面应按规定留有间隙。键与键槽之间不得加垫，键不准做成凸形。

6. 曲轴的装配要求

曲柄销轴线对主轴颈公共轴心线在曲柄半径方向的平行度符合有关规定，主轴颈及曲轴颈的表面粗糙度、轴与孔的配合、轴在轴承上的振幅等都要符合检修质量标准。曲拐上的平衡铁一定要固定牢固，否则会使曲拐失去平衡，造成捣缸事故。

四、连杆的修理与装配

1. 连杆大头分解面磨损的修理

当连杆大头分解面磨损或损坏较轻时，可用研磨法磨平或者用砂纸打光，也可进行适当刮修，修整后的分解面不允许有偏斜，并应保持相互平行。轴瓦与轴颈的承载部分应有 $90° \sim 120°$ 的接触面，接触长度不得小于轴瓦长度的 80%。

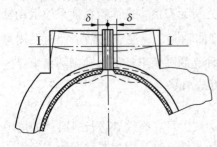

图 17 - 8　连杆端分解面处变形图

2. 连杆大头变形的修理

连杆大头变形的原因，是由于轴瓦突出过高，如图 17 - 8 所示中的 δ。若轴瓦突出高度超过 0.15 mm，甚至达到 0.5 mm，当拧紧连杆螺栓时，就会产生变形现象。因此装配时，应保证轴瓦的突出高度在 0.05 ~ 0.15 mm。修理时可先在平台上检查其变形，再进行切削加工，一直到分解面恢复到原来的水平为止。

3. 连杆弯曲和扭转变形的修理

连杆的弯曲和扭转变形，可用连杆校正器进行检查。将连杆安装在校正器上，校正器 3 个指点与平板密合，如果有任何一个指点与平板间有间隙，就应校正。连杆弯曲和扭转变形校正方法分冷校正法和热校正法。

4. 连杆小头的修理

连杆小头到杆体过渡区处裂纹、断脱应及时更换。连杆小头轴套磨损要重新更换轴套。

5. 连杆螺栓的更换

发生如下情况，需更换连杆螺栓：

（1）连杆螺栓的螺纹损坏或螺杆配合松弛。

（2）连杆螺栓出现裂纹。

（3）连杆螺栓产生过大的残余变形（大于2‰时）。

6. 连杆的装配要求

连杆体大、小头孔轴线公共面上的平行度，大、小头孔的圆柱度符合相关规定；大、小头孔表面的粗糙度不大于 $\sqrt{\dfrac{1.6}{}}$；连杆轴瓦的间隙，轴套与十字头销配合间隙，轴瓦与轴颈的接触弧面，接触长度，紧固件等，都应达到检修质量标准要求。

五、十字头的修理与装配

十字头滑板与机身滑道允许轻微磨损，但运转时不能发出大的音响，且配合间隙不超过允许值的两倍。十字头体、滑板有裂纹时应更换。十字头体外浇注的巴式合金层脱落，离开时应去掉原巴氏合金层，重新浇注并进行机加工，巴氏合金拉成沟痕或结瘤用刮研方法恢复。十字头和活塞杆的螺纹磨损、脱扣松动时应更换十字头和活塞杆。十字头销孔和十字头销外径磨损超过规定时，按滑动轴承修复。十字头销出现裂纹或划痕时应更换。

修理更换的十字头应符合下列技术要求：

（1）十字头销孔中心线对十字头摩擦面轴心线的垂直度、安装活塞杆锁紧螺母的支承面对十字头摩擦面轴心线垂直度，不得超过检修质量标准规定。

（2）十字头摩擦面的圆柱度，安装活塞杆螺纹孔轴线对十字头摩擦面轴线的同轴度，不得超过检修质量标准规定。

（3）十字头表面粗糙度：摩擦面为不大于 $\sqrt[0.8]{}$；十字头销孔为不大于 $\sqrt[0.6]{}$。

（4）用涂色法检查十字头滑板与机身滑道的接触点分布情况。接触点应分布均匀，接触面积要达到 50%～70%。

（5）十字头销摩擦面的圆柱度不大于规定；十字头销摩擦面粗糙度，$D \leqslant 150$ mm 时为 $\sqrt[0.2]{}$，$D > 150$ mm 时为 $\sqrt[0.4]{}$。

（6）装配时，十字头销及其连杆螺栓、锁紧装置均应拧紧、锁牢。

六、活塞的修理与装配

1. 活塞、活塞环、活塞杆易出现的问题及修理装配

活塞及活塞环一般都不做修理，只作更换，在下列情况下应立即更换：

（1）活塞出现裂纹、断裂、严重拉伤，丝堵松动或活塞环槽严重磨损等。

（2）活塞环断裂或有过渡擦伤；活塞环丧失应有弹力；活塞环厚度（径向）磨损大于 1～2 mm；活塞环宽度（轴向）磨损大于 0.2～0.3 mm；活塞环在活塞环槽中的轴向间隙达到 0.3 mm 或超过设计间隙的 1.5 倍；活塞外表面与气缸壁出现间隙且总长度超过气缸周长的 50%。

（3）活塞杆弯曲及严重擦伤，磨损大于 0.3～0.5 mm。

2. 活塞、活塞环和活塞杆修理与装配质量要求

（1）与活塞杆相配合的支承端面对活塞配合内孔轴心线的垂直度符合相关规定。

（2）活塞外圆柱面轴心线对活塞相配合内孔轴心线的同轴度，活塞直径小于或等于 120 mm 时，为 0.025 mm；活塞直径为 120～250 mm 时，为 0.03 mm；活塞直径为 250～500 mm 时，为 0.04 mm。

（3）活塞的圆柱面、活塞槽两侧面与活塞杆外圆配合处及活塞杆贴合平面的表面粗糙度均不大于 $\sqrt[1.6]{}$。

（4）新换活塞环应符合技术要求。

（5）活塞环在装配前先在气缸内做漏光检查。在整个圆周上漏光处不多于两处，每处弧长不得大于 25°，总长不得超过 45°，且与活塞切口距离大于 30°。

（6）活塞环与环槽的侧面间隙及径向间隙应符合设计规定。用手压紧活塞环时，活塞环应能全部沉入环槽内并成一凹口。

（7）活塞环装入气缸内，其切口位置应相互错开，错开角度不小于 120°。所有切口要与气缸的气阀口、注油孔等适当错开，切口间隙应符合设计规定。

七、气缸的修理与装配

1. 气缸内表面修理

气缸内表面有轻微擦伤或拉毛时，可用半圆形油石沿缸壁圆周方向用手工研磨，直至以手触摸无明显的感觉为止。

气缸内表面有深度大于 0.5 mm 的擦伤、磨损，圆度、圆柱度超过规定值时，应进行镗缸。

2. 气缸表面裂纹的修理

当前，气缸表面的裂纹还没有较完善的修补方法。在必要的情况下有时对低压（1 MPa 以下）空压机采用紫铜丝人工手捻法进行修理。

3. 水套的清洗

水套的固结物结垢厚度超过 1 mm 时，严重影响气缸散热，阻碍循环水流动。清洗水套固结物，一般有如下两种方法：

（1）酸洗。用 5% 的盐酸溶液在水套中停留 24h 后进行清洗。当溶液加入水套后，须打开一个或数个孔，以便排出气体，排出的气体中有从盐酸中分解出来的氢气，因此，禁止火焰接近排气孔。用盐酸溶液清洗后，再用氢氧化钠水溶液（每 10 kg 水放入 0.5 kg 氢氧化钠）清洗。

（2）碱洗。用碱性溶液清洗气缸内水垢，浸泡 6～8h 后将溶液放出，再以净水清洗干净。

4. 气缸的装配要求

（1）气缸盖与气缸套、气缸座贴合面对气缸工作表面（或气缸内壁）轴心线的垂直度在 100 mm 长度上不大于 0.04 mm。

（2）气缸定位止口轴心线对气缸工作表面（或气缸内壁）轴心线的同轴度不大于 0.04 mm。

（3）气缸工作表面（或气缸内壁）的圆度符合相关规定。

（4）气缸工作表面粗糙度，当直径小于或等于 600 mm 时不大于 $\sqrt{}^{0.8}$；当直径大于 600 mm 时不大于 $\sqrt{}^{1.6}$。

（5）立式空压机两个气缸轴线的平行度，在 100 mm 长度上不大于 0.04 mm。

八、气阀的修理与装配

1. 阀座和阀片的修理

阀座和阀片出现裂纹时应进行更换；阀座和阀片磨损和擦伤不大时，可用研磨法修复，若磨损或擦伤较严重时应进行更换。

用研磨法修复阀座和阀片时，应先将阀座和阀片用刮刀修平，再放在平板上进行研磨。研磨时，先在平台上涂一层滑石粉或玻璃粉，用润滑油调制成薄糊液，然后在糊液上绕圆周方向或按"8"字形进行研磨。在研磨时必须平直，用力均匀。磨平滑后，将磨平的阀座和阀片用红丹粉或硫磺粉和润滑油调制成薄糊液，进行第二次研磨。数分钟后，将它擦净，用四氯化碳清洗，直到表面无粗糙现象或刮研痕迹后，置于平板上推动研磨件进行检查。如不平，还须继续研磨，直到平整光滑时为止。

2. 气阀弹簧更换和检查

气阀弹簧丧失弹力、断裂时，应进行更换，并用专门仪器对弹簧的规格、质量进行检查。配制和装配弹簧时应严格遵守技术质量要求：弹簧不应成弯曲形；弹簧钢丝不应有裂纹、磨损或擦伤；不许将拆损的或长度不足的弹簧加垫装配使用；把弹簧底座放在水平面上，弹簧的轴线应与水平面垂直，其垂直度不得超过2%。同一规格弹簧各螺距值的差数，不应超过1 mm，但弹簧首尾第一圈不受此限。弹簧螺旋的圈数的公差值，要求5圈以下的为±0.25圈；5圈以上的为±0.5圈。

3. 吸气阀、排气阀的装配

吸气阀、排气阀装配前，可用涂色法检查阀座和阀片是否紧密贴合，装配后，用煤油进行气密性试验，只允许有滴状渗漏。同时检查阀片开关情况和弹簧槽上的安装情况。弹簧弹力不宜过大，以免增加附加阻力。阀片的升起高度应符合厂家的规定，一般为2~3.5 mm。阀片升得太高，可使阀片的工作变动不稳定，发生撞击声音，以致损坏。

吸气阀、排气阀装配应符合下列要求：

（1）阀片、阀座、阀盖和气阀弹簧不得有损伤，表面平整干净。

（2）气阀组装时，弹簧的弹力应均匀，阀片和弹簧应无卡住和歪斜现象。

（3）气阀连接螺栓松紧度必须适当，过紧可能损坏零件，过松易发生噪音和温升。

（4）新更换的环状阀片工作表面粗糙度不应大于 $\overset{1.6}{\triangledown}$（A级）或 $\overset{0.32}{\triangledown}$（C级）。

（5）新更换的阀片表面不应有肉眼可见的泡、非金属夹杂物、锈蚀和碰伤等缺陷，阀片的毛刺应修光。

九、填料装置的修理与装配

由于活塞杆与气缸在空压机工作时有相对运动，因此，必须要有一定间隙。为防止压缩空气由此间隙漏损掉，所以要设置填料装置。L型活塞式空压机采用金属填料。

填料装置有较大泄漏时应及时更换合适的金属填料；多瓣式密封对口间隙过小或没有间隙应调整；拉紧弹簧丧失弹力应更换；密封圈断裂，掉渣应更换；填料出油路堵塞要及时处理。

装配时填料还应与活塞杆或特制的心轴进行研配，并用涂色法进行检查，其接触点的总面积应不少于接触面的70%，并分布均匀；填料函内应装有合适的填料，压盖锁紧装置必须锁牢。

密封圈表面不得有砂眼、气孔、刻痕或缺口，两端面平行度不大于0.2‰。密封圈在密封盒内的轴向间隙应为0.035~0.115 mm。

密封圈上的盖板与环状块件应相研配合，两端面、各块件平面及内孔的表面粗糙度不得大于 $\overset{0.8}{\triangledown}$。

十、空压机日常检修（以L型空压机为例）

（1）各紧固件、传动部件有无松动现象。

（2）各运行部件有无不正常响声和振动。

（3）排气温度是否正常，吸气阀、排气阀是否过热。

（4）Ⅰ、Ⅱ级气缸排气压力是否符合规定。

（5）冷却水量是否充足，水温是否正常。

（6）油量、油压、油温是否符合规定。

（7）安全阀、压力调节器的动作是否灵活可靠。

（8）电流表、电压表指示是否正常，电动机有无异常，温度是否超限。

由于空压机长时间运转，一些零部件会因磨损而损坏，坚持日常检查，发现问题及时停车进行维护修理，可以预防事故的发生。

十一、空压机故障与处理方法

活塞式空压机的故障原因与处理方法见表 17 - 13。

表 17 - 13　活塞式空压机的故障原因与处理方法

故　障	产 生 的 原 因	处 理 方 法
排气量降低	1. 转速不够 2. 气阀不严密 3. 气阀压开装置的小活塞被咬住 4. 滤风器堵塞 5. 活塞环或活塞杆磨损 6. 填料箱漏气	1. 提高曲轴转速 2. 检查气阀 3. 修理小活塞 4. 清洗滤风器 5. 检查修理或更换 6. 修理填料箱
油压突然降低	1. 机身内润滑油不够 2. 压油管或连接管破裂 3. 液压泵本身有毛病 4. 液压泵回油阀失灵	1. 添加润滑油 2. 修理油管 3. 检查液压泵，进行修理 4. 检查回油阀
油管压力逐渐降低	1. 油管连接不严密 2. 回油阀有毛病 3. 运动机构磨损过甚，间隙过大 4. 滤油器太脏	1. 拧紧螺丝或加垫 2. 检修回油阀 3. 检修轴颈或轴衬 4. 拆下清洗
润滑油温度过高	1. 供油量不足 2. 油太脏 3. 运动机构发生故障	1. 检查油路漏损情况，并添加润滑油 2. 更换润滑油 3. 细心检查运动机构零件
异响	1. 余隙过小 2. 活塞螺母松动 3. 气阀松动 4. 缸内有水 5. 缸内有异物 6. 气阀损坏 7. 传动间隙过大 8. 轴承间隙过大	1. 调整余隙 2. 拆下拧紧 3. 拧紧气阀制动螺栓 4. 检查冷却系统严密性 5. 清除 6. 进行更换 7. 检查传动部件 8. 更换轴承

表 17 – 13（续）

故　　障	产 生 的 原 因	处 理 方 法
填料箱漏气	1. 密封元件磨损 2. 活塞杆磨损 3. 密封元件不能抱合 4. 油管堵塞 5. 密封元件间垫有脏物	1. 修磨或更换 2. 修磨 3. 修理和清洗 4. 检修和清理 5. 清洗
各级压强分配失调	当Ⅱ级达到额定压强时，Ⅰ级压强低于 0.23 MPa，则可能是Ⅰ级气阀漏气；若Ⅰ级压强超过 0.23 MPa，可能Ⅱ级气阀漏气	检查Ⅰ级或Ⅱ级气阀并修理

第五部分
高级矿井维修钳工知识要求

第十八章

机 械 传 动

第一节 螺纹传动的应用形式

一、普通螺纹传动的应用形式

普通螺纹传动的应用形式有以下 4 种:

（1）螺母固定不动，螺杆回转并做直线运动。图 18-1 所示为螺杆回转并做直线运动的台虎钳。与活动钳口 2 组成转动副的螺杆 1 以右旋单线螺纹与螺母 4 啮合组成螺旋副，螺母 4 与固定钳口 3 连接。

（2）螺杆固定不动，螺母回转并做直线运动。图 18-2 所示为螺旋千斤顶中的一种结构形式，螺杆连接于底座固定不动，转动手柄使螺母回转并做上升或下降的直线运动，从而举起或放下托盘。

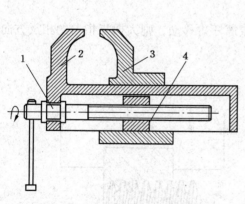

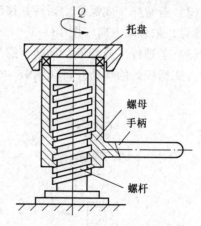

1—螺杆；2—活动钳口；3—固定钳口；4—螺母

图 18-1 台虎钳

图 18-2 螺旋千斤顶

（3）螺杆回转，螺母做直线运动。图 18-3 所示为螺杆回转、螺母做直线运动的传动结构示意图。转动手轮使螺杆按图示方向回转时，螺母带动工作台沿机架的导轨向右做直线运动。

（4）螺母回转，螺杆做直线运动。图 18-4 为应力实验机上的观察镜螺旋调整装置。

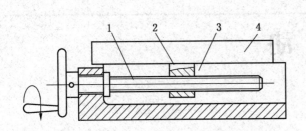

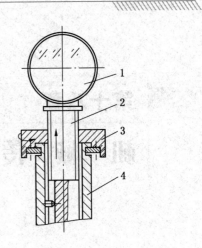

1—螺杆；2—螺母；3—机架；4—工作台

图18-3 机床工作台移动机构

1—观察镜；2—螺杆；3—螺母；4—机架

图18-4 观察镜螺旋调整装置

当螺母按图示方向回转时，螺杆带动观察镜1向上移动；螺母反向回转时，螺杆连同观察镜向下移动。

二、直线运动方向的判定

普通螺纹传动时，从动件做直线运动的方向（移动方向）不仅与螺纹的回转方向有关，还与螺纹的旋向有关。判定方法如下：

（1）右旋螺纹用右手，左旋螺纹用左手。手握空拳，四指指向与螺杆（或螺母）回转方向相同，大拇指竖直。

（2）若螺杆（或螺母）回转并移动，螺母（或螺杆）不动，则大拇指指向即为螺杆（或螺母）的移动方向（图18-5）。

（3）若螺杆（或螺母）回转，螺母（或螺杆）移动，则大拇指指向的相反方向即为螺母（或螺杆）的移动方向（图18-6）。

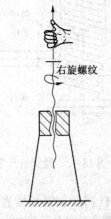

图18-5 螺杆（或螺母）
移动方向的判定

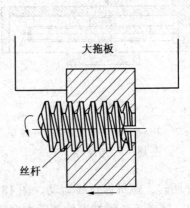

图18-6 卧式车床丝杆螺母传动

三、螺杆和螺母直线运动距离的计算

普通螺纹传动中，螺杆（或螺母）的移动距离与螺纹的导程有关。螺杆相对螺母每回转一圈，螺杆（或螺母）移动一个等于导程的距离。因此，移动距离等于回转圈数与导程的乘积，即

$$L = NP_h$$

式中　　L——螺杆（或螺母）的移动距离，mm；

　　　　N——回转圈数；

　　　　P_h——螺纹导程，mm。

移动速度可按下式计算：

$$v = nP_h$$

式中　　v——螺杆（或螺母）的移动速度，mm/min；

　　　　n——转速，r/min；

　　　　P_h——螺纹导程，mm。

第二节　齿轮传动和蜗杆传动

一、齿轮的精度

根据齿轮的使用要求，齿轮的精度可以由 4 个方面组成：

（1）运动精度。运动精度指传递运动的准确程度。

（2）工作平稳性精度。工作平稳性精度就是规定齿轮在一转中，其瞬时传动比的变化限制在一定的范围内，即齿轮转一周，瞬时传动比达到的准确程度。

（3）接触精度。接触精度指啮合齿面沿齿宽和齿高的实际接触程度。

（4）齿轮副侧隙。齿轮副侧隙为了防止啮合齿轮相互卡死，储存润滑剂，改善齿面的摩擦条件，相互啮合的一对轮齿，在非工作面沿齿廓法线方向应留的侧隙。

二、齿轮轮齿的失效形式

在载荷的作用下，如果传动的轮齿发生折断、齿面损坏等现象，则齿轮就失去了正常的工作能力，称之为失效。

1. 轮齿的点蚀

齿面材料在变化的接触应力条件下，由于疲劳而产生的麻点状剥蚀损伤现象称为轮齿的点蚀。齿面的点蚀主要有局限性点蚀、扩展性点蚀和片蚀 3 种。

2. 齿面磨损

齿轮在受力情况下，两齿面间产生滑动摩擦，使齿面发生磨损。齿面磨损严重时，将使渐开线齿面损坏，加大齿侧间隙而引起传动不平稳和冲击，甚至会因齿厚被过度磨薄，在受载时发生轮齿折断。为减小齿面磨损，一般采用闭式齿轮传动。

3. 齿面胶合

在重载齿轮传动中，如果散热不好，齿面产生瞬时高温，较软齿的表面会熔焊在与之

相啮合的另一齿轮的齿面上。当齿轮继续旋转时，由于两齿面的相对滑动，在较软工作齿面上形成与滑动方向一致的撕裂沟痕，这种现象称为齿面胶合。

为了防止齿面胶合，对于低速传动，可采用黏度大的润滑油；对于高速传动，则可采用硫化的润滑油，使其较牢地吸附在齿面上而不易被挤掉；还可以选择不同的材料使两齿不易胶合，以及提高齿面硬度和减小表面粗糙度等。

4. 轮齿折断

轮齿在变载荷作用下重复一定次数后，齿根部分应力集中处会产生疲劳裂纹，随着重复次数的增加，裂纹逐渐扩展，最后轮齿就会被折断，这种折断称为疲劳折断。另一种折断是短期过载或受到过大冲击载荷时突然折断，称为过载折断。

防止轮齿折断的办法是：选择适当的模数和齿宽；采用合适的材料及热处理方法；减小齿根应力集中，齿根圆角不宜过小，并有一定要求的表面粗糙度，使齿根危险截面处的弯曲应力最大值不超过材料的许用应力值等。

5. 塑性变形

若轮齿的材料较软，当其频繁启动和严重过载时，轮齿在很大载荷和摩擦力的作用下，可能使齿面表层金属沿相对滑动方向发生局部的塑性流动而出现塑性变形。提高齿面硬度和采用黏度较高的润滑油，都有助于防止或减轻轮齿产生塑性变形。

三、蜗杆传动

1. 蜗杆传动的组成

蜗杆传动是利用蜗杆副传递运动和（或）动力的一种机械传动。蜗杆传动是由交错轴斜齿轮传动演变而成。蜗杆与蜗轮的轴线在空间相互垂直交错成90°，即轴交角为90°。通常情况下，蜗杆是主动件，蜗轮是从动件。

2. 蜗杆传动回转方向的判定

蜗杆传动时，蜗轮的回转方向不仅与蜗杆的回转方向有关，而且与蜗杆轮齿的螺旋方向有关。蜗轮回转方向的判定方法是：蜗杆右旋时用右手，左旋时用左手。半握拳，四指指向蜗杆回转方向，蜗轮的回转方向与大拇指指向相反，如图18-7所示。

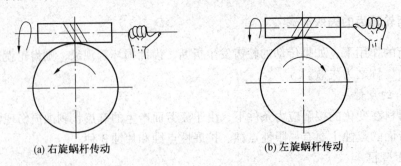

(a) 右旋蜗杆传动　　　　　　　　　(b) 左旋蜗杆传动

图18-7　蜗杆传动中蜗轮回转方向的判定

3. 蜗杆传动的应用特点

（1）承载能力较大。

（2）传动比大，而且准确。

（3）传动平稳，无噪声。

（4）具有自锁作用。

（5）传动效率低。

（6）蜗轮材料较贵。

（7）不能任意互换啮合。

第三节　常用机构和零件

一、铰链四杆机构

1. 铰链四杆机构的组成

平面连杆机构是由一些刚性构件用转动副相互连接而成的在同一平面或相互平行平面内运动的机构。构件间用 4 个转动副相连的平面四杆机构，称为铰链四杆机构。

图 18 - 8a 所示为一铰链四杆机构，由四根杆状的构件分别用铰链连接而成。图 18 - 14b 为铰链四杆机构的简图。

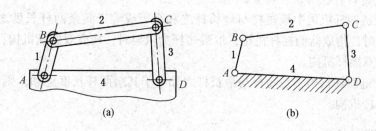

1、3—连架杆；2—连杆；4—机架

图 18 - 8　铰链四杆机构

铰链四杆机构中，固定不动的构件称为机架，构件中不与机架相连的构件称为连杆，机构中与机架用低副相连的构件称为连架杆。连架杆按其运动特征可分为曲柄和摇杆两种：

（1）曲柄——与机架用转动副相连且能绕该转动副轴线整圈旋转的构件。

（2）摇杆——与机架用转动副相连但只能绕该转动副轴线摆动的构件。

2. 铰链四杆机构的基本类型

铰链四杆机构一般分为 3 种基本类型：曲柄摇杆机构、双曲柄机构和摇杆机构。

（1）曲柄摇杆机构。具有一个曲柄和一个摇杆的铰链四杆机构称为曲柄摇杆机构，如图 18 - 9 所示。

（2）双曲柄机构。具有两个曲柄的铰链四杆机构称为双曲柄机构，如图 18 - 10 所示。

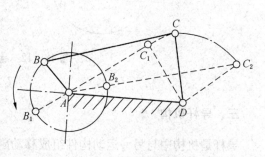

图 18 - 9　曲柄摇杆机构

（3）双摇杆机构。具有两个摇杆的铰链四杆机构称为双摇杆机构，如图 18 – 11 所示。

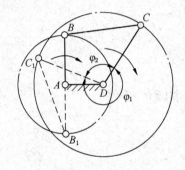

图 18 – 10　双曲柄机构

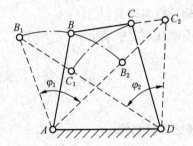

图 18 – 11　双摇杆机构

3. 曲柄存在的条件

（1）连架杆与机架中必有一个最短杆。

（2）最短杆与最长杆长度之和必小于或等于其余两杆长度之和。

4. 判别铰链四杆机构 3 种类型的方法

（1）若铰链四杆机构中最短杆与最长杆之和小于或等于其余两杆长度之和，则取最短杆为连架杆时，构成曲柄摇杆机构；取最短杆为机架时，构成双曲柄机构；取最短杆为连杆时，构成双摇杆机构。

（2）若铰链四杆机构中最短杆与最长杆之和大于其余两杆长度之和，则无曲柄存在，只能构成双摇杆机构。

二、曲柄滑块机构

曲柄滑块机构是曲柄摇杆机构的一种演化形式。如图 18 – 9 所示，当摇杆 CD 的长度趋向无穷大，原来沿圆弧往复运动的 C 点变成直线的往复运动，也就是摇杆变成了沿导轨往复运动的滑块，曲柄摇杆机构就演化成如图 18 – 12 所示的曲柄滑块机构。

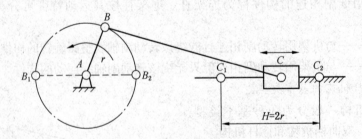

图 18 – 12　曲柄滑块机构

三、导杆机构

导杆是机构中与另一运动构件组成移动副的构件。连架杆中至少有一个构件为导杆的平面四杆机构称为导杆机构，如图 18 – 13 所示。

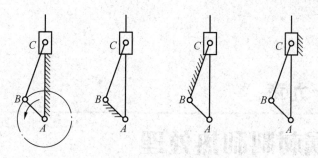

图 18 - 13　导杆机构

四、凸轮机构

凸轮机构主要由凸轮、从动件和机架 3 个基本构件组成，如图 18 - 14 所示。

在凸轮机构中，凸轮通常作主动件并做等速回转或移动，借助其曲线轮廓（或凹槽）使从动件做相应的运动（摆动或移动）。通过改变凸轮轮廓的外形，可以使从动件实现设计要求的运动。凸轮机构结构简单、紧凑，但凸轮机构中包含有高副，因此不能传递较大的动力，而且凸轮的曲线轮廓加工制造比较复杂，所以凸轮机构一般用于实现特殊要求的运动规律且传力不太大的场合。

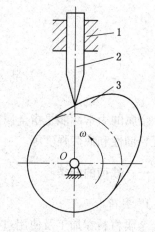

1—机架；2—从动件；3—凸轮
图 18 - 14　凸轮机构的基本组成

五、联轴器、离合器

1. 联轴器

联轴器用来连接两根轴或轴和回转件，使它们一起回转，传递扭矩和运动。有的联轴器还可以用作安全装置，保护被连接的机械零件不因过载而损坏。

机械式联轴器分刚性联轴器、挠性联轴器和安全联轴器 3 大类。刚性联轴器是不能补偿两轴相对位移的联轴器，常用的凸缘联轴器、套筒联轴器等挠性联轴器是能补偿两轴相对位移的联轴器，它又分为无弹性元件挠性联轴器和弹性联轴器两类。安全联轴器是具有过载安全保护功能的联轴器，又可分为挠性安全联轴器和刚性安全联轴器两类。

2. 离合器

离合器是主、从动部分在同轴线上传递动力或运动时，具有接合或分离功能的装置。与联轴器的作用一样，离合器可用来连接两轴，但不同的是离合器可根据工作的需要，在机器运转过程中随时将两轴接合或分离。

按控制方式不同，离合器可分成操纵离合器和自控离合器两大类。必须通过操纵接合元件才具有接合或分离功能的离合器称为操纵离合器。按操纵方式不同，操纵离合器分有机械离合器、电磁离合器、液压离合器和气压离合器 4 种。自控离合器是指在主动部分或从动部分某些性能参数变化时，接合元件具有自行接合或分离功能的离合器，可分为超越离合器、离心离合器和安全离合器 3 种。

在机械机构直接作用下具有离合功能的离合器称为机械离合器。机械离合器有嵌合式和摩擦式两种类型。

第十九章

金属材料和热处理

第一节　金属的力学性能

金属的力学性能是指金属在外力作用时表现出来的性能。力学性能包括强度、塑性、硬度、韧性和疲劳强度等。

一、载荷的分类

1. 载荷

金属材料在加工及使用过程中所受的外力称为载荷。

2. 载荷的分类

根据载荷性质的不同，载荷可分为静载荷、冲击载荷及疲劳载荷 3 种：静载荷是指大小不变或变化很慢的载荷；冲击载荷是指突然增加的载荷；疲劳载荷是指所经受的周期性或非周期性的动载荷（也称循环载荷）。

根据载荷作用方式不同，载荷可分为拉伸载荷、压缩载荷、弯曲载荷、剪切载荷和扭转载荷等。

二、变形

1. 变形

金属材料受不同载荷作用而发生的几何形状和尺寸的变化称为变形。

2. 变形的类型

变形分为弹性变形和塑性变形。

三、应力

1. 内力

在材料内部作用着与外力相对抗的力称为内力。

2. 应力

单位面积上的内力称为应力，计算式如下：

$$\sigma = F/S$$

式中　F——外力，N；

S——截面积，m^2；

σ——应力，Pa。

四、强度、塑性、硬度、韧性和疲劳

1. 强度

金属抵抗塑性变形或断裂的能力称为强度，强度的大小通常用应力来表示。强度可分抗拉强度、抗压强度、抗弯强度、抗剪强度和抗扭强度 5 种。一般情况下，多以抗拉强度作为判别金属强度高低的指标。

2. 塑性

断裂前金属材料产生永久变形的能力称为塑性。

3. 硬度

材料抵抗局部变形，特别是塑性变形、压痕或划痕的能力称为硬度。

4. 韧性

金属材料抵抗冲击载荷作用而不被破坏的能力称为韧性。

5. 疲劳

在交变应力作用下，虽然零件所承受的应力低于材料的屈服点，但经过较长时间的工作而产生裂纹或突然发生完全断裂的过程称为金属的疲劳。

五、金属的工艺性能

金属的工艺性能是指金属材料对不同加工工艺方法的适应能力。它包括铸造性能、锻造性能、焊接性能和切削加工性能等。

1. 铸造性能

金属及合金铸造成形获得优良铸件的能力称为铸造性能。

2. 锻造性能

金属材料利用锻压加工方法成形的难易程度称为锻造性能。

3. 焊接性能

金属材料对焊接加工的适应性。

4. 切削加工性能

金属材料受切削加工的难易程度称为切削加工性能。

第二节　钢的热处理

钢的热处理是将固态金属或合金采用适当的方式进行加热、保温和冷却以获得所需要的组织结构与性能的工艺。

钢的热处理方法可分为退火、正火、淬火、回火和表面热处理 5 种。

一、退火

1. 退火的概念

将钢加热到适当温度，保持一定时间，然后缓慢冷却（一般随炉冷却）的热处理工

艺称为退火。

2. 退火的目的

（1）降低硬度，提高塑性，以利于切削加工及冷变形加工。

（2）细化晶粒，均匀钢的组织成分，改善钢的性能或为以后的热处理作准备。

（3）消除钢中的残余内应力，以防止变形和开裂。

3. 退火的方法

退火的方法有完全退火、球化退火和去应力退火。

（1）完全退火是将钢加热到预定温度，保温一定的时间，然后随炉冷却的热处理方法。它的目的是降低其硬度，消除钢中的不均匀组织和内应力。

（2）球化退火是把钢加热到 750 ℃左右，保温一段时间，然后缓慢冷却至 500 ℃以下，最后在空气中冷却的热处理方法。其目的是降低硬度，改善切削加工性能，主要用于高碳钢。

（3）去应力退火亦称低温退火，它是将钢加热到 500～600 ℃，经一段时间保温后随炉缓冷却至 300 ℃以下出炉。它主要用于消除金属材料的内应力。

二、正火

将钢加热到一定的温度，保温适当的时间后，在静止的空气中冷却的热处理工艺称为正火。

正火和退火的目的基本相同，但正火的冷却速度比退火稍快，故正火钢的组织比较细，硬度、强度也比退火钢高。

三、淬火

将钢加热到一定的温度，经保温后快速在水（或油）中冷却的热处理方法叫淬火。它是提高钢的强度、硬度、耐磨性的重要热处理方法。

1. 淬火介质

常用的淬火介质有水、水溶液盐类，以及油、熔盐、空气等。

2. 淬火方法

（1）单一淬火法。将加热保温后的钢在单一淬火介质中冷却至室温的处理，称为单一淬火法。

（2）双介质淬火法。淬火时，先将加热保温后的钢件浸入一种冷却能力强的介质中，冷却到一定的温度再浸入另一种能力弱的介质中，缓冷至室温，这种方法称为双介质淬火。

（3）分级淬火法。将加热保温后的钢件直接放入温度为 150～260 ℃的盐液内或碱液内淬火，在该温度下，停留一定的时间，然后取出在空气中冷却的一种方法。

四、回火

1. 概念

钢件淬火后，再加热到一定的温度，保温一定的时间，然后冷却到室温的热处理工艺称为回火。

2. 回火的目的

（1）减少或消除工件淬火时产生的内应力，防止工件在使用过程中的变形和开裂。

（2）通过回火提高钢的韧性，适当调整钢的强度和硬度，使工件达到所要求的力学性能，以满足各种工件的需要。

（3）稳定组织，使工件在使用过程中不发生组织转变，从而保证工件的形状和尺寸不变，保证工件的精度。

3. 回火的种类

（1）低温回火（低于 250 ℃）。目的是降低内应力、脆性，保持钢淬火后的高硬度和高耐磨性。

（2）中温回火（350~500 ℃）。目的是提高弹性、硬度，获得较好的韧性。

（3）高温回火（高于 500 ℃）。经过高温回火的钢材具有良好的综合力学性能。生产中常把淬火及高温回火的复合热处理工艺称为"调质处理"。

五、钢的表面热处理

仅对工件表面进行淬火的工艺称为表面淬火，常用的表面淬火有：

（1）火焰淬火。应用氧—乙炔（或其他可燃气体）火焰对零件表面进行加热，随之快速冷却的工艺称为火焰淬火。其缺点是加热温度及淬硬层深度不易控制，淬火质量不稳定。

（2）感应加热淬火。利用感应电流通过工件所产生的热效应，使工件表面受到局部加热，并进行快速冷却的淬火工艺称为感应加热淬火。其优点是加热速度快，淬火质量好，淬硬层深度易于控制。

六、钢的化学热处理

将工件置于一定温度的活性介质中保温，将一种或几种元素渗入钢的表层，以改变其化学成分、组织和性能的热处理工艺称为化学热处理。化学热处理有渗碳、渗氮、碳氮共渗、渗金属等多种。

第二十章

多绳摩擦式提升机、钢丝绳及其维护

第一节　多绳摩擦式提升机

一、多绳摩擦式提升机的传动原理

多绳摩擦提升机的工作原理不同于缠绕式提升机，它是依靠钢丝绳与摩擦衬垫之间的摩擦传递动力，其摩擦力对多绳摩擦式提升机的正常可靠运行有着极为重要的影响。

如图 20 - 1 所示，摩擦提升传动形式属挠性体摩擦传动，利用欧拉公式可计算上升侧钢丝绳拉力：

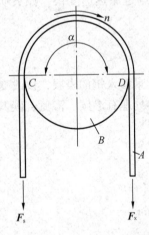

图 20 - 1　摩擦提升传动原理

$$F_s = F_x \cdot e^{\mu\alpha} \qquad (20 - 1)$$

式中　　e——自然对数的底；

μ——钢丝绳与衬垫间摩擦系数，通常取 $\mu = 0.2$；

α——钢丝绳对摩擦轮的围包角，rad；

F_x——下放侧（轻载侧）钢丝绳拉力，N；

F_s——上升侧（重载侧）钢丝绳拉力，N。

二、防滑安全系数

由式（20 - 1）看出，当重载侧张力 F_s 等于轻载侧张力 F_x 的 $e^{\mu\alpha}$ 倍时，钢丝绳在摩擦衬垫上处于刚要滑动的临界状态。此时。摩擦轮两侧钢丝绳的张力差为

$$F_s - F_x = F_x(e^{\mu\alpha} - 1) \qquad (20 - 2)$$

式中 $(F_s - F_x)$ 为两侧钢丝绳的张力差，该力使钢丝绳具有向拉力大的一侧滑动的趋势，是滑动力；而 $F_x(e^{\mu\alpha} - 1)$ 是钢丝绳与摩擦衬垫的摩擦力，阻止这一滑动趋势，是防滑力。要实现摩擦提升，必须使摩擦力大于两钢丝绳的张力差。

将 $F_x(e^{\mu\alpha} - 1)$ 与 $(F_s - F_x)$ 的比值定义为防滑安全系数 σ，即

$$\sigma = \frac{F_x(e^{\mu\alpha} - 1)}{F_s - F_x} \qquad (20 - 3)$$

防滑安全系数越大，则钢丝绳越不易滑动。如果式（20 - 3）中 F_s 和 F_x 仅计静力时，

为静防滑安全系数 σ_j 为

$$\sigma_j = \frac{F_{xj}(e^{\mu\alpha} - 1)}{F_{sj} - F_{xj}} \tag{20-4}$$

如果式（20-3）中考虑了惯性力时，则计算所得的是动防滑安全系数 σ_d。

$$\sigma_d = \frac{(F_{xj} \mp m_x a)(e^{\mu\alpha} - 1)}{(F_{sj} - F_{xj}) \pm (m_s + m_x)a} > 1$$

式中 a——提升加速度；

m_s——上升侧总变位质量；

m_x——下放侧总变位质量。

惯性力前面的符号含义：上面的符号用于加速阶段，下面的符号用于减速阶段。

为保证提升中不发生打滑，必须验算防滑安全系数，我国《煤炭工业矿井设计规范》规定：

$$\sigma_j \geqslant 1.75$$
$$\sigma_d \geqslant 1.25$$

三、增大防滑安全系数的措施

（1）增加围抱角 α。最常用的围抱角有 $\alpha = 180°$ 和 $\alpha = 190° \sim 195°$。对于 $\alpha = 180°$ 的形式，不必设导向轮，结构简单、维护方便。但围抱角较小，会受到两提升钢丝绳中心距的限制。对 $\alpha = 190° \sim 195°$ 的形式，围抱角较大，可以改变两提升钢丝绳的中心距，但需设置导向轮，增加井架高度，钢丝绳有附加弯曲，会降低钢丝绳寿命。

（2）增加摩擦系数 μ。增加摩擦系数可使摩擦力提高，且不会带来其他缺点。摩擦系数与摩擦衬垫材料、钢丝绳断面形状等因素有关。摩擦衬垫应采用具有高摩擦系数且耐压耐磨的材料制作。

（3）采用平衡锤单容器提升。平衡锤重力为容器自重加有益载荷的一半，故静张力差约为双容器提升静张力差的一半，所以可使防滑安全系数增大。这种系统对多水平提升极为有利。

（4）增加容器自重。按照防滑条件增加容器自重，以增加主导轮轻载侧钢丝绳的静张力。

（5）控制提升系统增大加减速度，减小动负荷。

四、多绳摩擦提升钢丝绳张力平衡

1. 影响多绳摩擦提升钢丝绳张力不平衡的因素

（1）多绳摩擦提升的几根钢丝绳由于材质和加工精度的不同会导致弹性模数和断面积不同。

（2）主导轮表面上加工绳槽时，各绳槽直径有加工误差。

（3）在提升过程中各绳槽的磨损程度不同。

（4）在悬挂钢丝绳时，钢丝绳的长度不可能绝对相等，所以各条钢丝绳的张力也不平衡。

（5）钢丝绳间受力不均匀，长期作用又造成各绳槽磨损更不均匀。

2. 钢丝绳张力不平衡的种类

为使各提升钢丝绳的张力接近平衡，在楔形绳环和提升容器之间设置张力平衡装置。张力平衡装置有4种：平衡杆平衡装置、角杠杆式平衡装置、弹簧式平衡装置和液压式平衡装置。

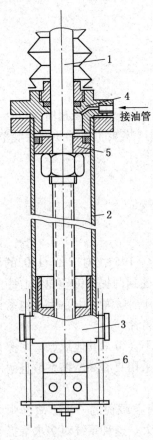

1—活塞杆；2—油压缸；3—底盘；
4—油压缸盖；5—活塞；6—圆螺母

图 20-2 螺旋液压式调绳器

液压式平衡装置的使用效果较好。目前螺旋液压调绳器被广泛使用，它可以定期调节钢丝绳的长度，以调整各钢丝绳的张力差；也可将它的液压缸互相连通，在提升过程中使各绳的拉力自动平衡。它具有调整迅速、劳动量小、准确度高和自动平衡等优点。

3. 螺旋液压式调绳器

如图 20-2 所示，活塞杆 1 的上端与楔形绳环连接，下端为带梯形螺纹的螺杆，它穿过液压缸 2 和底盘 3 后用圆螺母 6 顶住。载荷经底盘→圆螺母→活塞杆直接传到提升钢丝绳上。液压缸盖 4 上有输入高压油的小孔，各液压缸之间用高压软管连通。调节钢丝绳的张力时，压力油经软管同时充入各液压缸的上腔，油压上升推动缸体向上移动，下端的圆螺母 6 便离开液压缸的底盘 3。此时，载荷经底盘→缸体→高压油→活塞→活塞杆传到提升钢丝绳上。当全部钢丝绳的液压缸底盘下面的螺母都离开底盘时，各钢丝绳承受载荷的张力完全相等。然后可拧进圆螺母 6 使之贴靠于液压缸底盘的下面。最后释放油压，调整工作完成。

若将所有液压缸内的活塞用压力油顶到中间位置，并将螺母退到螺杆的末端，在油路系统充满油后，将油路阀门关闭，即能实现提升过程中的各钢丝绳张力的自动平衡。

五、防过卷装置

多绳摩擦式提升机的防过卷装置包括安装在深度指示器上和井塔上的过卷开关，以及设置在井塔和井底的两套楔形罐道装置。

当提升容器过卷时，首先动作的是安装在深度指示器上的过卷开关，提升机立即进行安全制动，防止发生过卷事故。但由于控制失灵或误操作，提升速度没有及时减慢下来，再加上钢丝绳的蠕动、滑动与伸长等原因，深度指示器不能正确地反映容器的位置，往往是容器过卷 2~4 m 时，深度指示器的过卷开关才动作。因此要保证容器过卷 0.5 m 即进行安全制动，必须依靠安装在井塔上的过卷开关。实践证明，只有通过井塔过卷开关的速度低于 2 m/s 时，过卷开关才能保证在过卷 2 m 距离内使提升容器停住。如果速度过高，其制动距离必然较长，或尽管提升机已闸住，但安全制动减速度常易于超过防滑条件要求的数值而出现滑动，这时容器因滑动和系统的惯性继续过卷。因此，多绳摩擦提升设备一般都在井塔（或井架）和井底设有两套楔形罐道，以保证在较高的速度过卷时，提升容器冲入楔形罐道，罐耳对罐道产生挤压和摩擦，使提升容器得以制动，防止发生严重过卷事故。

楔形罐道及其安装如图20-3所示。井塔（或井架）上的一对楔形罐道小头向下，井底的一对楔形罐道则相反。但通常是使井底的楔形木先起作用，以减小下放侧的钢丝绳的拉力，使其在过卷时引起钢丝绳在摩擦轮上打滑，减小撞击力。

楔形罐道由质地坚硬而不易劈裂的红松或水曲柳制成，其楔形段斜率一般为1/100。

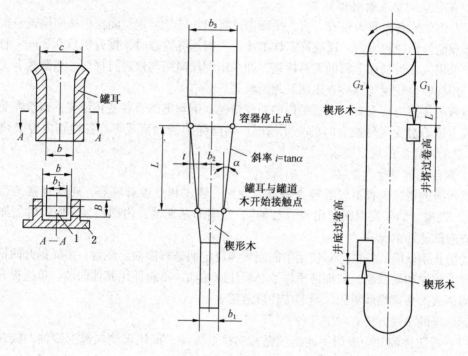

图20-3　楔形罐道及其安装示意图

六、车槽装置

多绳摩擦式提升机设有车槽装置，其作用是在提升机安装时对主导轮的摩擦衬垫车削绳槽，以及在使用过程中根据绳槽的磨损程度不同进行车削，使绳槽直径相等，以保证各提升钢丝绳的受力趋于均匀。

车槽装置由车槽架、车刀装置及车刀组成，安装在摩擦轮的正下方。每个绳槽必须有各自的车刀装置，它通过支承架固定在车槽架上。车削时要调整好车刀，使车刀刀头的刃面与主轴中心线平行，转动手轮即可进刀或退刀，进刀量的大小可以从刻度环上看出。

第二节　提升钢丝绳的使用与维护

一、钢丝绳的安全系数

钢丝绳的安全系数是钢丝绳各钢丝拉断力的总和（不包括试验不合格的钢丝的拉断力）与钢丝绳所承受的最大静拉力（包括绳端载荷和钢丝绳自重所引起的静拉力）之比。

提升钢丝绳的安全系数必须符合《煤矿安全规程》规定的要求。

二、提升钢丝绳的使用与维护

钢丝绳使用过程中应注意润滑，要定期涂油。多绳提升用钢丝绳应涂戈培油或麻芯油，单绳缠绕提升用绳要涂表面油或润滑脂，以保护钢丝绳不锈蚀，减小磨损量。

1. 钢丝绳的检查制度和方法

提升钢丝绳必须每天检查一次，平衡钢丝绳和井筒悬吊钢丝绳至少每周检查一次，对易损坏和断丝锈蚀较多的一段应停车详细检查。钢丝绳检查时，提升机以 0.3 m/s 的速度运转，采用人工目视加上辅助工具检查，如采用钢丝绳探伤仪进行探伤、用游标卡尺测量直径、用棉纱包住钢丝绳检查以便发现断丝等。

检查的主要内容有：一个捻距内的断丝情况；钢丝绳的直径变化情况；钢丝绳受突然停车或卡罐等遭受猛烈拉力时的变化情况；钢丝绳的锈蚀情况等。各检查内容必须达到《煤矿安全规程》的规定要求。

2. 钢丝绳的锈蚀和防锈

钢丝绳的锈蚀检查不仅要检查钢丝的变黑、锈皮和点蚀麻坑等，还要观察是否出现"红油"现象。如果发现钢丝出现"红油"，说明绳芯无油，内部锈蚀，应及时剁绳或破绳检查内部锈蚀情况。

为防止钢丝绳的锈蚀，对使用中的钢丝绳应定期进行涂油。注意：多绳提升的钢丝绳必须涂戈培油和增摩脂，向绳芯里注油必须注麻芯油，不得使用其他的油。单绳提升机的钢丝绳的表面必须涂润滑脂，绳芯应注麻芯脂。

钢丝绳的涂油方法有以下几种：

（1）手工涂油。一般用手逆钢丝绳方向往上抹油，或用鬃刷向绳上刷油，或在天轮（导向轮）处向绳上浇油。

（2）涂油器涂油。这种涂油只能对绳的表面进行涂油，内部进去的油较少。

（3）喷油器涂油。它以压力空气为能源，利用离心雾化原理，将油雾化，使其均匀地涂到绳的表面。

（4）绳芯注油器。该注油器为 GZ—1 型钢丝绳注油机，是一种把钢丝绳防腐脂（ZM系列钢丝绳防腐脂或油）压注进钢丝绳内部同时又能获得表面涂层的设备。

第二十一章

常用精密量具、量仪

第一节　水　平　仪

一、方框式水平仪

1. 方框式水平仪的结构及工作原理

如图 21-1 所示，方框式水平仪由正方形框架 1、主水准器 2 和调整水准器（也称横水准器）3 组成。框架的测量面上有 V 形槽，以便在圆柱面或三角形导轨上进行测量。

水准器是一个封闭的玻璃管，管内装有酒精或乙醚，并留有一定长度的气泡。玻璃管内表面制成一定曲率半径的圆弧面，外表面刻有与曲率半径相对应的刻线。因为水准器内的液面始终保持在水平位置，气泡总是停留在玻璃管内最高处，所以当水平仪倾斜一个角度时，气泡将相对于刻线移动一段距离。

水平仪的刻线原理如图 21-2 所示。假定平板处于水平位置，在平板上放置一根长 1 m 的平行平尺，平尺上水平仪的读数为零。如果将平尺一端垫高 0.02 mm，相当于平尺与平板成 4″的夹角。若气泡移动的距离为一格，则水平仪的精度就是 0.02/1000，读作千分

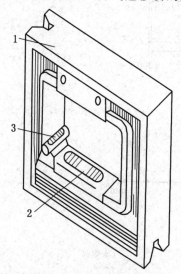

1—框架；2—主水准器；3—调整水准器

图 21-1　方框式水平仪

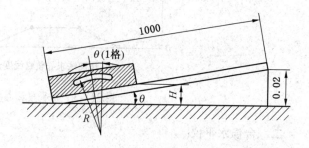

图 21-2　水平仪的刻线原理

之零点零二。

根据水平仪的刻线原理可以计算出被测平面两端的高度差，其计算式为

$$\Delta h = nli$$

式中　Δh——被测平面两端高度差，mm；

　　　n——水准器气泡偏移格数；

　　　l——被测平面的长度，mm；

　　　i——水平仪的精度。

2. 水平仪的读数方法

1）绝对读数法

水准器气泡在中间位置时读作 0。以零线为基准，气泡向任意一端偏离零线的格数，就是实际偏差的格数。当气泡偏向起端时读"－"，偏离起端时读"＋"，或用箭头表示气泡的偏离方向，如图 21 – 3a 所示。

2）相对读数法

图 21 – 3b 所示是按水准器气泡的相对位置读数。水平仪起端测量位置的读数总是读作零，不管气泡位置是在中间或偏在一边。然后依次移动水平仪垫铁，记下每一位置的气泡与前一位置的气泡移动的方向和刻度格数。根据气泡移动方向来评定被检导轨的倾斜方向，如气泡移动方向与垫铁移动方向一致，读作正值，表示导轨向上倾斜，可用符号"＋"或箭头"→"表示；如方向相反，则读作负值，用符号"－"或箭头"←"表示。

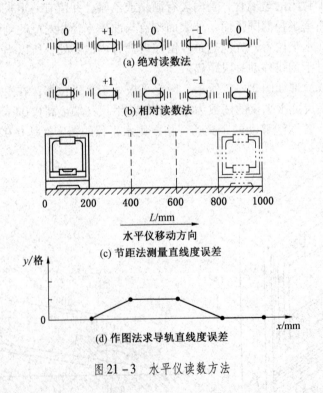

图 21 – 3　水平仪读数方法

二、合像水平仪

合像水平仪是用来测量水平位置微小角度偏差的测量仪器。在修理中，合像水平仪常

用来校正基准件的安装水平度、导轨或基准平面的直线度和平面度误差，以及零部件之间的平行度误差等。合像水平仪的结构如图 21-4 所示。图 21-4a 为光学合像水平仪的外形图，图 21-4b 为其结构原理图。水准器 2 内气泡两端的圆弧通过反射至目镜 4，形成左右两半气泡合像（图 21-4c）。水平仪不在水平位置时，两半气泡 AB 不重合（图 21-4d）。测量时，水准器的水平位置可通过调节旋钮 5（其上有 100 等分小格）转动测微螺杆 6，经杠杆 1 进行调整，其调整值可以从旋钮 5 上的微分刻度盘读取，每格值为 0.01 mm/m；粗读数可由标尺指针 8 所示的刻线位置读出，每一格示值 0.5 mm/m。

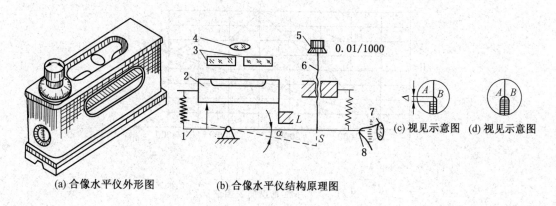

(a) 合像水平仪外形图　　　(b) 合像水平仪结构原理图

1—杠杆；2—水准器；3—棱镜；4—目镜；5—旋钮；

6—测微螺杆；7—放大镜；8—标尺指针

图 21-4　合像水平仪

三、用作图法表示导轨直线度误差

【例】用分度值为 0.02 mm/m 的水平仪，长度为 500 mm 的检验垫铁，测量 4000 mm 长的床身导轨的直线度误差。

步骤如下：

（1）将被测导轨放在可调整的支承垫铁上，置水平仪于导轨两端或中间位置，初步找正导轨的水平位置，使得检查时水平仪的气泡能在刻度范围内。

（2）将床身导轨按检验垫铁长度分为 8 等分（图 21-5），采用相对读数法，测得各等分位置读数如下：

$$AB \rightarrow BC \rightarrow CD \rightarrow DE \rightarrow EF \rightarrow FG \rightarrow GH \rightarrow HI$$
$$0 \quad +1 \quad +1.5 \quad +0.5 \quad +1 \quad -1 \quad 0 \quad -0.5 \text{（格）}$$

（3）测得读数的累加值见表 21-1，以导轨长度为横坐标，导轨直线度误差为纵坐标，按一定比例绘制坐标轴。在坐标上描出各测量点读数的累加值，并顺次将各点用直线连接，得到导轨直线度误差曲线，如图 21-5 所示。

（4）导轨直线度误差值为

$$f' = (0.02 \text{ mm}/1000 \text{ mm}) \times 500 \text{ mm} \times (Ff_1 + Bb)$$

$$= (0.02 \text{ mm}/1000 \text{ mm}) \times 500 \text{ mm} \times 2.75$$

$$= 0.0275 \text{ mm}$$

表21-1　计算各测点的纵坐标值

测　　点	A	B	C	D	E	F	G	H	I
实测读数/格		0	+1	+1.5	+0.5	+1	-1	0	-0.5
实测读数的累加值/格	0	0	+1	+2.5	+3	+4	+3	+3	+2.5

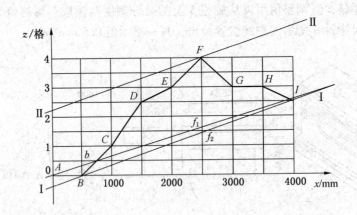

图21-5　导轨直线度误差曲线

用最小条件评定导轨直线度误差为

$$f = (0.02 \text{ mm}/1000 \text{ mm}) \times 500 \text{ mm} \times Ff_2$$
$$= (0.02 \text{ mm}/1000 \text{ mm}) \times 500 \text{ mm} \times 2.57$$
$$= 0.0257 \text{ mm}$$

第二节　光学平直仪

一、光学平直仪

光学平直仪是一种精密光学测角仪器，通过转动目镜，可同时测出工件水平方向及和水平垂直的方向的直线性，还可测出拖板运动的直线性。用标准角块进行比较还可以测量角度。光学平直仪可以应用于对较大尺寸、高精度工件和机床导轨的测量和调整，尤其适用于对 V 形导轨的测量，具有测量精度高，操作简便的优点。其光学原理如图21-6所示。

光学平直仪是由平直仪本体（包括望远镜和目镜等）和反射镜组成的。光源射出的光束经十字线分划板，形成十字像，经过棱镜、平镜1、平镜2和物镜后，变成平行光束射到反光镜上，随即又从反光镜反射到分划板。如果导轨的直线度误差为 Δ_1，而使反光镜偏转 α 角，那么返回到分划板的十字像就不重合，而且相差一个 Δ_2 的距离。可通过调节测微手轮，使目镜中视物基准线与十字像对正，测微手轮的调整量就是 Δ_2 的大小。如果反光镜的平面与物镜光轴垂直，返回到分划板的十字像即重合，从而证明该段导轨没有误差。

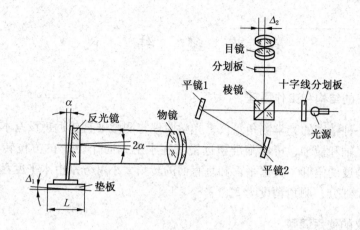

图 21 - 6　光学平直仪工作原理图

　　测微手轮的刻度值有两种，一种以角（″）表示，即测微手轮的一圈是 60 格，每格刻度值为 1″；另一种以线值表示，即测微手轮一圈是 100 格，每格刻度值为 0.005 mm/1000 mm（或 0.001 mm/1000 mm、0.0005 mm/1000 mm）。

二、用光学平直仪测量 V 形导轨直线度误差

　　用光学平直仪测量 V 形导轨直线度误差的方法如图 21 - 7 所示，先将光学平直仪的主体和反光镜分别置于被测导轨两端，借助桥板移动反光镜，使其接近主体。左右摆动反光镜，同时观察目镜，直至反射回来的亮十字像位于现场中心为止。然后将反光镜移至原位，再观察亮十字像是否仍在视场中心，否则应重新调整，调整好后主体不再移动。开始检查时，将反光镜桥板置于起始测量位置，转动测微鼓轮使可动分划板上的黑长单刻线在亮十字像中间，记下刻度值，然后按反光镜桥板支承点距离逐段、首尾相连地进行测量。记下每次测量的刻度值，用作图法或计算法求出导轨直线度误差。

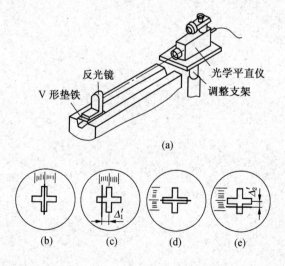

(a)

(b)　　(c)　　(d)　　(e)

图 21 - 7　光学平直仪测量 V 形导轨目镜观察视场图

第三节　经　纬　仪

一、经纬仪的结构和工作原理

经纬仪是一种精密的光学测角量仪，光学原理与测微准直望远镜没有本质的区别。它的特点是具有竖轴和横轴，可使瞄准望远镜管在水平方向作360°的方位转动，也可在垂直平面内作大角度的俯仰。其水平面和垂直面的转角大小可分别由水平度盘和垂直度盘示出，并由测微尺细分，测角精度为2″。

二、经纬仪的使用调整

1. 经纬仪在水平面内水平精度的调整

将经纬仪固定在水平转台的工作台面上之后，除进行水平精度调整外，还应仔细地进行精调。用手调整经纬仪的3个三角基座调平手轮，将水准器校正至水平位置，这时水准器的气泡处于零位状态，表示水准器在纵向平面内处于水平。然后将经纬仪转90°位置再调整三角基座中的任何一个手轮，使水准器处于水平，表示经纬仪在横向平面内处于水平。此后，使经纬仪逆向旋转90°，即恢复原位。再观察水准器的气泡是否处于原来调整好的水平位置，若有变动，可调整三角基座的另一个调整手轮，使水位器中气泡的误差值小于原来的1/2。再继续将经纬仪旋转90°，观察水准器的气泡，使其再次处于水平。经过这样反复调整，使经纬仪在水平面内任何位置时，都处于水平状态，即使转动经纬仪360°，水准器气泡也不变。

2. 望远镜管水平状态的调整

将换向手轮旋转在竖直位置上，旋转测微器手轮，将经纬仪读数微分尺放在零分零秒，观察读数目镜，用竖直水准器微动手轮调整水准管至水平状态。用望远镜微动手轮将经纬仪的望远镜管调整至水平位置。

第二十二章

安　全　运　行

第一节　提升机安全运行

一、提升系统速度图及其意义

提升系统运转时，提升速度及提升距离是随时间变化而变化的。用纵坐标表示速度v，用横坐标表示时间t，把提升速度和时间的变化关系用坐标图的方法表示出来，叫提升系统速度图。

通过速度图可以明了提升机的运行状况，掌握运动规律，了解提升系统的内在联系，以便于控制速度和加速度，使提升系统能够经济、安全地运行。

1. 立井罐笼提升系统速度图

图22 – 1为立井罐笼提升系统5个阶段速度图。

（1）加速阶段——提升机从速度为零开始启动，罐笼以加速度a_1进行加速运动，运行的时间为t_1，运行的高度为h_1。

（2）等速运行阶段——罐笼以最大速度v_m匀速运行，运行的时间为t_2，运行的高度为h_2，加速度$a_2 = 0$。

（3）减速运行阶段——罐笼减速运行的时间为t_3，运行的高度为h_3。

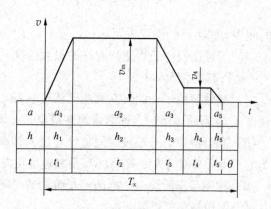

图22 – 1　立井罐笼提升速度图

（4）爬行阶段——为保证罐笼稳定、准确停车，提升机以低速v_4"爬行"，爬行加速度$a_4 = 0$，运行时间为t_4，运行的高度为h_4，爬行的高度和爬行速度可以参照表22 – 1选用。

（5）抱闸停车阶段——抱闸停车阶段的时间t_5很短，通常仅为1s左右，其行程也很小，可考虑包括在爬行高度内。

提升机通过以上5个阶段，完成了一次提升过程，提升的总高度为H。除此之外，还有停车休止阶段，在休止时间θ内，井口和井底罐笼进行装卸载。此后，又开始下一个工作循环。

表 22-1　罐笼和箕斗的爬行距离和爬行速度

容　器	爬行阶段	自动控制	手动控制
箕斗	距离 h_4/m	2.5～3.3	5.0
	速度 $v_4/(m \cdot s^{-1})$	0.5（定量装载），0.4（旧式装载设备）	
罐笼	距离 h_4/m	2.0～2.5	5.0
	速度 $v_4/(m \cdot s^{-1})$	0.4	

2. 立井箕斗提升系统速度图

图 22-2 为立井箕斗提升系统 6 个阶段速度图。

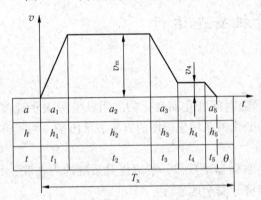

图 22-2　立井箕斗提升系统速度图

（1）初加速阶段——提升机由速度为零开始启动，由于井口箕斗还在卸载曲轨上运行，为减少对井架和卸载曲轨的冲击，提升机以较小的加速度 a_0 加速运行，并逐渐将速度升至允许的速度 v_0，即把箕斗离开卸载曲轨前的速度 v_0 控制在 1.5 m/s 以下，运行时间为 t_0，运行高度为卸载曲轨的高度 h_0。

（2）主加速阶段——此时井口箕斗已运行出卸载曲轨，提升机以较大的加速度 a_1 加速运行，将运行速度由 v_1 提高到 v_m，运行时间为 t_1，运行的高度为 h_1。

（3）等速阶段——当达到允许的最大速度 v_m 后，提升机以等速方式运行，运行时间为 t_2，运行高度为 h_2。

（4）减速阶段——此时空箕斗已接近装载点，重箕斗已接近井口，提升机以较大的减速度 a_3 进行减速运行，逐渐将速度降至 v_4，运行时间为 t_3，运行距离为 h_3。

（5）爬行阶段——这段时间重箕斗进入卸载曲轨运行，箕斗以低速 v_4 爬行，运行时间为 t_4，运行高度为 h_4，爬行的高度和速度可参照表 22-1 选用。

（6）抱闸停车阶段——抱闸停车阶段的时间 t_5 很短，通常仅为 1s 左右，其行程也很小，可考虑包括在爬行高度内。

图中的 θ 是表示停车休止时间，这段时间是井口箕斗卸载和井底箕斗装载所用的时间。

二、提升装置运行的安全装置及要求

提升装置必须装设安全装置，并符合下列要求：

（1）防过卷装置。当提升容器超过正常停车位置（或出车平台）0.5 m 时，必须自动断电，并能安全制动。

（2）防过速装置。当提升速度超过最大速度 15% 时，必须自动断电，并能安全制动。

（3）过负荷和欠压保护装置。在提升机的配电开关上设有过电流和欠电压保护装置，在过负荷或欠电压情况下使配电开关自动跳闸，切断提升机电源，并使保险闸发生作用。

（4）限速装置。提升速度超过 3 m/s 的提升机必须装设限速装置，以保证提升容器到达终端位置时的速度不超过 2 m/s。如果限速装置为凸轮板，其在一个提升行程内的旋转角度应不小于 270°。

（5）深度指示器失效保护装置。当指示器的传动系统发生断轴、脱销等故障时，能自动断电并安全制动。

（6）闸瓦过磨损保护装置。当闸瓦磨损超限时能报警或自动断电。

（7）减速功能保护装置。当提升容器到达设计减速位置时，该装置能示警并开始减速。

（8）松绳报警装置。缠绕式提升机必须设置松绳保护装置并接入安全回路，在钢丝绳松弛时能报警或自动断电。

（9）满仓保护装置。箕斗提升的井口煤仓应装设满仓保护装置，仓满时能报警或自动断电。

（10）在提升速度大于 3 m/s 的提升系统内，必须设防撞梁和托罐装置，防撞梁不得兼作他用。防撞梁必须能够挡住过卷后上升的容器；托罐装置必须能够将撞击梁后再下落的容器或配重托住，并保证其下落的距离不超过 0.5 m。

第二节　通风机经济运转

一、通风机的工况点

把矿井通风机的性能曲线与通风网路曲线用同一比例绘制在一个坐标系上，如图 22 – 3 所示，两条性能曲线的交点即为通风机的工况点，又叫工作点。由工况点可知通风机在工作时的风量、风压、功率和效率的大小。

矿井通风机在工作时，无论是通风机的性能曲线还是通风网路性能曲线发生变化，其工况点都会发生变化。

二、通风机并联工作

当单台通风机不能满足矿井通风要求时，可以采用多台并联工作。

1. 两台风机并联于中央通风系统

当矿井通风系统只能具备一个井筒作为总排风井，而且要求风量很大，一台风机满足不了要求时，可在同一井口安装两台主要通风机并联运转，以提高矿井的总风量，如图 22 – 4 所示。

两台风机并联的条件是两台通风机产生的风压相等，并等于克服网路阻力所需的风压。

2. 两台并联于对角式通风系统

如图 22 – 5 所示，两台风机并联于对角式通风是在矿井中比较常见的一种并联运转方式。它有共同的网路 OC 段，也有各自的网路 OA、OB 段。此时通过共同段网路的风量等于两台通风机风量之和。通过各分支网路的风量，分别等于各自通风机产生的风量。通风

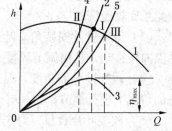

1—风压曲线；2、4、5—网路性能曲线；3—效率曲线

图 22 – 3　矿井通风机的工况点

机产生的风压等于克服各自分支网路阻力与共同段的网路阻力之和。

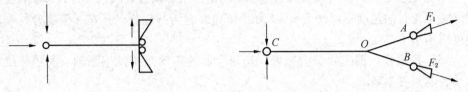

图22-4　两台风机并联于中央式通风系统　　　图22-5　两台风机并联于对角式通风系统

三、通风机性能的调节与经济运转

1. 调节通风机性能的原因

在矿井开采过程中，通风网路不断发生变化，如投产初期通风距离短，网路比较简单，通风阻力小，所需的风量也小；但随着巷道的延伸和产量的增加，通风距离增长，通风网路也越复杂，通风阻力增加，所需的风量也增大，这就要求通风机具有良好的调节性能，以满足通风要求。

2. 通风机性能的调节方法

通风机调节的本质就是改变通风机运转工况，因此可通过改变通风网路性能曲线或风机性能曲线的方式达到目的。常用的调节方法如下：

（1）闸门调节。闸门调节就是改变装在通风机进风巷道中的闸门的开启程度，使通风网路阻力发生变化，形成人为的网路性能曲线，使工况点移动，从而达到调节风量的目的。这种方法简单，调节准确，但不经济。

（2）改变通风机转速。当通风机转速改变时，通风机的性能曲线就要发生变化，因此可以人为地将通风机的运转工况调节到所需的工况。这种方法从理论上没有什么损失，因此是比较经济的。

（3）改变叶片安装角。叶片安装角变化，其 $Q-h$ 曲线也发生变化，使工况点沿网路性能曲线移动，从而调节风量。这种调节方法在轴流式通风机中用得最普遍。

（4）改变前导器角度。通过改变前导器的叶片角度来调节风量。该方法可以在不停机的情况下进行调节。

（5）改变叶片数目。对于轴流式通风机，可以对称地去掉部分叶片，改变通风机的性能曲线，调节工况。

3. 通风机经济运转

通风机必须昼夜运转，连续运行。通风机功率较大，所消耗的电量一般占矿井生产电耗的10%~25%，开展经济运转，可以节约大量能源。

为使通风机经济运转，可以从以下方面着手：

（1）根据矿井生产建设的发展，及时调节通风机的风量。

（2）采用先进合理的调节方法。

（3）改造更新老旧的通风机。

（4）提高矿井电网功率因数。

（5）加强维护，减少漏风，减少通风机各部件不必要的摩擦。

第六部分
高级矿井维修钳工技能要求

第二十三章

机 械 制 图

第一节 装配图的形式及内容

装配图是表示产品及其组成部分的连接、装配关系的图样，是生产中的重要技术文件。

一、装配图常见的形式

（1）在新设计或测绘装配体时，要求画出装配图，用来确定各零件的结构、形状、相对位置、工作原理、连接方式和传动路线等，以便在图上判别、校对各零件的结构是否合理，装配关系是否正确、可行等。这类装配图，要求把各零件的结构、形状尽可能表达完整，基本上能根据它画出各零件的零件图。

（2）当加工好的零件进行装配时，用来指导装配工作能顺利地进行的装配图。这种装配图着重表明各零件之间的相互位置及装配关系，而对每个零件的结构、对装配无关的尺寸，没有特别的要求。

（3）只表示机器安装关系及各部件之间相对位置的装配图。这种装配图只要求画出各部件的外形。

二、装配图的内容

（1）一组视图。用来表达装配体的结构、形状及装配关系。

（2）必要的尺寸。标注出表示装配体性能、规格及装配、检验、安装时所需的尺寸。

（3）技术要求。用符号或文字注写装配体在装配、试验、调整、使用时的要求、规则、说明等。

（4）零件的序号和明细表。组成装配体的每一个零件，按顺序编上序号，并在标题栏上方列出明细表，表中注明各种零件的名称、数量、材料等，以便于读图及进行生产准备工作。

（5）标题栏。注明装配体的名称、图号、比例以及责任者的签名和日期等。

第二节 装配图上的标注

一、装配图上的尺寸标注

装配图与零件图不同，不要求也不可能注上所有的尺寸，它只要求注出与装配体的装配、检验、安装或调试等有关的尺寸，一般有以下几种：

1. 特性尺寸

特性尺寸是表示装配体的性能、规格和特征的尺寸。

2. 装配尺寸

装配尺寸是表示装配体各零件之间装配关系的尺寸，通常有：

（1）配合尺寸。配合尺寸就是零件间有公差配合要求的尺寸。

（2）相对位置尺寸。零件在装配时，需要保证的相对位置的尺寸。

3. 外形尺寸

外形尺寸是装配体的外形轮廓尺寸，反映装配体的总长、总宽、总高。它是装配体在包装、运输、厂房设计时所需的依据。

4. 安装尺寸

安装尺寸是装配体安装在地基或其他机器上时所需的尺寸。

5. 其他重要尺寸

其他重要尺寸是在设计过程中，经计算或选定的重要尺寸。

上述 5 类尺寸，并非在每张装配图上都需注全，有时同一个尺寸可能有几种含义，因此在装配图上到底应标注哪些尺寸，需根据具体装配体分析而定。

二、技术要求的注写

由于不同装配体的性能、要求各不相同，因此其技术要求也不同。拟定技术要求时，一般可从以下几个方面来考虑：

（1）装配要求。装配体在装配过程中需注意的事项及装配后装配体所必须达到的要求，如准确度、装配间隙、润滑要求等。

（2）检验要求。装配体基本性能的检验、试验及操作时的要求。

（3）使用要求。对装配体的规格、参数及维护、保养、使用时的注意事项及要求。

装配图上的技术要求应根据装配体的具体情况而定，用文字注写在明细表上方或图样右下方的空白处。

三、装配图中零、部件的序号及明细表

装配图中所有零、部件都必须编号，并填写明细表，图中零、部件的序号应与明细表中的序号一致。

明细表可直接画在装配图标题栏上面，也可另列零、部件明细表，内容应包含零件的名称、材料及数量，这样有利于读图时对照查阅，并可根据明细表做好生产准备工作。

1. 零、部件序号的编排方法

（1）编写零、部件序号的通用表示方法有 3 种：在指引线的水平线（细实线）上或圆（细实线）内注写序号，序号字高比装配图中所注尺寸数字高度大一号（图 23 - 1a）；在指引线的水平线上或圆内注写序号，字高比图中尺寸数字高度大两号（图 23 - 1b）；在指引线附近注写序号，序号字高比图中尺寸数字高度大两号（图 23 - 1c）。同一装配图中编注序号的形式应一致。

（2）相同零、部件用一个序号，一般只标注一次。多处出现的相同的零、部件，必

要时可以重复标注。

（3）指引线应自所指部分的可见轮廓内引出，并在末端画一圆点，如图 23 - 1 所示。若所指部分内不便画圆点时（很薄的零件或涂黑的剖面），可在指引线的末端画出箭头，并指向该部分的轮廓，如图 23 - 2 所示。

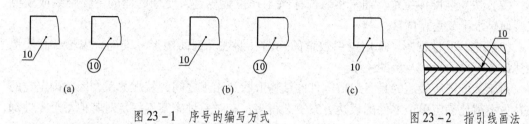

图 23 - 1　序号的编写方式　　　　　　图 23 - 2　指引线画法

（4）指引线互相不能相交，当通过剖面线的区域时，指引线不应与剖面线平行。必要时可画成折线，但只可曲折一次。一组紧固件以及装配关系清楚的零件组，可采用公共指引线，如图 23 - 3 所示。

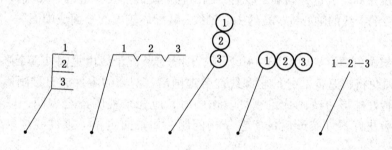

图 23 - 3　公共指引线

（5）装配图中序号应按水平或垂直方向排列整齐，编排时按顺时针或逆时针方向顺序排列，在整个图上无法连续时，可只在每个水平或垂直方向顺次排列。

2. 明细表

明细表不单独列出时，一般应画在装配图主标题栏的上方，格式及内容由各单位自行决定。

明细表序号应按零件序号顺序自下而上填写，以便发现有漏编零件时，可继续向上补填，为此，明细表最上面的边框线规定用细实线绘制。明细表也可以移一部分至标题栏左边。

第三节　装配图的画法

一、准备阶段

准备阶段是对现有资料进行整理、分析，进一步了解装配体的性能及结构特点，对装配图的完整形状做到心中有数。

二、确定表达方案

（1）决定主视图的方向。因装配体由许多零件装配而成，所以通常以最能反应装配体结构特点和较多地反映装配关系的一面作为画主视图的方向。

（2）决定装配体位置。通常将装配体按工作位置放置，使装配体的主要轴线或主要安装面呈水平或垂直位置。

（3）选择其他视图。选用较少数量的视图、剖视、剖面图形，准确、完整、简便地表达出各零件的形状及装配关系。

由于装配图所表达的是各组成零件的结构形状及相互之间的装配关系，因此确定它的表达方案就比确定单个零件的表达方案复杂得多，有时一种方案不一定对其他每个零件都合适，只有灵活地运用各种表达方法，认真研究，周密比较，才能把装配体表达得更完美。

三、画装配图的步骤

（1）定位布局。表达方案确定以后，画出各视图的主要基准线，如气阀中互相垂直、平行的 3 条装配干线的轴心线，孔的中心轴线，装配体较大的平面或端面等，如图 23 - 4a 所示。

（2）逐层画出图形。如图 23 - 4b 所示，围绕着装配干线由里向外逐个画出零件的图形，这样可避免将被遮盖部分的轮廓线徒劳地画出，剖开的零件应直接画成剖开后的形状，不要先画好外形再改画成剖视图。作图时，应几个视图配合着画，以提高绘图效率，同时应解决好零件装配时的工艺结构问题，如轴向定位、零件的接触表面及相互遮挡等。

（3）注出必要的尺寸及技术要求。

（4）校对、描深。

（5）编序号，填写明细表、标题栏，如图 23 - 4c 所示。

（6）检查全图、清洁、修饰图面。

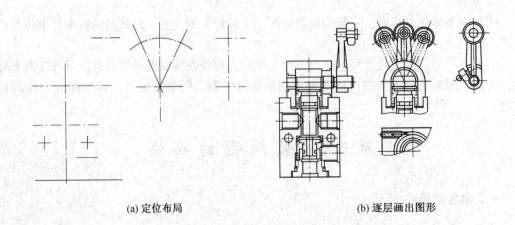

(a) 定位布局　　　　　　　　　　　　　(b) 逐层画出图形

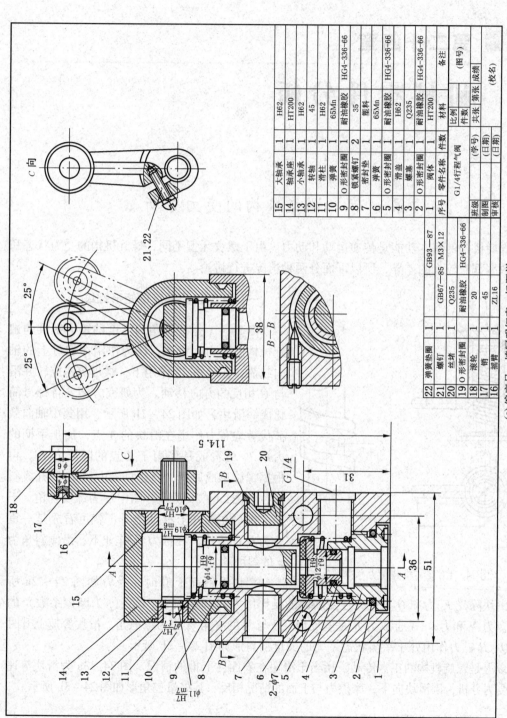

图 23－4 画装配图的步骤

(c) 编序号、填写明细表、标题栏

22	弹簧垫圈	1			
21	螺钉	1	GB67－85 M3×12		
20	丝堵	1	Q235		
19	O形密封圈	1	耐油橡胶	HG4-336-66	
18	滚轮	1	20		
17	销轴	1	45		
16	摇臂	1	ZL16		

序号	零件名称	件数	材料		备注

15	大轴承	1	H62		
14	轴承座	1	HT200		
13	小轴承	1	H62		
12	转轴	1	45		
11	滑柱	1	H62		
10	弹簧	1	65Mn		
9	O形密封圈	1	耐油橡胶	HG4-336-66	
8	锁紧螺钉	2	35		
7	密封垫	1	塑料		
6	弹簧	1	65Mn		
5	O形密封圈	1	耐油橡胶	HG4-336-66	
4	螺盖	1	H62		
3	滑盖	1	Q235		
2	O形密封圈	1	耐油橡胶	HG4-336-66	
1	阀体	1	HT200		

G1/4行程气阀		比例		共张 第张	成绩
					(图号)
					(校名)
班级	(学号)				
制图	(日期)				
审核	(日期)				

C 向

25° 25° 25°

38

B－B

21, 22

114.5

C

φ6

φ4

18

17

16

15

B 19

20

G1/4

31

36

51

A

14 13 12 11 10 9 8

B

7 6 5 4 3 2

φ10 F7

φ19 H7 f6

H9 f9

φ14 f9

H9 f9

φ12 f9

φ7 H7

φ11 H7 f7

2-φ7

第二十四章

机械零件分析

第一节　螺旋机构的受力分析

螺旋机构的基本功能是传递运动和动力。由于螺纹牙型不同，螺旋机构的受力状态和传动效率都有较大的差异，所以下面分两种情况进行讨论。

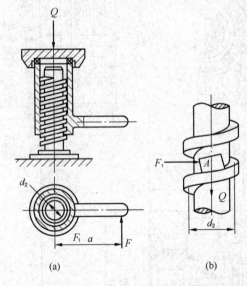

图 24-1　螺旋机构受力示意图

一、牙型角为零度的矩形螺纹

图 24-1 是牙型角为零度的矩形螺纹的螺旋机构的受力示意图。Q 为作用在螺母上的轴向载荷，在转矩 T_1 作用下，螺母等速旋转并沿与 Q 相反的方向移动。为研究方便，将螺母简化成一滑块，如图 24-1b 所示，用集中轴向载荷代替均布力作用在滑块的 A 点，加于手柄的力矩 T_1 可看成是作用于 A 点的圆周力 F_t。再根据螺旋形成原理，将螺杆沿中径 d_2 展开成斜面，如图 24-2a 所示，图中 φ 为螺纹升角。于是，螺母在螺杆上移动上升，就可看成是一重力为 Q 的滑块，在推力 F_t 作业下，沿倾斜角为 φ 的斜面移动。

滑块沿斜面上升时，受力如图 24-2a 所示。滑块除受 F_t 力和 Q 力外，还受斜面的反作用力 N 和摩擦力 $f \cdot N$（f 为摩擦系数）的作用。力 N 和力 $f \cdot N$ 合成为 R 是全反力。R 与 N 的夹角 ϕ 称为摩擦角。滑块等速上升时 F_t、Q、R 三力作用处于平衡状态，力的矢量三角形如图 24-2b 所示。

以上是螺旋机构的正常传动，相当于滑块在斜面往上推的情况。图 24-3a 为滑块等速下降受力分析，因滑块向下，摩擦力与上面的情况相反，其矢量三角形如图 24-3b 所示。

二、牙型角不为零度的螺纹

在螺旋机构中，以传递运动或传递动力为目的的多采用牙型角为 30° 的梯形螺纹，以调整位移为目的的多采用牙型角为 60° 的三角形螺纹。因为牙型角不为零度，受力分析变得复杂，较简便的方法是引入当量摩擦系数 f' 和当量摩擦角 φ'，然后利用牙型角为零度时的结论对其进行受力分析。

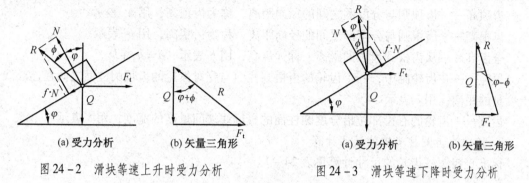

(a) 受力分析　　(b) 矢量三角形

图 24－2　滑块等速上升时受力分析

(a) 受力分析　　(b) 矢量三角形

图 24－3　滑块等速下降时受力分析

第二节　直齿圆柱齿轮尺寸计算及强度分析

一、齿轮的基本参数

在一个齿轮上，齿形角、齿数、模数、齿顶高系数和顶隙系数是决定齿轮形状的基本参数，也是几何尺寸计算的主要参数和依据。

上述的 5 个基本参数已知时，标准直齿圆柱齿轮的各部分尺寸便可进行计算。

二、标准直齿圆柱齿轮各部分名称及尺寸计算

1. 齿轮各部分名称及代号

图 24－4 所示为标准直齿圆柱齿轮，各部分名称如下：

分度圆——圆柱齿轮的分度圆柱面与端平面的交线，称为分度圆，其直径用 d 表示，半径用 r 表示。

齿距——在齿轮上，两个相邻而同侧的端面齿廓之间的分度圆弧长，称为端面齿距，简称齿距，用 P 表示。

基圆齿距——两个相邻而同侧的端面齿廓之间的基圆弧长，称为基圆齿距，用 p_b 表示。

齿厚——在圆柱齿轮的端平面上，一个齿的两侧齿廓之间的分度圆弧长，称为端面齿厚，简称齿厚，用 s 表示。

槽宽——在端平面上，一个齿槽的两侧齿廓之间的分度圆弧长，称为端面齿槽宽，简称槽宽，用 e 表示。

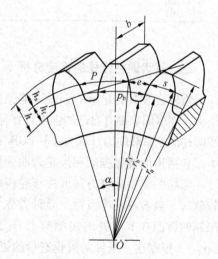

图 24－4　齿轮各部分名称及代号

齿顶圆——在圆柱齿轮上，其齿顶圆柱面与端平面的交线，称为齿顶圆，其直径用 d_a 表示，半径用 r_a 表示。

齿根圆——在圆柱齿轮上，其齿根圆柱面与端平面的交线，称为齿根圆，其直径用 d_f 表示，半径用 r_f 表示。

齿顶高——齿顶圆与分度圆之间的径向距离，称为齿顶高，用 h_a 表示。

齿根高——齿根圆与分度圆之间的径向距离，称为齿根高，用 h_f 表示。

全齿高——从齿根到齿顶的距离，称为齿高，用 h 表示，$h = h_a + h_f$。

顶隙——在齿轮副中，一个齿轮的齿根圆柱面与配对齿轮的齿顶圆柱面之间在连心线上度量的距离，用 c 表示。

齿宽——齿轮的有齿部位沿分度圆柱面的直母线之间量度的宽度，用 b 表示。

2. 标准直齿圆柱齿轮的尺寸计算

标准直齿圆柱齿轮的尺寸计算见表 24 - 1。

表24 - 1 标准直齿圆柱齿轮尺寸计算表

参 数	代 号	尺 寸 计 算 式
模 数	m	根据承载能力计算或结构需要确定，必须取标准值
齿 数	z	根据传动比和其他限制条件确定
齿形角	α	$\alpha = 20°$
齿顶高	h_a	$h_a = h_a m$
齿根高	h_f	$h_f = (h_a + c) m$
全齿高	h	$h = h_a + h_f = (2h_a + c) m$
分度圆直径	d	$d = mz$
节圆直径	d'	$d' = d$
齿顶圆直径	d_a	$d_a = (z + 2h_a) m$
齿根圆直径	d_f	$d_f = (z - 2h_a - 2c) m$
基圆直径	d_b	$d_b = d\cos\alpha$
中心距	a	$a = (d_1 + d_2) /2 = (z_1 + z_2) m/2$

三、直齿圆柱齿轮的强度分析

齿轮必须具有足够的强度才能保证在整个工作过程中不致失效。齿轮的强度计算方法很多，许多国家都有自己的强度计算标准。我国制定的齿轮承载能力计算的国家标准《渐开线圆柱齿轮承载能力计算方法》（GB/T 3480）、《锥齿轮承载能力计算方法》（GB/T 10062）中，包括齿面接触强度和齿轮弯曲强度两种校核计算方法。

齿轮的强度计算方法取决于轮齿的失效形式。在润滑良好的闭式齿轮传动中，当齿面较软时，最容易发生点蚀。点蚀首先发生在节点附近的下齿面上，为防止点蚀发生，就应限制两齿面在节点处的接触应力 σ_H，使之不超过材料的许用接触应力 $[\sigma_H]$，即 $\sigma_H \leqslant [\sigma_H]$，根据这一条件对齿轮进行的强度计算，称为齿面接触疲劳强度计算。在开式齿轮传动中，轮齿的主要失效形式是齿面磨损和轮齿折断，因目前尚无可靠的齿面抗磨损能力计算方法，故只进行齿根弯曲强度计算。具体方法是限制齿根圆角处的弯曲应力 σ_F，使之不超过轮齿材料的许用弯曲应力 $[\sigma_F]$，即 $\sigma_F \leqslant [\sigma_F]$（考虑到磨损的影响，在实践中，应将齿根计算弯曲应力值乘以磨损系数 1.5 后，再与许用应力值比较）。根据这一条件对齿轮进行的强度计算，称为齿根弯曲强度计算。

因齿轮的承载能力取决于齿轮的材料、尺寸、制造工艺和安装精度、热处理、润滑方法和冷却方法、圆周速度、工作温度及使用情况等多种因素，故齿轮的强度计算需考虑的因素较多，本书不作具体介绍。

第三节　轴的结构和强度计算

一、轴的结构

轴的结构应满足强度的需要，并要紧凑，且便于加工、测量、装配和维修。

1. 强度要求

（1）阶梯轴尽量做到等强度设计；轴上零件装配紧凑，以缩短轴的长度，但应注意转动零件不得与其他零件相碰。

（2）尽量避免悬臂设计，如确需采用悬臂结构，则应将悬臂长度减至最低程度，以减小弯曲应力。

（3）轴肩、轴环的变径处应加工成圆角过渡，以减小应力的集中。

（4）键槽不要开到圆角或过盈配合的边缘处，以避免过分的应力集中。

2. 装配工艺要求

（1）为保证轴上零件轴向固定可靠，与轮毂配合的轴段长度应略小于轮毂的长度，一般小于 2 ~ 3 mm。

（2）轴的配合部位直径应圆整为标准值，安装滚动轴承的轴径应圆整到与轴承内径一致的尺寸。

（3）为了便于轴上零件的装配，轴端应切制 45°（或 30°、60°）的倒角。为了便于导向和避免配合面的擦伤，过盈配合轴段的装入端应加工半锥角为 10°的装配导角。

二、轴的强度计算

轴的工作能力主要取决于轴的强度和刚度，高速转动的轴还应考虑稳定性。但对于长度不很长的传递动力的轴，一般能满足强度要求即可。

轴的强度计算大致可分为以下几大步骤：材料的选择；按扭矩初步计算轴径；确定轴的结构；画出轴的受力图和弯矩、扭矩图；按当量弯矩计算轴径。

第四节　键连接的受力分析

键连接属靠形状锁合的连接，不同的键受力情况不同，因此在强度校核前应分清键的受力情况。

1. 平键、半圆键受力分析

平键、半圆键属松键，其特点是靠侧面来传递转矩，在高度方向留有一定的间隙。因此，平键、半圆键的受力情况是侧面（工作面）受挤压力，同时又受到轴槽和轮毂键槽共同作用的剪切力。故平键、半圆键的主要失效形式为压溃和剪切。

2. 楔键受力分析

楔键属紧键，其特点是靠高度方向上（即轴的径向上）的压力产生的摩擦力来传递转矩，在宽度方向留有一定的间隙。因此，楔键的受力情况主要是上下面（工作面）受挤压力。

3. 切向键受力分析

切向键属紧键，其特点也是靠高度方向上的压力产生的摩擦力来传递转矩。因此，切向键的受力情况主要是上下面（工作面）受挤压力。

第五节　定轴轮系和行星轮系

一、定轴轮系

当轮系运转时，若各轮几何轴线的位置都是固定不变的，则称为定轴轮系，如图24-5所示。

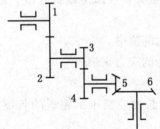

图24-5　定轴轮系

在讨论轮系时，把轮系中首末两轮角速度的比值称为轮系的传动比。在计算轮系的传动比时，除应确定其数值大小外，还应考虑主动轮和从动轮的转动方向。只有这样，才能完整地表达从动轮转速与主动轮转速之间的关系。因此，一对相啮合的圆柱齿轮，其传动比为

$$i_{12} = \frac{\omega_1}{\omega_2} = \frac{n_1}{n_2} = \pm \frac{z_2}{z_1} \qquad (24-1)$$

当两轮为外啮合时，两轮的转向相反，齿数比之前取负号；若两轮为内啮合时，两轮的转向相同，则在齿数比之前取正号。

定轴轮系的总传动比等于组成该轮系的各对齿轮传动比的连乘积，也等于轮系中所有从动轮齿数的连乘积与所有主动轮齿数连乘积之比。传动比的符号由轮系中所有外啮合齿轮的对数来确定。其传动比的通式可以写为下式

$$i_{1k} = \frac{n_1}{n_k} = (-1)^m \frac{z_2 z_4 z_6 \cdots z_k}{z_1 z_3 z_5 \cdots z_{k-1}} = (-1)^m \frac{\text{所有从动轮齿数的连乘积}}{\text{所有主动轮齿数的连乘积}} \qquad (24-2)$$

二、行星轮系（周转轮系）

轮系运转时，其中至少有一个齿轮的几何轴线是绕另一个齿轮的固定几何轴线转动的轮系，称为行星轮系。如图24-6所示，该轮系由外齿轮 a、g，内齿轮 b 和构件 H 组成。其中齿轮 a、b 及 H 均绕固定几何轴线 O_1 转动。齿轮 a 和 b 称为中心轮或太阳轮，H 称为行星架或系杆。而齿轮 g 除能绕自身的几何轴线 O_2 转动（自转）外，同时还随 O_2 绕固定轴线 O_1 转动（公转），齿轮 g 称为行星轮。

在行星轮系中，若有一个中心轮是不动的，则称为简单行星轮系；若两个中心轮均可转动，则称为差动轮系。通常

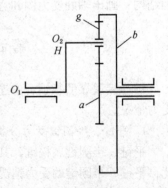

图24-6　行星轮系

将简单行星轮系和差动轮系统称为行星轮系。

行星轮系运转时，由于有一个转动着的行星架，使行星轮做既有自转又有公转的复合运动。因此，不能直接用定轴轮系传动比的计算公式计算其传动比，而应采用其他方法。下面介绍一种简单、常用的方法——机构转化法。

在行星轮系中，当行星架固定不动，即行星架的转速 n_H 为零时，行星轮系就变为定轴轮系，这时就可利用定轴轮系的有关公式计算其传动比。图 24-7 所示为一行星轮系，其中 a、b 为中心轮，g 为行星轮，H 为行星架。设各轮及行星架均做顺时针方向转动，转速分别为 n_a、n_b、n_g 及 n_H，现对整个行星轮系加上一个转速为（$-n_H$）的附加转动，则各构件间的相对运动关系仍保持不变，此时行星架 H 相对静止不动，中心轮 a 和 b 绕固定轴 O_1 转动，行星轮 g 绕定轴 O_2 转动，它们的转速分别为：$n_H^H = n_H - n_H = 0$，$n_a^H = n_a - n_H$，$n_b^H = n_b - n_H$，$n_g^H = n_g - n_H$，各构件的转速的右上方都带有角标 H，它表示这些转速是各构件对于行星架的相对转速。这样，经过附加一个（$-n_H$）后而得到的定轴轮系称为原行星轮系的转化机构。

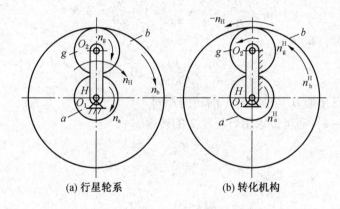

(a) 行星轮系   (b) 转化机构

图 24-7 行星轮系及其转化机构

显然，对于转化机构，就完全可以应用求定轴轮系传动比的概念和方法，列出转化机构中两中心轮 a 和 b 之间的传动比公式，即

$$i_{ab}^H = \frac{n_a^H}{n_b^H} = \frac{n_a - n_H}{n_b - n_H} = -\frac{z_b}{z_a} \tag{24-3}$$

式中 i_{ab}^H 为转化机构的传动比，即行星架相对静止时两中心轮之间的传动比。从上式可知，n_a、n_b、n_H 中若有两个值已知，便可求得第三个构件的角速度。

如果行星轮系中有一个中心轮固定，例如轮 b 固定时，因 $n_b = 0$，则由上式可得

$$\frac{n_a - n_H}{0 - n_H} = -\frac{z_b}{z_a}$$

等式右端化简得

$$-\frac{n_a}{n_H} + 1 = -\frac{z_b}{z_a}$$

即

$$i_{aH} = \frac{n_a}{n_H} = 1 + \frac{z_b}{z_a} \qquad (24-4)$$

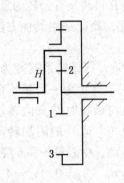

图 24-8　行星轮
系实例

式中的 i_{aH} 表示轮 b 固定时，轮 a 对行星架 H 的传动比，也即行星轮系的传动比。

应当指出，在上述推导过程中，各构件的附加转速（$-n_H$）与各构件原来的转速是代数相加的，故只适用于轮 a、b 和行星架 H 的轴线相互平行的场合。

【例】图 24-8 所示的行星轮系中，已知 $z_1 = 20$、$z_2 = 20$、$z_3 = 50$，中心轮 3 固定不动。试求：行星轮系传动比 i_{1H}；当中心轮 1 转速 $n_1 = 70$ r/min 时，行星架的转速 n_H。

解：因中心轮之一是固定的，所以它属于简单行星轮系。用机构转化法对轮系加上一个转速为（$-n_H$）的附加转动，由上式可得

$$i_{1H} = \frac{n_1}{n_H} = 1 + \frac{z_3}{z_1} = 1 + \frac{50}{20} = 3.5$$

当 $n_1 = 70$ r/min 时，有

$$n_H = \frac{n_1}{i_{1H}} = \frac{70}{3.5} = 20 \text{ r/min}$$

结果为正，说明行星架 H 与中心轮 1 的转向相同。

利用式（24-4）还可以求出行星轮 2 的转速 n_2：

$$\frac{n_1 - n_H}{n_2 - n_H} = -\frac{z_2}{z_1}$$

代入有关数据

$$\frac{70 - 20}{n_2 - 20} = -\frac{20}{20}$$

$$n_2 = -30 \text{ r/min}$$

负号表示行星轮 2 与中心轮 1 的转向相反。

第六节　滚动轴承的类型选择及失效形式

一、滚动轴承的类型选择

滚动轴承的类型主要根据轴承的特点和具体工作条件来进行选择。

1. 滚动体的选择

球轴承为点接触，承载能力比较低，抗冲击能力较差，但摩擦损失小，旋转精度高，极限转速高，价格便宜。滚子轴承为线接触，故摩擦损失较大，极限转速低，但承载能力、抗冲击能力较强。对载荷较小、转速较高，要求平稳运转或旋转精度高的工况应选用球轴承。而对载荷较大、转速较低，有冲击或振动的工况应选用滚子轴承。

2. 承载情况选择

承受纯径向载荷宜选用径向接触轴承，如"N"类圆柱滚子轴承。承受纯轴向载荷且转速不高时，宜选用轴向接触轴承，如"5"类推力球轴承。承受纯轴向载荷且转速较高时，则宜选用"7"类公称接触角较大的角接触球轴承。同时承受径向载荷和不大的轴向载荷时，宜选用"6"类深沟球轴承或"7"类公称接触角不大的角接触球轴承。若同时承受较大的径向载荷和轴向载荷时，宜选用"3"类公称接触角较大的圆锥滚子轴承。同时承受轴向载荷和不大的径向载荷时，宜选用公称接触角较大的角接触轴承或组合轴承（用承受轴向载荷和径向载荷的组合轴承）。

3. 调心性能的选择

当支承跨距较大或轴的刚度较低时，轴的弯曲变形大，则宜选用允许有较大偏位角的调心轴承，如"1"类调心球轴承和"2"类调心滚子轴承。

4. 刚度选择

滚子轴承的滚动体和滚道之间为线接触，接触面积大，弹性变形小。对刚度要求较高的工况，宜选用滚子轴承。

5. 安装空间选择

当轴承径向空间受限时，宜选用较小直径系列的轴承，如仍容纳不下，则可选用滚针轴承。当轴承轴向空间受限时，宜选用较小宽度系列的轴承。

6. 拆装要求选择

对需经常拆装或拆装困难的场合，宜选用内、外圈可以分离的轴承。

7. 经济因素选择

一般来说，普通结构的轴承比特殊结构的轴承价格低廉，球轴承比滚子轴承价格低廉，精度低的轴承比精度高的轴承价格低廉。

二、滚动轴承的失效形式

滚动轴承在运转过程中发生异常，如过热、异响、振动等，表明轴承可能已经失效。滚动轴承常见的失效形式有以下几种：

1. 疲劳点蚀

滚动轴承的疲劳点蚀如图 24-9 所示。以径向接触轴承为例，对其载荷分布进行分析，如图24-10所示。滚动轴承受载运动时，在径向载荷 F 的作用下，由于各点处的滚动体及内、外滚道的弹性变形使内圈沿载荷 F 方向下降的距离为 δ。这时上半部分的滚动体和滚道不受载荷，而下半部的滚动体和滚道随位置的不同承受大小不同的载荷（如图 24-10 中的 Q_1、Q_2、Q_{max} 等）。可见，随着轴承的不断转动，滚动体与内外轨道接触处产生脉冲循环变化的接触应力，当应力循环数达到一定值后，滚动体和滚道的表层下产生疲劳裂纹，并逐渐扩展到表面而在接触表面形成疲劳点蚀。

对于一般的轴承，疲劳点蚀是失效的主要形式，因此轴承应进行寿命计算，必要时还应做静强度校核。

2. 塑性变形

不转动或低速转动的轴承，在重载和冲击载荷的作用下，会使滚动体和滚道接触处的局部应力超过材料屈服极限，从而出现凹坑，即塑性变形。因此，对不转动、摆动或转速很低的轴承，塑性变形是主要的失效形式，应进行静强度计算并做寿命校核。

　　　　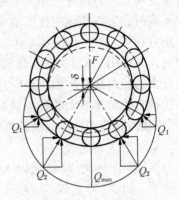

图 24-9　滚动轴承的疲劳点蚀　　　　图 24-10　滚动轴承的载荷分布

3. 磨损烧伤

高速运转的轴承由于摩擦发热或密封不良，会造成润滑情况恶化，易产生磨损或烧伤。因此对高速运转的轴承除应进行寿命计算外，还应进行极限转速的校核。

第二十五章

固定设备的维修及调试

第一节　提升机的维修及调试

一、提升机的维修

（一）提升机检修的有关规定

提升机的检修分小修、中修和大修，其检修周期和需用时间见表 25 − 1。

表 25 − 1　提升机检修周期和需用时间

提升机的规格	检修周期/月			检修需用时间/日		
	小修	中修	大修	小修	中修	大修
滚筒直径 3 m 以下	4	12	48	1	2	4
滚筒直径 3 m 及其以上	6	24	72	1	4	7

1. 小修

小修是对提升机的个别零件进行检修，基本上不拆卸复杂部分。具体要求如下：

（1）检查全部传动齿轮啮合、磨损、轴键配合及有无裂纹等情况，必要时调整间隙、更换齿轮。

（2）检查各部轴颈与轴瓦间隙，轴瓦磨损情况，必要时更换垫片。

（3）检查和清洗润滑系统各部件，处理漏油，更换润滑油，必要时更换密封件。

（4）检查、修理和更换制动系统有关主要零件，尤其是制动器闸块和销轴、盘形闸的闸瓦与弹簧，并进行清洗。

（5）检查和处理滚筒焊缝是否开裂，铆钉、螺钉、键等有无松动或变形，修理卷筒衬板（垫），必要时加固或更换。

（6）检查深度指示器和传动部件是否灵活准确，必要时进行调整处理。

（7）检查各种安全保护装置动作是否可靠，必要时重新调整。

（8）检查联轴器的销轴与胶圈磨损是否超限，内、外齿轮啮合间隙或蛇形弹簧磨损是否超限，必要时更换磨损零件。

（9）检查各连接部件、基础螺栓有无松动和损坏，必要时更换。

（10）进行钢丝绳的串绳、调头和更换工作。

（11）检查、修理、加固提升容器上各主要零件及有关卸载装置。

（12）检查和试验断绳防坠器，并更换磨损或损坏零件。

（13）检查和调整电气设备的继电器、接触器和控制线路等，必要时进行更换。

（14）检查日常维修不能处理的项目。

2. 中修

中修除包括全部小修的内容外，还要完成下列各项工作：

（1）更换各部轴承或对使用中轴瓦进行刮研处理。

（2）调整齿轮啮合间隙，或更换齿轮对。

（3）拆检制动系统的制动闸块、制动闸立柱及其底座销轴，盘形闸的闸瓦和弹簧，车削制动轮或制动盘。

（4）修理或更换滚筒木衬。

（5）清扫、调整和修理润滑系统、油压系统以及深度指示器装置。

（6）修理或更换天轮和天轮轴瓦，进行天轮的找正。

（7）修理或更换提升容器及连接装置。

（8）更换部分电控设备零件。

（9）检查或更换其他不能维持到中修间隔期，而小修又不能处理的零、部件。

3. 大修

大修除包括中修各项内容外，还要进行下列工作：

（1）修理或更换减速器的轴、齿轮、轴承，并重新进行调整。

（2）重新加固或更换滚筒。

（3）更换主轴瓦并抬起主轴检查下瓦，调整主轴水平。

（4）检测找正各轴间的水平度和平行度。

（5）修理或更换联轴器。

（6）修理或更换深度指示器各零、部件。

（7）彻底检查井架及附属部件，并进行除垢、除锈、涂漆工作。

（8）加固机座及基础。

（9）检修或更换主电动机及其他电控设备。

（二）提升机机械检修安全作业规定

（1）机械检修，必须有事前批准的施工报告。检修负责人必须把检修项目和施工措施向施工人员和司机交代清楚。

（2）检修前将原始状态下各拉杆长度、各部间隙、相对位置、各阀门开闭状态做好详细记录，或做好标记，以便于对照和恢复。

（3）检修闸瓦和制动系统时，两容器应空载，并提升至交锋处，将地锁锁死，断电后进行，一般情况下不准打开离合器施工。如需打开离合器施工时，制动系统必须保持良好状态，并应使游动滚筒上的容器在井上口位置。

（4）检修前要先检查好起重设施是否完好，确保起吊安全可靠。

（5）检修时所拆零、部件要按顺序放好，以免丢失。

（6）减速器、轴瓦、润滑泵站、蓄压器、油压站等检修后，要清洗干净，以免留有铁屑、砂粒、棉纱、工具或其他异物，造成事故。

（7）检修后的各间隙、行程、组件位置、密封等，要按规定和标准进行调整。各阀门要恢复到正常运行状态。

（8）检修后要按规定的润滑油标号及油位进行加油。

（9）检修完毕后要按规定要求进行空、重载试运行，无问题后，方可交付使用，并认真填写验收单。

（10）检修中要有专人负责检修记录，记录检修中的技术数据和发现的问题，并整理成资料，交档存放。

（三）提升机主要部件的修理

1. 滚筒常见问题及修理方法

1）滚筒在轴上窜动的修理

打紧切向键，固定住切向键的挡块，不得将挡块和切向键与轴焊成一体。

2）制动轮或制动盘磨损的修理

轻微的磨损可用砂轮及油石打光，磨损严重的在强度允许情况下可进行车削。

3）滚筒的修理

（1）滚筒塌腰变形的修理方法是：轻微的用千斤顶冷顶；严重的用千斤顶热顶。恢复原滚筒的形状后，再做两个半圆的支环（三角钢）用螺栓固定（或用电焊点焊）在滚筒内圆上，两个半圆支环的对口处，再加连接板用螺栓固定。

（2）滚筒裂纹的修理。滚筒裂纹一般发生在滚筒与辐轮连接螺栓孔处（在轴向出现裂纹）及滚筒本身搭接螺钉孔处（在径向出现裂纹）。其修理方法是：先找出裂纹端点，在裂纹端点钻孔（孔径要等于或稍大于筒壳的厚度），并在裂纹处铲出坡口，以备焊接。焊接时对焊缝采用分层分段焊接，先焊焊缝后堵孔。已产生裂纹的孔，补焊后再钻孔。

2. 盘式制动器蝶簧组的检查与更换

1）蝶簧组的检查

每年或经 5×10^5 次制动作用后，蝶簧组必须进行检查，以查明其刚度是否减弱或损坏，其方法是：

（1）精确调整每个制动器的闸瓦间隙，使其相同。

（2）降低油压，使制动器处于全制动状态。

（3）逐步向液压缸充入压力油，使液压缸内压力慢慢升高，记录闸瓦开始松开时的油压值。依次检查所有制动器。同一副闸瓦松开的油压差超过最大工作油压的 5% 时，应拆开在低压松开的那半个闸进行检查；各副之间，最高松开油压与最低松开油压差不得超过最大工作油压的 10%，否则应更换其中最低油压松闸的制动器中的一组蝶簧。

注意： 当进行此项工作时，应事先把滚筒（或主导轮）锁住。

2）蝶簧组的更换

装卸蝶簧组要使用专用工具，有压簧工具、螺母套筒扳手、尖嘴内外弹簧钳。拆卸蝶簧组之前必须先拆下液压组件。

（1）卸下弹簧组的步骤：将压簧工具压在弹簧垫上，套上连接螺栓并旋进压缩弹簧（弹簧卡圈松动即可），用外张尖嘴弹簧钳从槽中取出弹簧卡圈；缓慢旋出连接螺栓，取出压簧工具和卡圈；取出弹簧垫，用铁丝扒出弹簧（若是清洗而不是更换时，要把蝶簧组按原来组合用铁丝捆扎一起，以免弄乱）。

注意： 如发现任何弹簧有裂纹，则应立即更换。

（2）蝶簧组的装配：用充足的润滑脂润滑弹簧；装上蝶簧组和弹簧垫；按拆卸相反顺序进行装配。

注意： 弹簧卡圈一定要放入正确位置。把蝶簧组放入衬板筒体内时，要注意压簧相关位置，最外一片的大圆向外，应使弹簧内径不与筒体接触并保持其同轴度，外圆也要保持同轴度。

3. 提升钢丝绳的更换

1）换绳前的准备工作

（1）验收新绳。确定所使用的新绳后，领取新绳时应严格检查所供绳的结构、直径、长度是否符合所需要的要求，并索取该绳的出厂合格证和验收试验单，保证各项指标必须符合要求。

（2）倒绳。倒绳就是将新绳由厂家装绳的木轮上倒到换绳时用的木轮或铁轮上。倒绳时一方面可检查钢丝绳的质量，另一方面可丈量尺寸。

如图25-1所示，将绳轮1和准备缠新绳的木轮或铁轮2架好，两轮中间垫上木板，防止钢丝绳与地面接触损伤钢丝绳。将做好的绳环固定在木轮2上的外侧面，钢丝绳可搭放在木轮挡绳板的凹槽里，转动木轮2使钢丝绳缠绕在木轮的滚筒上，此时木轮1也随之转动。倒绳时边检查外观质量，边丈量尺寸，并力求准确。

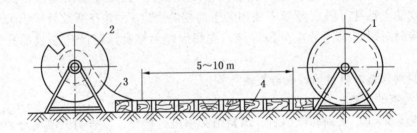

1—出厂装绳木轮；2—倒绳用木轮或铁轮；3—钢丝绳；4—木板

图25-1 倒绳示意图

将新绳倒好时，将绳尾固定好，然后再把已倒空的绳轮放在提升机房下出绳口20 m左右处架好，以便缠绕旧绳用。

2）双滚筒缠绕式提升机钢丝绳的更换

固定滚筒的换绳步骤如图25-2所示，具体操作如下：

（1）搪罐。将固定滚筒侧的提升容器乙提至井口出车位置，用工字钢搪好，或用绳扣将容器锁在井口的罐道梁上。

（2）打开离合器。在离合器未打开之前，先将游动滚筒用地锁锁牢，打开深度指示器传动轴的离合器，然后再进行打开离合器的操作。

（3）拆除绳环。将提升容器乙的绳环拆除，为防止绳环扭动，用棕绳将绳环系好拉至井口平地处，用铅丝在第一道绳卡上将提升绳捆扎好，以免气割时绳股松散。

（4）用旧绳将新绳带进机房。将气割后的旧绳头与新绳用绳卡或铅丝连接在一起，以检验绳的速度，转动提升机，将新绳绕过天轮带入机房，并临时把新绳头固定在机房内。

（5）拆除旧绳。启动提升机，把旧绳从机房下出绳口拉出，绕在事先准备好的木绳轮6上。剩最后两圈绳时停车，拆除旧绳根的绳卡，再继续开车把旧绳拉出。

（6）缠新绳。把新绳头穿入固定滚筒绳眼，到适当的位置用绳卡固定好，然后启动提升机转动，缠新绳。

（7）连接提升容器，合上离合器。将已做好的新绳环从木轮上取下，装在提升容器乙上，装好后即可稍微上提抽出搪罐梁。将容器乙提升一段距离以备钢丝绳伸

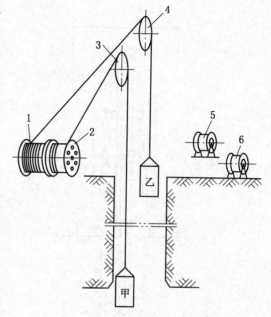

1—固定滚筒；2—活滚筒；3、4—天轮；
5、6—木绳轮；甲、乙—提升容器
图 25-2 双滚筒提升机换绳示意图

长（提升距离一般为井深的 0.4%）。进行离合器合上操作，同时把游动滚筒的地锁拆除和解除制动，准备试车。

（8）试车。先以慢速提升一次，无问题后方可全速提升 2～3 次，仍无问题，再重罐试验 8～10 次，以备新绳伸长后调绳。

（9）调整新绳。将一提升容器放在井下卸载位置，观看上口容器与卸载位置高差，若影响装卸载时则应打开离合器调绳。

游动滚筒的换绳方法与上述相似，所不同之处是离合器打开和离合多几次。

3）多绳摩擦式提升机钢丝绳的更换

（1）换绳前的准备。

① 清除钢丝绳表面油脂（如果钢丝绳出厂时注明绳表面所涂的防护油脂为戈培油或增摩脂则不要清洗）。清洗方法有柴油清洗或蒸汽清洗。

② 准备换绳设备、工具和材料。

③ 备好新绳，在换绳前根据换绳方案的要求，把已试验合格的绳缠到井口的专用慢速绞车或专用设备上，并把新绳头拉至机房内。

（2）换绳。

因多绳摩擦式提升机的绳数各异，所以一次更换绳的根数也不同。现介绍 4 绳提升机换绳的方法（一次换 4 根绳），如图 25-3 所示。

① 将 4 根新绳分别缠到慢速绞车6、7、8、9上，通过滑轮1、2、3、4、12、13把绳头拉至主导轮5以下暂时与工字梁固定好。将容器 a 用井口的起重小绞车10、11吊住，井下口的容器 b 用工字钢梁（搪罐梁20）搪牢。

② 将旧绳与转向接头18连接好（新绳头与转向头18事先连接好），气割旧绳（应连

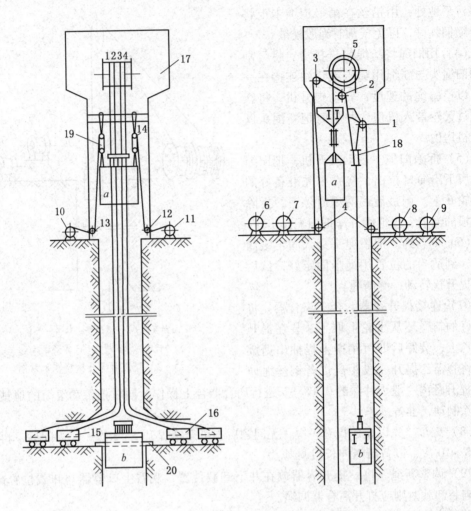

1、2、3、4、12、13—滑轮；6、7、8、9—慢速绞车；5—主导轮；10、11、—起重小绞车；14、19—滑轮组；
15、16—矿车；17—绞车房；18—转向接头；20—搪罐梁；a、b—提升容器
图25-3 四绳绞车一次换绳方法示意图

接一根割一根），待4根旧绳与4根新绳和转向接头全部连接好后，再气割井下容器的旧绳。

③ 组织好井下口辅助人员拉旧绳。待一切准备好，检查无误后开始放绳。启动慢速绞车以6 m/s的速度向井下放绳，井下口的辅助人员将旧绳盘在事先准备好的矿车15、16内。

④ 待新绳放完后，在井上口将新绳用绳卡临时固定在工字钢梁上。井下口拆除转向接头，并把新绳的绳头与容器连接好，再将井上口临时用绳卡固定的新绳绕过主导轮5后与容器a连接，待连接好后再拆除新绳的临时绳卡，拆除吊拉容器a的起重小绞车的滑轮组14和19；井下口将搪容器b的工字钢梁抽掉。

⑤ 检查绞车施工临时设施及工具是否全部收回、各钢丝绳与容器的连接是否有误，认准无问题后，启动提升机以验绳速度将容器a下放到与容器b交锋处，进行液压缸充油

调绳，将四绳的张力调均匀后，进行慢速运行检查绳的拉紧及伸缩，再将两容器运行至交锋位置停住，再进行一次四绳张力的微调，然后将液压缸螺母背死，准备正常提升即可。

4）更换钢丝绳时的注意事项

（1）更换钢丝绳是多人、多工种联合作业，必须事先做好组织工作。

（2）换绳前由专人检查施工所用的设备、工具、材料是否有不安全因素存在。

（3）搪梁要有一定的长度和强度。

（4）拆绳头时应注意将拉紧装置用棕绳拴好，使其随松绳慢慢倒下，以防止突然倒下伤人。

（5）连接新、旧绳卡一定要按要求上紧，分布均匀。

（6）从滚筒上向外出绳时，应设专人监视滚筒下部的松绳是否正常，防止打结，放绳速度应与木轮缠绳的速度一致。

（7）换新绳中应避免与其他硬物相碰撞。向滚筒上缠绕新绳时，出绳口应专人指挥。

（8）双滚筒提升机在打开离合器之前，应挂好地锁。

（9）换绳时一定要有规定的井上、下的联络信号；井上、下口严禁同时作业。

二、机器的调试

1. 液压站的调试

1）液压站的调试要求

（1）油压要稳定，即要求油压在 4 MPa 以上时，其波动值不大于 ±0.4 MPa；当油压 4 MPa 以下时，其波动值不大于 ±0.2 MPa。

（2）油压—电流特性在 0.5~4 MPa 之间应近似线性关系，而且随动性要好（即油压滞后电流的时间不大于 0.5 s），重复性要好（即对应于同一电流值的油压上升特性线与下降特性线上的油压值之差不大于 0.3 MPa）。

（3）在油压—电流特性曲线中，当电流为零时，其残压不应大于 0.5 MPa。

（4）在紧急制动时，液压站应具有良好的二级制动性能：①一级制动油压值应在油压 1~4 MPa 之间任意可调；②一级制动时间应在 10 s 内可调；③在一级制动延时 10 s 内，其一级制动油压下降值不大于 0.4 MPa。

2）液压站的调试过程

TY—D/S 液压站原理如图 25-4 所示，其调试过程如下：

（1）清洗油箱及有关管路及各个液压元件。

（2）将油箱注满规定的液压油后，按液压站的电控原理图进行正确接线。

（3）为了更好地试验液压站的各种性能（其中包括渗漏现象），故应在 6.5 MPa 的油压条件下对液压站进行试验。

（4）工作制动部分的调试应在二级制动安全阀 G_3、G_3' 通电的情况下，作如下调整。

① 拧松溢流阀手把，启动液压泵电机，用手将电液调压装置的控制杆轻轻下压，此时观察油压表的读数，若油压未达到 6.5 MPa，可以旋拧调压装置中溢流阀的手把，直到使油压上升到 6.5 MPa。

② 使电液调压装置线圈电流为零，改变控制杆的上、下位置，调整制动系统的最小

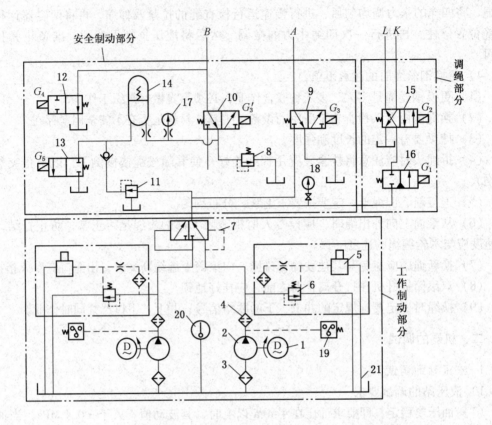

1—电动机；2—叶片泵；3—网式滤油器；4—纸质滤油器；5—电液调压装置；6—溢流阀；
7—液动换向阀；8—溢流阀；9、10—安全制动阀；11—减压阀；12—电磁阀（断电通）；
13—电磁阀（有电通）；14—弹簧蓄能器；15—二位四通阀；16—二位二通阀；
17、18—压力表；19—压力继电器；20—电接触压力温度计；21—油箱

图 25-4 TY—D/S 液压站原理图

残压值，使残压不大于 0.5 MPa。

③ 调整液压站的油压达到最大工作油压时，注意记录电液调压装置动线圈所对应的电流值 I_x，I_x 即为实际使用的电流值（一般 $I_x \le 250$ mA）。根据此 I_x 值调整电控装置，使操纵台左手制动手把在全行程范围内移动，当电流在 10 mA ~ I_x 之间变动时，注意观察油压波动原因、跟随性、重复性、有无较大噪声等。在以上性能均能满足使用要求的条件下则可进行另一套工作制动部分的调试，调试过程同上。

（5）安全制动部分的调试。

① 将电磁阀 G_3、G_3'、G_4 通电，A 管、B 管的制动器通入高压油，观察压力表是否达到 6.5 MPa 及各阀之间是否有渗漏油现象，并观察盘形制动器动作情况。

② 调节减压阀 11 和溢流阀 8，使弹簧蓄能器的油压分别为 5 MPa、4 MPa、3 MPa、2 MPa、1.5 MPa 等。在这些油压状态下，使电磁阀 G_3、G_3' 断电，并通过调整电气部分的延继电器，使电磁阀 G_4、G_5 在不同的时间内，分别延时断电使油路通和延时通电使油路通，使 B 管的盘形制动器油压降为零，达到全制动状态。

③ 一级制动油压值靠减压阀 11 和溢流阀 8 共同调定，一级制动延时时间由电控部分的延时继电器调定。

④ 做二级安全制动试验，观察弹簧蓄能器 14 的动作情况，若发现动作不灵活或有卡紧现象，应拆开及时调整。

⑤ 各电磁阀接线时，应严格按液压站的电控原理图进行接线，并要特别注意各阀的铭牌，严禁将交流阀与直流阀接错，以免烧坏电磁铁。

（6）将双滚筒提升机调绳离合器的调试控制离合器动作的阀块装配在安全制动装置阀块组的最上面。在现场调试时，将操纵台上的电气转换开关扳到离开位置，使电磁阀 G_1、G_2 通电，此时高压油可通过电磁阀 G_1、G_2 进入调绳装置的离开腔。若电磁阀 G_2 断电，则高压油可通过电磁阀 G_1、G_2 进入合上腔。据此原理，在离合器出油口处观察出油情况，即可确定调绳装置的合上腔和离开腔。但要注意离合器的"离合"调试，须在主轴装置调完后方可进行。

（7）为了确保液压站在运行过程中的安全可靠，各阀的动作必须满足以下连锁要求。

① 进行安全制动时，电磁阀 G_3、G_3' 应断电，电液调压装置上的动线圈也应断电，电磁阀 G_4 延时断电，G_5 延时给电，以保证二级安全制动特性。但当提升容器运行到井口时，G_4 应立即断电，没有延时要求。

② 解除安全制动时，当电液调压装置动线圈的电流为零，才允许电磁阀 G_3、G_3' 通电，以保证提升机必须是在工作制动状态上，方可解除安全制动。

③ 液压泵电机在斜面操纵台上必须有单独停启开关，在正常工作时，该电机一直运转。

④ 由于长期使用，使纸质滤油器被堵，油压升到一定数值时，压力继电器 19 必须动作，切断液压泵电机的电源，使液压泵停转。

⑤ 电接触压力温度计 20 上限触点闭合后不必按安全制动处理，但第二次提升时主电动机不能通电。

⑥ 双滚筒提升机的液压站在调节绳长时，有如下联锁要求。

a. 如需调节水平时，司机必须将操纵台上的转换开关扳到离开位置（允许 G_1 通电），此时电磁阀 G_3、G_3'、G_4、G_5 均应断电。

b. 使电磁阀 G_1 带电后，油压将进入离合器的离开腔，外齿轮向外移动，此时 G_3、G_3'、G_4、G_5 不准通电，直到离合器完全离开行程开关被外齿轮碰合并发出离合器全部离开的信号时，才允许 G_3 通电，并将 G_1 断电。

c. 保持 G_3'、G_4、G_5 断电，使 G_3 通电，固定滚筒解除安全制动，此时司机可操作固定滚筒进行调绳。

d. 调绳完毕后，使 G_1 通电，G_3、G_3'、G_4、G_5 断电，使 G_2 也断电，则压力油进入离合器的合上腔，使离合器的外齿轮向合上方向移动，直至离合器全部合上，将转换开关扳到正常位置，此时解除全部调绳连锁。

2. 盘形制动器的调试

（1）闸瓦返回用的两个圆柱弹簧调整在松闸时能达到迅速拉回闸瓦即可，弹簧预压力不宜调得过大，以免影响制动力矩。当闸瓦磨损到一定尺寸后，在制动时圆柱弹簧全部压死，丧失全部制动力矩，因此在安装、检修或更换闸瓦而需调整闸瓦间隙时，必须相应调整两个圆柱弹簧。

（2）闸瓦磨损开关应调到闸瓦磨损 2 mm 时，开关动作，发出信号通知司机（在负荷试车前调整）。

（3）液压站和斜面操纵台与电控进行联合调试，应达到如下的要求：

① 制动手把在全抱闸位置时，斜面操纵台上的毫安表读数应接近"零"。制动液压缸压力表残压 $P \leqslant 0.5$ MPa。

② 制动手把在全松闸位置时，记录毫安表电流值 I_{mA1}，制动液压缸应为最大工作油压值 P_x。

③ 制动手把在中间位置时，毫安表读数应近似为 $I_{mA1}/2$，而油压值应近似为 $P_x/2$。根据 I_{mA1} 调整控制屏上的电阻，保证自整角机转角为手把全行程，要尽量减少手把空行程。

④ 测定制动特性曲线应近似为直线，即电流和油压应近似为正比关系。方法为：制动手把由全抱闸位置到全松闸位置分若干等距级数（一般可分 15 级左右），手把每推动一级，记录毫安表电流值和油压值，手把从全制动位置逐级推到全松闸位置和手把由全松闸位置逐级拉回到全制动位置，各做 3 次。将记录的电流和油压值作出特性曲线，作为整定其他部分的依据。

最后调整制动器闸瓦间隙，并确定闸瓦贴闸时的油压值和电流值，将确定后的贴闸电流和全松闸、全抱闸时的电流值作为初步整定电控的依据。最终整定值要到负荷试车阶段才能确定，因负荷试验时最大工作油压值还要调整，因此电流值也要改变。

3. 深度指示器的调试

1）圆盘式深度指示器的调试

（1）在深度指示器传动装置装到基础之前，首先将限速装置与限速板和减速行程开关进行粗调，因这部分调整工作量较大，如装到基础后，由于该位置比较狭窄，离地面低，调整费力费时，影响调试工作的效率，所以在就位前首先进行粗调，待传动装置就位后再进行精调。

（2）深度指示器在现场拆卸清洗后，应保证装配的正确，用手轻轻捻拨应转动灵活，然后接入传动装置上的发送自整角机进行联合试转，粗精针运转应平稳，并在任何位置上均能准确停止，无前冲、卡阻、别劲和震摆现象。

（3）碰板装置上的减速碰板应转动灵活，不应有卡阻现象，小轴上的两个螺母需拼紧，以免松脱。

（4）减速和过卷用的行程开关在安装时，其滚子中心须对圆盘回转中心，否则碰压开关时，会增加阻力，造成开关走动而失灵。

2）牌坊式深度指示器的调试

（1）传动轴的安装与调整应保证齿轮啮合良好。

（2）指针行程应为标尺全长的 2/3 以上，传动装置应灵活可靠，指针移动时不得与标尺相碰。

（3）装配丝杆时，应检查丝杆的不直度，其不直度在全长上不得大于 1 mm。

三、提升设备的试运转

以 JK 型提升机为例说明提升机的试运转。

1. 试运行前的清洗及准备

（1）清扫提升机房内的一切脏物，清扫和擦净落入设备上的灰尘和油污。

（2）复查各部螺栓，装齐各保护罩及安全栏杆，并要认真地对下列项目进行检查和试验：电气控制设备调整及试验；司机台的操纵系统试操作；各种仪表试验。

（3）向各部油箱及液压泵内注油。主减速器油箱注入 60 号，70 号或 90 号机械油，注油量标准为油标尺刻度的中间位置。液压站油箱注入 20 号机械油，注油量为视油镜的 2/3 位置。主电动机轴承箱内（滑动轴承）注入 20 号机械油，注油量为视油镜的 2/3 位置；如是滚动轴承要注入 3 号钙基润滑脂，注油量为油室的 2/3。各联轴器注入石墨润滑脂（或 2 号合成钙基润滑脂）。

2. 空负荷试运转（不挂钢丝绳和容器）

（1）空车试车前，须将圆盘式深度指示器传动装置上的碰块和限速凸轮板取下，以免碰坏减速开关、过卷开关和限速自整角机装置。或将牌坊式深度指示器的联轴器分开，以免损坏丝杠、丝杠螺母及其他零部件和开关。

（2）试验调绳离合器。首先轮齿要润滑良好，然后用 1 MPa 油压试验 3 次，应能顺利脱开和合上。再用 2 MPa、3 MPa、4 MPa 的油压各试验 3 次，均能顺利脱开和合上，脱开和合上时间应在 10 s 内完成，行程为 60 mm。试验时各密封处不准有漏油现象。

（3）闸住游动滚筒将离合器打开，正反方向各运转 5 min，连续运转 3 次，用温度计测试游动滚筒的铜瓦和铜衬套温度，其温升不大于 20 ℃。

（4）盘形闸与闸盘的接触面积必须大于 60%，紧急制动空行程时间不超过 0.5 s，松闸时间越快越好（一般不超过 5 s）。在施闸运转中注意闸盘温度不许超过 100 ℃。闸瓦贴磨方法如下：

① 贴磨前先将闸瓦用热肥皂水清洗干净。

② 预测贴闸当时的油压值。

③ 预测各闸瓦（加衬板）的厚度。

④ 启动提升机进行贴磨运转，贴磨正压力一般不宜过大，比略贴闸皮时的油压低 0.2～0.4 MPa,并随时注意闸瓦温度，超温时应停止贴磨，待冷却后再运转，以免损坏制动盘光洁度。闸瓦接触面积达到要求后，停止贴磨，并应重新将闸瓦间隙按规定调整好。

（5）提升机各部经调整合适后，即可进行空车试运转。连续全速正反转各 4 小时，主轴装置运转应平稳，主轴承温升不超过 20 ℃。减速器运转应平稳，不得有异响或周期性冲击声，各轴承温升不超过 20 ℃。全面检查提升机各部件，发现问题，及时排除。

（6）调试深度指示器的指示正确性，检查试验过速、减速、过卷等信号的正确性和准确性，并检查斜面操纵台两操纵手柄的连锁作用。

3. 负荷试运转

（1）提升机各部件空负荷试运转合格后，在已安装好的天轮上，按施工规范将钢丝绳及提升容器（箕斗或罐笼）挂上。打开滚筒离合器，调整钢丝绳长度，将两个容器的停车水平调整到合适位置。同时相应地将深度指示器作出减速、停车等有关标记，并调整深度指示器传动装置上的碰板、减速开关、过卷开关的位置。

（2）在挂好钢丝绳及提升容器并经多次往复试运行及调整完毕后，要进行加载荷试验。载荷应逐级增加，一般分为 3 级，1/3F、2/3F、F（满负荷），前两级负荷运转时间为正反转各 4 小时，满负荷运转时间为 24 小时。当加载到 $2/3F$ 试车后，应检查主减速器的齿面接触精度，达到要求才可进行满负荷试车。在满负荷试车时应检查各部件有无残余变形或其他缺陷。在进行各级负荷试验时，应将液压站的工作油压调整到额定压力值（6.5 MPa）。

（3）在负荷试验时应着重检查下列各项：

① 工作制动可调性能是否满足使用要求。

② 安全制动的减速度应满足规定要求。

③ 各连锁装置的可靠性。

④ 主轴及主减速器各轴承的温升情况、液压站的油温温升情况。液压站的油压值是否为 6.5 MPa。

⑤ 检查润滑油站工作情况。检查润滑油的压力值应保持 0.1～0.2 MPa，如不合规定值时，可拧动齿轮液压泵的油压调节螺栓，使其达到要求值。

⑥ 检查各部件运转声音是否正常。

⑦ 经常检查各轴承的供油指示器滴油情况，如不合要求可拧动供油指示器上端的横把进行调整。

⑧ 经常检查电动机的滑动轴承油环的带油情况。

在负荷试运转中，对上述的各检查部位，应设专人定期检查，当发现问题时，应立即停车进行检修调整，使其达到质量标准的规定。在试运转中应将检查及处理情况做好记录。

4. 设备的涂漆

当提升机负荷试运转合格后，将机械的各部油污擦抹干净，然后对机械进行涂漆。通常机房设备涂灰色、进油管涂红色、制动油管涂绿色。

第二节　通风机的试运转

一、轴流式通风机试运转

1. 试运转前的准备工作

（1）调整风门开启和关闭位置及钢丝绳的松紧程度。

（2）将工作轮叶片转到零度位置。

（3）检查并拧紧各部连接螺栓及基础螺栓。

（4）风门绞车的传动装置注入机械油，电动机的滚动轴承注入润滑脂，同步电动机的滑动轴承注入 20 号机械油。

（5）打开检查门，清除机内及风筒间的杂物，然后进行人工盘车，检查转子转动是否灵活。

（6）电动机空转试验，检查电动机旋转方向是否正确。

2. 通风机的试运转

（1）试验风门和风门绞车的运行状况，检查转动是否灵活可靠，风门与风道是否严密，行程开关动作是否灵敏。

（2）打开进风门，关闭反风门，使工作轮叶片在零度位置时进行空运转。在试运转时要注意以下几点：

① 试车人员应到流线体内部和芯筒内部，仔细观察工作轮转子部分的振动情况、各组轴承的温升情况。

② 空运转 5 min 后，停车进行全面检查。

③ 经检查，如各部件正常，再运转半小时后，再次停机检查。

④ 初步试车往往会发现轴承温升较快、温度较高的情况，这是因为轴承运转中有个跑合的过程，在试车中温度只要在 60 ℃以下，就不要轻易停车。在正常情况下继续运转，轴承经过跑合后，轴承温度就会逐渐下降。如果试车期间再更换一两次润滑油，温度的下降会更加明显。

⑤ 工作轮叶片在"0"位置时试车很重要，如在"0"位置试车正常，那么在工作轮叶片转角度后试车一般说来也是正常的。

（3）空负荷试运转一般为 4 h，负荷运转为 48 h。

（4）在试运转工作中要注意经常检查下列几个部位：

① 每隔 20 min 要检查电动机、通风机轴承等部件的温度，并做好记录。

② 如电动机为滑动轴承，应注意油圈的转动和带油情况。

③ 随时注意机体各部位振动情况，并注意扩散器等部位有无漏风现象。

二、离心式通风机试运转

（1）试运转前要盘车检查，在轴承上注入 3 号钙基润滑脂，当通风机启动时，如发现有敲击声或机壳与叶轮有摩擦时，应停止运转，消除故障。

（2）通风机第一次试运转 5 min 后，即使没有发现异常问题也应停车进行全面检查。经检查无异常情况后，进行第二次运转，运转 1 h 后，再停车检查。第三次运转 8 h，经检查确无异常情况后，即可带负荷运转。运转正常，即可交付生产使用。

三、通风机和电动机的转速测定

通风机与电动机直接联动时，应测定电动机的转速。如果用胶带传动，应分别测定通风机和电动机的转速。实际转速可用转速表直接测量或采用闪影法测量。

第三节 离心式水泵的维修及调试

一、中修

中修一般每半年进行一次，检修内容除小修内容外，还应检查、修理或更换叶轮、导翼、大小密封环、平衡盘、平衡环，以及轴承、各类阀。检修或更换不能坚持使用到下一次中修的零、部件。

二、大修

大修一般每年进行一次，检修内容除中修内容外，要全部进行分解、清洗，更换磨损或腐蚀不能再用的零、部件；必要时应对泵体进行修理、对机座进行调整和更换轴。大修后应进行水压试验，安装后还要进行技术测定。对每次的大、中、小修均应做好检修记录，并摘要记入技术档案中。

大、中修间隔期要视水泵具体条件确定，如水质、运行时间长短等，间隔期允许有所不同。

三、叶轮中心距的测量

叶轮中心距可用钢直尺和游标卡尺进行测量，其中心距等于中段泵片厚度，也等于叶轮毂宽度加上叶轮挡套长度。各叶轮排水口中心的节距允许差为 ±0.5 mm，各级节距总和的允差不大于 ±1 mm。调整时以每个中段泵片厚度为准，间距大的，需切短叶轮挡套长度，间距小的，可加垫。

四、径向间隙的测量和调整

间隙值是通过测量内、外径的实际尺寸计算而得到的。其测量方法是：用千分尺或游标卡尺测量每个叶轮入水口外径、叶轮挡套外径、平衡盘尾套外径；相对应地测量吸水段密封环内径，每个中段密封环内径、导向套内径和排水段平衡套内径。每个零件要对称地测量两次，取其平均值，然后计算出实际间隙，与表 25-2 中数值进行比较。若密封环内径与叶轮入口处外径配合间隙小，应车削叶轮入口处外径；间隙大则重新配制密封环。导向器套与叶轮挡套配合间隙小，应车削叶轮挡套外径；间隙大，重新配制叶轮挡套。平衡盘尾套与平衡套配合间隙为 0.2~0.6 mm，若间隙小，应车削平衡盘尾套外径；间隙大，应重新配制平衡套。

表 25-2　密封环、导向器套配合间隙（半径方向）　　　　　mm

密封环与导向器套内径	80~120	120~150	150~180	180~220	220~260	260~290	290~320
装配间隙	0.15~0.22	0.175~0.225	0.200~0.280	0.225~0.315	0.250~0.340	0.250~0.350	0.275~0.375
最大磨损间隙	0.44	0.51	0.56	0.63	0.68	0.70	0.75

五、平衡盘与平衡环间隙的调整

当水泵装到排水段后，在看不到水泵内部的情况下，为了使叶轮 4 出水口与导向器 5 进水口的中心线对中的同时，使平衡盘 2 与平衡环 3 之间保持正常出水间隙 y 的调整工作，叫作平衡盘间隙调整如图 25-5 所示。正常的工作间隙 y 在 0.5~1 mm 之间，具体数值查阅说明书。

调整工作的步骤：

（1）将水泵由吸水段 7 向右装配到排水段。在装配平衡盘之前，首先将水泵轴向左推到极限位置，这时以水泵左端吸水段端面 A 面为基准，用钢直尺紧靠 A 面在轴上划一标记 a，然后向右拉动水泵轴到极限位置，再以 A 面为基准，在水泵轴上划出标记 b，则

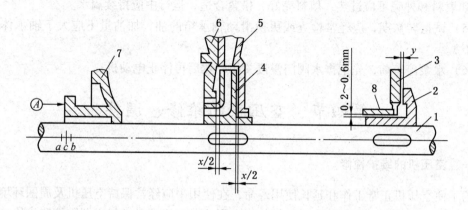

1—水泵轴；2—平衡盘；3—平衡环；4—叶轮；5—导向器；6—中段；7—吸水段；8—平衡套

图 25-5　平衡盘与平衡环间隙的调整示意图

标记 a 与 b 的距离为水泵转子的轴向总窜动量 x。

（2）在标记 a 与 b 的中间位置划一标记 c。如果标记 c 与平面 A 轴向对准，则叶轮出水口的中心线与导向器进水口中心线相重合，叶轮左、右两侧面分别具有轴向间隙 $x/2$。

（3）在水泵轴的右端装配平衡盘后，向左推动水泵轴，使平衡盘与平衡环相互接触，在轴上作一新的标记。量取新标记与 a 的距离应为 $x/2 + y = (1 \sim 4)$ mm。如果这一距离不符合要求，通过改变平衡盘尾套长度进行调整，间隙小，在末段叶轮与平衡盘尾套间加垫；间隙大，切短平衡盘尾套。

六、水泵试运转

1. 试运转前的准备工作

（1）清除机组附近有碍运转的任何物体。

（2）电动机检查：检查电动机的绕组绝缘电阻，并要盘车检查转子转动是否灵活。

（3）检查填料装置的松紧程度，并加足润滑油。

（4）检查各阀门是否灵活可靠。

（5）电动机空转试验，检查电动机的旋转方向。

2. 试运转

（1）装上并拧紧联轴器的连接螺栓。

（2）用手转动联轴器，判明有无卡阻现象，检查后可向泵内灌注引水，关闭放气阀。

（3）关闭排水阀门，启动电动机，当电动机达到额定转数时，再逐渐打开排水阀门，向管路供水，以免水泵发热。在阀门关闭的情况下，运转时间不得超过 3 min。

（4）水泵机组运转正常标志如下：

① 运转平稳、均匀，声音正常。

② 当排水阀门开到一定程度时，压力表指针应指示正常，不应有较大波动。

③ 排水流量应均匀、无间歇现象。

④ 滑动轴承的温度不应超过 60 ℃，滚动轴承的温度不应超过 70 ℃。

⑤ 填料和外壳不应过热，填料完好，松紧合适，运行中应持续滴水。

（5）试运转初期，应经常检查或更换滑动轴承箱的油，加油量不应大于轴承体内空间的 2/3。

（6）水泵停车前，先把排水阀门慢慢关闭，然后再停止电动机。

第四节 空压机的维修、调整

一、空压机的维护检修

为了使空压机正常工作和延长使用寿命，在使用中应经常保持空压机及周围环境的清洁，严格遵守操作规程。发现故障及时处理，同时对定检项目进行定期维护和检修。

1. 空压机工作 50 h

（1）检查机身内的油面。

（2）清洗润滑过滤器芯子。

2. 空压机工作 300～500 h

（1）清洗吸、排气阀，检查阀片和阀座的密封性。

（2）检查安全阀、修复阀上轻微伤痕，检查安全阀弹簧是否回缩。

（3）检查和清洗滤风器。

3. 空压机工作 2000 h

（1）清洗油池、油路、液压泵，更换新油。

（2）清洗注油器系统、并检查油路各止回阀的严密性。

（3）吹洗油、气管路，校正压力表，检查安全阀的灵活度。

（4）检查填料部件磨损情况，检查并清洗活塞、活塞环。

（5）拆洗压力调节器并重新校正。

（6）检查连杆大、小头瓦和十字头各摩擦面磨损情况。

4. 空压机工作 4000～5000 h

（1）拆洗曲轴及轴承并检查其精度、粗糙度，根据实际情况修复或更换。

（2）清洗排气管、冷却器并进行水压试验。

（3）检查十字头与机身滑动间的间隙和粗糙度，根据情况进行修复。

5. 空压机工作 8000 h

（1）分解气缸，清除油垢焦渣。

（2）用苛性苏打水溶液清洗气缸水套内水垢和冷却器水管中的积垢。

（3）清洗并组装气缸后进行试验，试验按工作压力的 1.5 倍计算。

（4）其余检查同前各项。

二、中修

中修一般需全部拆卸、清洗、检查、修理和更换磨损件。20 m^3/min 以下的空压机中修周期为 1 年，40 m^3/min 以上的空压机中修周期为两年，移动式空压机中修周期为半年。中修内容除小修内容外，还有：

（1）检查、更换气阀有关零件和活塞环以及轴瓦。

（2）酸洗气缸冷却水套。

（3）调整与修理十字头与滑板的间隙和接触情况。

（4）检查、修理与更换中间冷却器水管。

（5）彻底检查与修理润滑系统，更换润滑油。

三、大修

大修的目的是完全恢复设备性能，需要拆卸机器的全部零件，检查、修理或更换磨损零件。大修周期，对 $20 \ m^3/min$ 以下的空压机为 3 年，$40 \ m^3/min$ 以上的空压机为 6 年。大修内容除中修内容外，还有：

（1）更换活塞和活塞坏。

（2）搪修气缸。

（3）更换全部轴承。

（4）更换主要连接螺栓。

（5）修补曲轴箱和机座。

大修允许更换 50% 以上的零件。

四、空压机活塞与气缸内外死点间隙的调整

（1）内外死点间隙测量。用直径 3 ~ 4 mm 的铅丝，在气阀口处对称放在活塞与气缸之间，用手盘车压铅丝，把压扁的铅丝取出用千分尺测量其厚度，该读数即为内外死点间隙。

（2）内死点（余隙）间隙的调整。将十字头与活塞杆连接的锁紧螺母松开，按应调间隙数拧动活塞杆进行调整后，拧紧锁紧螺母，再用铅丝压测，按上述方法反复几次，直到符合要求为止。

（3）外死点间隙的调整。经用铅丝压测间隙读数达不到要求时，可在气缸套与气缸盖接口处加撤石棉垫的方法进行调整。具体方法是将气缸盖连接螺栓卸掉，拆下缸盖，将接口处石棉垫拿下来测量其厚度，按要求更换合适的石棉板。

五、4L—20/8 型空压机排气量调节

采用停止吸气的调节方法，即隔断吸气管路，使空压机进入空运转，排气量等于零。这种方法结构简单，经济性好，广泛用在中、小型空压机上。4L—20/8 型空压机负荷调节系统如图 25 - 6 所示。

其工作原理：当储气罐中的压力高于整定值时，压缩空气由储气罐通过管路进入管 1 中，将压力调节器 16 中的阀 2 推向上并压缩弹簧 3，同时打开由阀 2 关闭的管路 6，而使储气罐中的压缩空气通过小管 6 到减荷阀 15 的进气孔 7，把小活塞 9 推向上，而压缩弹簧 11，同时使阀 10 向上移动与阀座 13 接合，关闭总进气口，使空压机一级气缸不能再吸入空气。这时空压机处于空转，不再向储气罐排气。

当储气罐压力降低到整定值以下时，压力调节器 16 中的弹簧 3 在弹力作用下把阀 2 压下关闭由储气罐经管 1 而进入的压缩空气。这时减荷阀 15 中就没有高压空气进入，弹

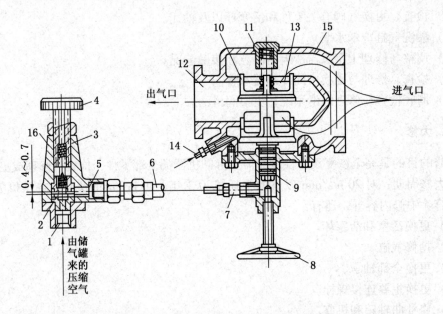

1—进入管；2—阀；3—弹簧；4—手柄调节螺套；5—排出通道；6—管道；7—减荷阀进入孔；

8—手轮；9—小活塞；10—阀；11—弹簧；12—空气排出口；13—阀座；

14—管接头；15—减荷阀组件；16—压力调节器组件

图 25-6　4L—20/8 型空压机负荷调节系统

簧 11 将小活塞 9 推下，而大气又重新经阀 10 的入口处进入一级气缸中，使空压机又开始正常运转。

　　压力大小的调节方法是通过转动手柄 4 改变调节器的弹簧 3 的压力大小而实现的。

第五节　4L 型空压机试运转

一、试运转的准备工作

　　（1）清理现场，将机械附近物品及工具整齐地摆放在固定地点。

　　（2）电动机及启动设备、配电开关柜应单独调整试验好，电动机的旋转方向应符合空压机的要求。

　　（3）检查气缸、机身、十字头、连杆、气缸及基础螺栓等紧固情况。

　　（4）再测一次一、二级气缸死点间隙。

　　（5）将机身油池注入规定牌号的润滑油，用测尺或油标检查油面高度。用手摇动齿轮液压泵，向传动机构内注入润滑油，并使油压达到 0.1 MPa 以上，同时观察润滑油的进油情况。

　　（6）向注油器内加压缩机油，然后将各油管上最接近气缸处的接头卸开，用手摇动注油器，直到油从管路中滴出为止，并检查油管与气缸处的逆止阀动作是否灵敏，然后接通油管，再用手摇动注油器，向一、二级气缸注入压缩机油。

　　（7）开启水泵，打开冷却水管路的阀门，使冷却水流动畅通无阻，并检查有无漏水现象。

（8）检查各压力表、温度计以及保护装置是否妥当。

（9）盘车转动空压机2~3圈，检查各部有无卡阻和碰撞情况。

二、无负荷试车

先将电动机启动开关间断地启动1~2次，察听空压机的各运动机构有无不正常的响声或卡住现象，然后再启动电动机，使空压机空转，这时检查下列各项：

（1）冷却水应畅通无阻，各路冷却水都可以从漏斗中观察出水口的水温及水流量情况。

（2）润滑油压力应在0.1~0.25 MPa范围内，注油器向各级气缸注油情况。

（3）空压机运转声音是否正常。各连接处有无松动现象，机体是否振动，基础螺栓是否松动。

（4）各温度计应及时监视其温度情况。

无负荷试车5 min后停车进行检查，检查项目有：

（1）打开机身观察孔，用手触摸检查曲轴滚动轴承温度。检查连杆大小头瓦、十字头与滑板、填料箱与活塞杆等处的温度是否正常。

（2）机身油池内油温是否正常。

（3）检查各机构运行情况。

（4）停车检查结果证明机器各部位都正常时可连续运转10 min、15 min、30 min及1 h等，各次停车检查若无问题时，可连续运转8 h，每次检查内容与第一次相同。

三、吹洗工作

无负荷试运转完毕后，即可进行"吹洗"工作，利用空压机各级气缸压出的空气吹除该机排气系统的灰尘以及污物，步骤如下：

（1）先将一、二级气缸的吸气腔道及一级吸气管道内部用人工方法清扫干净。

（2）装上一、二级气缸的吸、排气阀，同时松开二级气缸的吸气管法兰盘螺母，使其与二级气缸分开，开车利用一级气缸排出的压缩空气吹洗一级气缸排气腔道、一级排气管、中间冷却器、二级吸气管，最后通向大气，直到排气管中排出的空气完全干净为止。

（3）装上二级气缸的吸、排气阀，同时打开储气罐通向管路上的阀门，开车吹洗二级气缸、二级气缸的排气腔道、二级排气管、后冷却器及储气罐等，直到排出的空气完全清洁为止。

（4）各级气缸的开车吹洗时间不限，直到吹净为止，在吹洗时可装临时管子将吹出的气体排到室外。

四、负荷试车

（1）负荷试车前的准备工作。首次负荷试车是在无负荷运转和吹洗工作完毕之后，应该分次逐渐增加负荷，每次增加负荷之前应保持一定的时间。

（2）负荷试车分4个阶段进行。在调节负荷时逐步关闭储气罐排气阀门，使空压机压力逐步升高，从而保持相应的压力。调节排气压力为额定压力的1/4，运转约1 h；再调到额定压力的 1/2，运转约 2 h；再调到压力的 3/4，运转约 4 h；最后调到额定压力 0.8 MPa 运转 8 h。在上述 4 个阶段负荷运转过程中，要对下列项目进行检查：

（1）机油压力应在额定范围之内（0.1~0.3 MPa）。

（2）空压机运转平稳，没有不正常振动和声响。

（3）冷却水流量正常。

（4）所有连接处没有松动现象，各管路没有泄漏及剧烈的振动现象。

（5）电动机温升及电流值应在规定范围值之内。

（6）曲轴主轴承温度不超过 70 ℃，连杆轴承、填料箱与活塞杆、十字头滑板与机身滑道的温度不得超过 60 ℃，机身油温不得超过 60 ℃。

（7）冷却水的排出温度不得超过 40 ℃，排气温度不得超过 160 ℃。

（8）各机构的摩擦面情况良好，无烧痕、擦伤、磨损痕迹等。

参 考 文 献

[1] 费红梅. 煤矿机械检修工艺 [M]. 2版. 北京：煤炭工业出版社，2014.

[2] 汪浩. 煤矿机械修理与安装 [M]. 北京：煤炭工业出版社，2010.

[3] 蒋增福，等. 钳工工艺与技能训练 [M]. 北京：中国劳动社会保障出版社，2001.

[4] 齐殿有. 矿山固定机械安装工艺 [M]. 北京：煤炭工业出版社，1993.

图书在版编目（CIP）数据

矿井维修钳工：初级、中级、高级/煤炭工业职业技能
鉴定指导中心组织编写．－－3版．－－北京：应急管理出版
社，2024

煤炭行业特有工种职业技能鉴定培训教材

ISBN 978－7－5237－0420－2

Ⅰ.①矿…　Ⅱ.①煤…　Ⅲ.①矿井—机修钳工—职业
技能—鉴定—教材　Ⅳ.①TD407

中国国家版本馆 CIP 数据核字（2024）第 019099 号

矿井维修钳工（初级、中级、高级）　第 3 版
（煤炭行业特有工种职业技能鉴定培训教材）

组织编写	煤炭工业职业技能鉴定指导中心
责任编辑	李景辉
责任校对	赵　盼
封面设计	于春颖

出版发行	应急管理出版社（北京市朝阳区芍药居35号　100029）
电　话	010－84657898（总编室）　010－84657880（读者服务部）
网　址	www.cciph.com.cn
印　刷	河北鹏远艺兴科技有限公司
经　销	全国新华书店

开　本	787mm×1092mm$^1/_{16}$　印张　21　字数　507 千字
版　次	2024 年 3 月第 3 版　2024 年 3 月第 1 次印刷
社内编号	20231077　　　　定价　65.00 元